湖北省社会公益出版专项资金
Hubei Special Funds for public Service publications

向西！向西！

——民生公司长江大转运

黄振亚　著

HAN BOOK 版 武汉出版社
WUHAN PUBLISHING HOUSE

(鄂)新登字08号

图书在版编目（CIP）数据

向西！向西！——民生公司长江大转运 / 黄振亚著.
武汉：武汉出版社，2025. 2. -- ISBN 978-7-5582
-7311-7

Ⅰ. F552.6

中国国家版本馆 CIP 数据核字第 2025RK9567 号

向西！向西！——民生公司长江大转运

XIANGXI! XIANGXI! ——MINSHENGGONGSI CHANGJIANG DAZHUANYUN

著　　者：黄振亚

责任编辑：赵　可　刘会峰

出　　版：武汉出版社

社　　址：武汉市江岸区兴业路 136 号　　邮　　编：430014

电　　话：(027)85606403　　85600625

http://www.whcbs.com　　E-mail:whcbszbs@163.com

印　　刷：武汉精一佳印刷有限公司　　经　　销：新华书店

开　　本：787 mm×1092 mm　　1/16

印　　张：20.5　　字　　数：380 千字

版　　次：2025 年 8 月第 1 版

印　　次：2025 年 8 月第 1 次印刷

定　　价：88.00 元

关注阅读武汉
共享武汉阅读

目　录

CONTENTS

引　言

自“九一八”“一·二八”事变之后，日本加紧了对中国的侵略。1934 年2月，日军进犯长城口；1935年11月，又策划“华北特殊化”，企图以河北、山西、察哈尔、绥远、山东诸省制造第二个伪满洲国，逐步变中国为其殖民地。

一、国民党政府在抗战前的准备

在日军步步进逼之际，国民党政府也已经从多方面进行了抗战准备，诸如整编陆军、加强海空军、整备要塞、修筑国防工事、推行征兵制等等，这里只约略介绍与本书内容有较多关联的“战前交通建设”“确定和建设战略后方”“调整和扩大兵工生产”三方面的情况。

战前交通建设。1934 年，德国军事总顾问塞克特向蒋介石进言：“发展具有战略性的交通系统，在日本入侵时，可以迅速输送部队至危急地区，实为当前首要任务。”同年 6 月，国民党政府派徐庭瑶、俞飞鹏等 21 人赴欧考察军事交通。从 1936 年至 1937 年全面抗战爆发的一年半中，交通建设得到高速发展，共建成铁路 2030 公里，是 1927 年至 1935 年 8 月这 8 年间的 6.5 倍。

1935 年至 1936 年底，各省联络公路共完成 2.1 万公里，同时政府积极帮助闽、粤、桂、鲁、川、滇、黔等省修路共计 6000 余公里。至 1937 年 7 月，全国公路网基本形成，计有干线 21 条、支线 15 条，总里程达 109500 公里，其中砂石路面 43521 公里，泥土路面 65979 公里。

航空方面，全面抗战爆发前开辟有 12 条航线。

航运方面发展不大。1937 年民营航运业共有轮船 185 艘，总吨位 56.9 万吨。

全国轮船总吨位 68 万吨。

确定和建设战略后方。1933 年起，蒋介石就有意在对日形势危急时把四川作为后方基地。1934 年底，蒋介石派以军委会南昌行营第一厅厅长贺国光为首，由 78 人组成的参谋团进入四川，一面运筹、督导“围剿”红军，一面整理四川的政治、军事，开始经营西南。到 1935 年底，国民党中央势力在四川、贵州站稳了脚跟。蒋介石认为：“川黔能巩固无恙，一定可以战胜任何强敌，恢复一切失地，复兴国家。”[①] 关于四川在战略后方的地位，蒋介石进一步指出，“就四川地位而言……无论从哪一方面讲条件都很完备，人口之众多，土地之广大，物产之丰富，文化之普及，可说为各方之冠，所以自古称天府之国，处处得天独厚。”他还认为我方军事与政治全在四川。

调整和扩大兵工生产。1932 年淞沪抗战以后，国民党政府为配合国防需要，调整扩大兵工生产，加速充实军备的步伐。蒋介石要求军用化学厂、氮气厂、制炮厂、炮弹厂等于 1936 年底完成。兵工署遂奉指示积极推行。

为筹设化学工厂，淞沪抗战后，兵工署即派员赴欧美考察军用化学工业，订购设备。1932 年 11 月回国，带回硫酸厂等 7 个制造单位之合同，聘请了技术专家，选定在河南巩县兵工厂附近建厂。1936 年 2 月建成，所属硫酸厂、防毒面具厂、催泪剂厂等 9 个生产制造部门，次第开工生产。该厂初名巩县化学厂，曾更名为石河兵工厂，后又更名为巩县兵工分厂，为一独立之化学工厂。

兵工署为推进兵器工业的发展，改善内部结构，加紧急需单位之筹办与充实。如 1932 年正式成立理化研究所，设金属、化学兵器等八个实验室，从事基础科学研究；1934 年成立应用化学所，开展战剂制备、防毒技术、毒伤医疗、化学兵器等各项研究工作；1936 年 4 月，俞大维亲自主持设立弹道研究所，设弹道与火药两处，专司兵器腔内、腔外弹道与火药之研究；1934 年冬成立精密研究所，1937 年初派人赴德订购设备，该所分设精密测量、材料试验、样板制造三个部门；1936 年 9 月为开展光学仪器修造事宜而成立筹备处，

① 周开庆：《四川与对日抗战》，台湾商务印书馆 1987 年版，第 13 页。

派员赴欧洽购机器设备，延聘专家，招收艺徒，进行光学技术训练；1937 年 7 月开始在南京征地建厂。

此外，还成立炮兵技术研究处、航空兵器研究处等。许多研究单位之设备，如精密研究所仪器与机件，是世界名牌，是最精致的产品，其质量居全国同类研究机构之冠。但是这些工程动手太晚，许多机构建成投产之时，全面抗战濒临爆发，有的刚筹备完成尚未开工生产，即逢撤迁的命运。

在“一·二八”淞沪抗战之后，国民党政府认识到东南易受攻击。同年 7 月，军政部就兵工布局提出：依国防形势论，全国军用各厂须在平汉路、粤汉路以西交通便利之地。1935 年 6 月蒋介石指示俞大维，凡各兵工厂尚未装成之机器，应暂停止，尽量设法改运于川、黔两省，并秘密陆续运输，不露形迹，望速派要员来川、黔筹备整理。[①] 实际上，调整兵工布局的设想，并未付诸实施。淞沪抗战后，仅上海兵工厂将炮厂迁并于汉阳兵工厂，炮弹厂迁并于巩县兵工厂，枪弹厂、机枪厂迁并于金陵兵工厂。其所属炼钢厂，从上海兵工厂划出，独立成立上海炼钢厂。该厂主要设备撤迁至杭州，部分设备仍留原址。

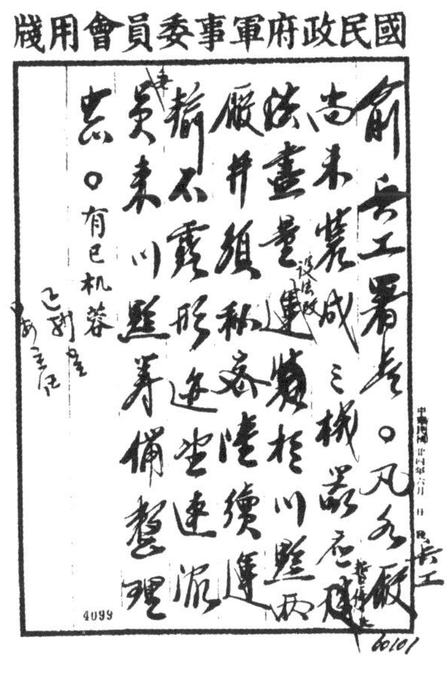
國民政府軍事委員會用牋

俞兵工署長。凡各廠尚未裝成之機器，應暫停止，盡量設法改運於川黔兩省，並秘密陸續運輸，不露形跡，望速派要員來川黔籌備整理。

1935 年 6 月，蒋介石致电兵工署署长俞大维，指示将尚未组装之机器秘密改运川黔两省

从上述三个方面看，抗战准备有许多疏漏，如把四川定为战略后方，未见有何战略性的建设；战略交通建设方面，对于连接战略后方的最主要的通道——长江，没有任何考虑。汉口宜昌间的航道多淤，宜昌重庆间的航道多滩险，这些原始状态没有丝毫改变。川江航线的运输能力，主要是民生公司的船队。民生公司在战前是依靠其自身的努力发展起来的，没有得到政府的扶持；

① 王国强：《中国兵工制造业发展史》，台北黎明文化事业公司 1987 年版，第 9 页。

而军方改变兵工布局的设想也未实现，金陵兵工厂和上海炼钢厂仍在原地，新建的各兵工单位大多设立在南京。这样，在西迁大潮中，就增加了长江的运输压力。

二、全面抗战爆发，长江航运肩负起西迁的重大战略任务

1937 年 7 月 7 日，卢沟桥事变发生。事变发生时，蒋介石与政府主要官员在江西庐山。8 日晨，蒋介石得到 29 军军长宋哲元的电报后，回电示宋："宛平城应固守勿退，并须全体动员，以备事态扩大。"同时，致电军委会办公厅主任徐永昌、参谋总长程潜，对部队调动作了部署。

8 日，中共中央发表号召全国人民奋起抗战的宣言："……全中国的同胞们，平津危急！华北危急！中华民族危急！只有全民族实行抗战，才是我们的出路。我们要求主动给进攻的日军以坚决的抵抗，并立刻准备应付新的大事变。"

蒋介石 7 月 17 日发表庐山讲话："……如果临到最后关头，便只有拼全民族的生命，以求国家生存……最后关头一到，我们只有牺牲到底抗战到底……我们知道全国应战以后之局势，就只有牺牲到底，无丝毫侥幸求免之理。如果战端一开，那就是地无分南北，年无分老幼，无论何人，皆有守土抗战之责任，皆应抱定牺牲一切之决心。"

全面抗战爆发后，兵工单位需要撤退，上海及沿海民营工厂需要撤退，机关、学校以及大批人员也需要撤退。从东南沿海到四川无铁路可通，公路运量太小。长江，责无旁贷地肩负起大西迁的艰巨任务。

近代以来，长江流域的广大民众长期承受帝国主义的蹂躏。鸦片战争后第一个丧权辱国的不平等条约《南京条约》，就是在长江江面上签订的。此后，长江内河航权丧失，洋人的商轮和军舰肆意在江面横行，屡屡制造惨剧。日军变本加厉大举入侵，其罪恶目的是想亡我中华。面对战争苦难的来临，长江航运职工意识到，抗击日军入侵，需要大后方工业和人力的支撑。沿海、沿江及各地军工、民用工业的西撤，是事关抗战成败的战略性任务，是事关国家存亡的大事。长江儿女没有辜负国家和民族的重托。招商、三北等一批江

海大轮活跃在镇江、南京至武汉、宜昌一线。民生公司总经理卢作孚向职工们发出了动员起来参加战时运输的号召。他安排部分船舶在中下游，其他主要运力承担了最为艰险的川江一线，而每一航段都有广大木船船工参与。广大海员和船工们在上有敌机、后有追兵的恶劣环境中，把一批批作战部队运赴前线，把一船船战略物资和人员撤向大后方。

蒋介石对长江大西迁没有拿出什么有力措施，但他办了一件事，就是把爱国实业家、社会活动家、教育家、精明而又有远见的经理人卢作孚委以交通部常务次长的职务。他认为有了卢作孚，战时水运就可以高枕无忧了。

卢作孚不负众望，对承担的繁重任务，视之为服务社会、报效国家的机会，是展示公司服务质量的机会。因此，他举重若轻地化解了一个个困难。国家大事，他不马虎；细小事务，他也不拒绝。8 万吨钢铁器材，要从宜昌转运进四川；孔祥熙的马、宋美龄的奶牛、晏阳初的钢琴，也都不能掉以轻心；一批批伤兵和孤儿，在客轮上都安排有一席之地。而在指挥船队西撤过程中，他想方设法减少船舶打差、提高转口港站通过能力，采取各种手段增加经济收入，使公司正常运转，为此付出了更为艰辛的劳动。特别是对商机的掌握、对公司困难的化解，显示了他经商的大智慧。他是一名实业救国论者，他的理想是要使民生的旗帜飘扬在世界各大洋。这一发展民生事业的强烈愿望遭遇到抗战时期严峻的经济形势，使他更关注公司的经济收益，在高运价商机到来时，曾一时放松了兵工器材运输，承受了军方责难。在公司严重亏损面前，卢作孚带领公司上下，勒紧腰带，含辛茹苦，不仅完成了各项运输任务，渡过战时难关，而且使公司有所壮大，并为战后向海洋发展准备了资金。

与卢作孚同一条战线上的，还有招商局副总经理沈仲毅和汉口航政局长王洸。沈仲毅在卢作孚主持的军委会水道运输管理处被撤销后，出任长江航业联合办事处主任。这一职务，使他直接指挥数十艘江海巨轮，承担起武汉大转移的历史重任。他用 5 个月的时间，把 8 万吨兵工器材从武汉运到了宜昌，同时又把大批中下游西撤的工厂迁往湘西和四川。武汉失守后，他又转入湘江、沅江，成功开辟湘宜航线，使汉阳兵工厂、巩县兵工厂再度由湘西迁川（后宜昌失守，器材未能全部进川）。他还成功组织大江轮进川，创造了历史奇迹。

1938 年初，长江航运已处于极度紧张时刻。年轻的航政专家王洸，由交通部船舶科长提任汉口航政局长。他睿智多谋，勇于任事，工作不嫌其多，任务不嫌其重，因而政绩卓著，得到军、政各方器重。为阻塞田家镇航道，构筑长江第三条封锁线，王洸承担了建造 4 艘大型钢骨水泥船接替轮船的任务，挽救了 16 艘大轮，确保了武汉撤退的运输能力。此后，他又建议并承建了川江机械绞滩站，使一批中下游大小轮船凭绞机之力，通过险滩，进入川江;而大批木船和轮船更借此上滩，使一批批军工、民营厂矿器材越过险滩，到达重庆。

被誉为“迁厂之母”的经济部工矿调整处官员林继庸，与长江素无干系。全面抗战爆发后，他于 1937 年 7 月 28 日奉资源委员会副秘书长钱昌照派遣，前往上海动员并组织领导民营厂矿西撤，从此与长江航运紧密联系。彼时，轮船吨位大部为军方占用，林继庸成为长江木船的最大雇主。他不停地在汉口、宜昌、重庆之间为民营工厂的撤迁、运输、征地重建而来往奔波，得到广大民营企业家的爱戴与崇敬。迁川工厂联合会将迁川大厦的大礼堂改称“继庸堂”，挂上精美的匾额，以纪念他的卓著功绩。

在整个西迁运输过程中，最为紧张的当属 1940 年 6 月上旬的宜昌第二次紧急抢运。日军直逼宜昌时，宜昌尚有 2 万吨器材，仅仅在一周时间内，在陈诚的督导下，由童少生指挥民生公司的船队，把一船船物资运进三峡。紧邻宜昌的三斗坪滩头也堆满了器材，但因撤退时间太短，民生有两轮被日军掳去，兵工器材受损万吨。对撤出的物资，民生公司又接运到重庆。

80 多年前发生在长江上的这一波澜壮阔的运输事件，是长江航运历史上最为辉煌而悲壮的篇章。它的成功，使多个工业中心在重庆及其周边地区矗立起来，奠定了对日作战的物质基础，并最终取得了战争的胜利。长江儿女为此付出了艰辛的劳动，招商、三北、大通等三家公司有 10 艘船舶被炸沉在滚滚波涛中。民生公司的船穿行在崇山峻岭间的江流中，虽然在大西迁期间没有一条船被炸（民生船舶被炸是在大西迁结束后的 1940 年 8 月以后），但是在宜昌等港的民生码头，许多工人献出了年轻的生命。

长江大转运的功绩不会被遗忘。数十万长江航运职员和全国人民一样，将永远铭记前辈的历史功绩，在民族复兴的伟大征程中，创造新的业绩，作出新的贡献。

下面的文字，就是记述这一段壮丽的历史进程。

第 1 章　上海航业的西迁与支前

“七七”事变后，我卢沟桥守军英勇还击，华北平原的枪炮声日益炽烈，战区在扩大。

具有战略眼光的将军们提出，华北日军如沿京汉路南下，直取武汉，抗日形势将十分被动，应发动淞沪战役，把日军主力吸引到上海，缓解华北之困。淞沪警备司令张治中将军力主发动淞沪战役。蒋鼎文、陈诚受命赴沪考察，回京后，蒋介石听取他们的意见。蒋鼎文说不能打，陈诚说非打不可。蒋介石听从了陈诚的建议。

一夜之间，长江形势突变。

发动淞沪战役，江阴航道将先行封锁，上海江海各类船舶需提前撤入长江，以保存实力，满足机关、学校、工厂西撤和运送大批军队、军械、弹药进入淞沪地区的需要。

一、江海轮船撤入长江

“七七”事变发生后，沿海军用、民用工业的领导机关立即部署工厂西迁。

兵工署长俞大维派出制造司司长杨继曾率团赴四川、贵州两省查勘可供兵器工业迁建的地点；接着发布了迁厂计划，要求受到敌人威胁地区的工厂和机关，立即准备撤迁，限 11 月 15 日前迁往西南地区。

规模宏大、具有重大战略意义的长江大转移，以招商、三北、大达等公司上海航轮撤入长江为开端。图为上海港一角

上海地区的工厂，西撤行动最快的是民营厂矿企业。7 月 28 日，资源委员会派出专员林继庸等三人到达上海，动员民营企业迁到大后方。爱国资本家的反帝烈火被点燃起来，并渐成燎原之势。世界战争史上从未出现过的工厂大迁徙，在长江上迈开了豪迈而艰难的步伐。

上海航运界的应变，主要任务是把江海大轮撤进长江，这是一项机密工作，只能悄悄地进行。

7 月 13 日，军委发出执字第 870 号密令，共 8 项，要求交通部长兼军委后勤部长俞飞鹏核办具报。其中有一项是如何在战争期间控制船舶。俞飞鹏考虑到军事形势特别是上海战争打响后运输形势的变化，拟定了“船舶战时控制计划”。计划原则规定:（1）外海船舶必要时努力驶往长江或粤海各港;（2）长江、珠江两流域之轮船无论国营民营，届时均令各就原航线行驶，听候政府调迁，并不得擅自出海，外籍商轮之停驶听其自便。计划中规定了招商局和三北两大公司应驶入长江及驶进香港的船只名单。

8月8日，俞飞鹏将这一计划单独上报军委，军委迅即批准实施。交通部随即向招商局、三北公司发出密令立即执行此计划，同时秘密通知上海航政局，要求该局迅速传达给上海各家私营轮船公司执行该计划。

8月11日前，停泊在黄浦江中的招商、三北及各家私营公司的海轮，先后驶出吴淞口上溯南京以至武汉，招商局的海轮、江轮、拖轮相继入江，行驶申汉线的江轮改行南京、武汉航线。招商局总经理蔡增基率领技术状况好的海元等5艘海轮驶入香港。

执行交通部"船舶战时控制计划"而进入长江的200总吨以上江海船舶计有72艘。加上以后俘获的日轮2艘，共74艘。上海主要航业公司200吨以上船舶进江情况是：招商局15艘，总吨位31683吨；三北公司（含宁绍、鸿安）21艘，总吨位35800吨；大达公司4艘，5524吨；大通公司4艘，5786吨。此外，民生等川江船200总吨以上有26艘。长江上200总吨以上的船舶共100艘。

在第一次世界大战中，联军总司令福煦将军有句名言："余所任军事之调度，实无异一交通司令官而已。"①

上海招商局第三码头

蒋介石也说："我国抗战之能否胜利，全视交通运输之有无力量。"②

战争是在长江线展开的，急需船舶支撑。有了这百艘船舶，加上更多的200

① 汉口航政局宜昌办事处主任曾白光：《绞滩建设之回顾与前瞻》，南京中国第二历史档案馆（以下称"二史馆"）藏。

② 汉口航政局宜昌办事处主任曾白光：《绞滩建设之回顾与前瞻》，二史馆藏。

总吨以下的客货轮和拖轮船队，以及千艘、万艘木帆船，它们在即将开始的事关国家命运的战略性大迁徙中将发挥决定性作用。

招商局的运输船舶全部西撤。江阴封锁、“八一三”淞沪抗战爆发，交通部对招商局江海各轮隶属关系作了调整，对 15 艘江海大轮的指挥由总局划归汉口局主持。9 月 12 日，招商局的管理机构作相应的调整，在南京成立长江业务管理处，由副总经理沈仲毅出任管理处主任，统一指挥和全面管理招商局在长江的业务。

沈仲毅，浙江湖州人，1936 年由交通部派任招商局副总经理。

为保存实力，交通部对于不及驶入长江的轮船，准予改变国籍。经交通部批准转籍的船舶，共计 130 艘，145000 总吨位，其中转意大利籍的 18 艘，转葡萄牙籍的 37 艘，转希腊籍的 16 艘，转巴拿马籍的 7 艘，转挪威籍的 2 艘，转英国籍的 5 艘，转其他各国籍的还有 45 艘。①

二、招商局推动构筑江阴阻塞线

江阴是毗邻上海的军事要塞，它的军事地位一直受到高度关注。7 月 11 日上午 9 时，在军政部长何应钦官邸大客厅举行的“卢沟桥事件第一次汇报”会议上，决定把已经运到的新兵器高射炮装于江阴，“限星夜赶筑”。

发动淞沪会战，必须首先阻塞下游航道，以阻止日舰上窜。

对于长江阻塞线，海军方面迟至 7 月 25 日才提交“卢沟桥事件第 15 次汇报”会议，计划在南通附近江面阻塞。计划详细列了各类器材数量。②南通江面太宽，不利于阻塞的进行。之后，选定在江阴城下游的鹅鼻嘴下端的江面。该处江面最为狭窄。

交通部长俞飞鹏接获命令协同海军构筑江阴阻塞线后，立即通知上

① 黄振亚：《王洸传——一位水运专家的传奇人生》，中国文史出版社 2001 年版，第 74 页。

② 《民国档案》1987 年第 2 期，第 17 页。

沈仲毅

海航政局，租用招商局和民营航业之旧海轮备用。同时，俞部长还把招商局副总经理沈仲毅请到南京，“密授机宜”，请他帮助完成征集旧海轮的任务。为什么邀请招商局沈仲毅出面？因为沈是上海轮船同业公会的主席，他为人忠厚、随和，与上海同业有良好的关系。征集旧海轮沉江，是要动用资本家身家财产的大事。除依靠行政号召外，同业间说服、劝导必不可少。而沈仲毅在招商局的职务、身份正适合于配合行政推动这一项工作。沈仲毅回到上海，首先与蔡增基总经理研究选择本局塞江船舶，把破旧、不能远航的广利等轮安排必要的修理，使它能开航到江阴。同时，他召集轮船同业开秘密会议，商讨应变办法，动员同业以船身较次者租给政府用以阻塞江阴水道，其他行驶外海船舶按规定驶入长江或香港。

上海航业界人士长期遭受日帝欺凌，处此国难当头，听到俞部长对上海航业界的厚望，听了沈经理坦诚的开导，激发了责任心，大家均能深明大义，共抱同仇决心，按预定计划完成沉江船舶的集中。8 月 11 日，军政部、海军部与交通部召开紧急会议，研究下沉具体时间等问题，沈仲毅奉俞飞鹏令，迅即由上海赶赴南京。不意所乘火车中途在无锡改为军用，乘客均下车。沈仲毅考虑到身负重任，乃重金雇得汽车赶往南京，列席了会议。沈在会上应俞部长的要求向大家报告了上海商轮集中江阴之情形，大家认为海轮数量已达到要求，时机已成熟。于是会议决定即刻下令，并由海军司令部具体实施沉船塞江计划。

阻塞工程由第二舰队司令曾以鼎负责指挥。会议结束，曾以鼎立即返回镇江。

当天下午 4 时，各轮接获海军发布的命令。命令规定了准备、起锚、前进、停泊的代表旗号，并令于第二天上午 6 时准备好蒸汽，要求在半小时内可以动车，但没有说明开往的目的地。

下沉于江阴的大同炮舰

12日晨6时半，“沉船塞江”命令下达，船员们才恍然大悟。

17时，军舰在前，海轮在后，一字长蛇阵由镇江向江阴前进。航行一个多小时，抵达江阴鹅鼻嘴下端江面最窄处，即号令停泊，廿艘海轮就前后错落抛了锚。从军舰上派员到海轮，指示船员注意两岸停泊标志，使船横沉于两岸标志的一直线上。下午6时平潮时，各轮开始放水，船体慢慢下沉。第一批沉下了招商局的嘉禾、新铭、同华、遇顺、广利、泰顺等6艘；民营船沉下了华新、醒狮、回安、通利、宁静、鲲兴、新平安、茂利二号、源长、母佑、华富、大赉、通和、瑞康等14艘；海军下沉通济、大同、自强、德胜、武胜、威胜、辰字、宿字等8艘舰艇。

由于江流下冲，水力较大，各轮无法一一横沉，与预先计划的每艘相隔40米间距计算，漏洞甚大，深恐不能阻止日舰通过。于是，又沉下招商局的公平轮和民营公司海轮万宰、泳吉等三轮，并将镇江、芜湖、九江、汉口、长沙的各地日商遗留的趸船28艘，陆续凿沉，江上防线初步告成。前后两次沉船，招商局共下沉7艘，共13705吨，民营海轮沉江的共16艘，海军舰只8艘。民用船舶占了绝大部分，民用船舶成功征集与招商局的带头作用和沈仲毅的组织与推动有密切关系。这是招商局对国家的贡献。

在海轮和军舰到达江阴沉船水域时，海军派有巡逻艇在江面巡视，引导尚未过封锁线的航轮驶过江阴。12日早晨，有12艘江轮穿过了封锁线。民生公司的民元轮就是其中之一。民元的二副施祖炜是刚从吴淞商船专科学校毕业分配来船工作的，他驾驶的民元轮由重庆到上海时，刚靠好码头就接到公司通知：卸客后不卸货。二副是负责理货的。施祖炜接到通知，立即将船移泊开平码头，装妥燃煤即开重庆。下午两点，民元轮驶离上海。到南通港，天已黑，江上航标已撤走，无法夜航，就在狼山锚地抛锚过夜。当天夜泊狼山的有 12 艘江轮。天明上驶，到江阴炮台附近，见满江都是海轮，一艘巡逻艇开到民元轮附近，用话筒高喊："民元轮，现在还可通行，请尾随我艇前进。"民元等轮即随小艇穿过封锁线向镇江方向驶去。①封锁线筑成后，军方继续研究。为了牢固起见，海军又奉命调去海圻、海容、海筹、海琛四舰，在封锁线后增筑一条辅助阻塞线。将江苏、浙江、安徽、湖北各地征运来的石子 3094 立方呎②、8856 吨，以及民船、盐船 185 艘，填补空隙，共费时两个月，动员人工近两千，才将这条封锁线全部做成。③

原以为这道封锁线可以把日本在长江以内的军舰和商船全部俘获，不料消息被行政院秘书黄秋岳知道，密告了日本人。日军马上通知各舰船撤离侨民，逃出长江口。后来黄秋岳父子虽以汉奸罪伏法，但我们仅仅截获到日清公司的岳阳丸（3208 吨）、大贞丸（1369 吨）两艘商船，算是"八一三"以后的首批战利品。那两艘日轮由海军押回南京后交给交通部，交通部派船舶科长王洸接收。王洸即与南京招商局研究，调集了两套船员班子，由王洸率领朱文秉船长等登轮接收。后分别将岳阳丸改名为江汉，大贞丸改名为江襄，由招商局组织营运，参加抗日支前与后撤运输。

江阴阻塞线，以及长江南岸的黄山、北岸的八圩塘要塞炮台，构成了坚固的防守火网。后来，虽经日军疯狂轰炸，始终未被攻破。上海被攻陷后，日军沿京沪线西犯，武进失守，并攻下江阴，经过激烈战斗，攻陷要塞炮台，才迂回到封锁线后方，进行爆破，清除沉塞物。可是，日本大型军舰很长时间仍然未能通过。江阴阻塞线对延滞日军西犯、让抗日部队抓紧时机调整部署起了积极作用。

---

① 据原民元轮二副施祖炜回忆。

② 呎，英尺的旧称。

③ 王洸：《沉船封锁长江记》，台湾《中央日报》1956 年 8 月 11 日。

江阴沉船，阻塞巷道

江阴阻塞，下游航线中断，似乎影响了上海物资西撤，但实际上，江阴阻塞的第二天，“八一三”抗战爆发，吴淞口的日本军舰根本不允许我轮自由进出黄浦江。沉船塞江任务完成后，沈仲毅于 13 日晨即乘车赶返上海，下午到达上海郊区的真如车站时，“八一三”战事已经爆发，他已能听到前方的枪炮声。“沿途逃难民众均云不可前进，本人以责任所在，仍冒险抵达闸北，斯时通租界之桥梁均已封闭，乃要求保安队代雇一船渡过苏州河，回局与蔡增基总经理密商应变办法。”①

三、百万大军开赴京沪

（一）抗日声浪中，中华海员抗敌后援会在上海成立

全国人民抗日声浪一浪高过一浪。招商、三北、大达等上海各轮船公司的海员，站在支持抗战、声援抗战的前列，他们密切关注华北形势的发展。

“七七”事变发生后，日方竟无理要求我方撤出卢沟桥，我方严拒，表示“誓与卢沟桥共存亡”“宁为玉碎，勿为瓦全”。守军团长吉星文在黑

① 沈仲毅：《抗战期中本局对国家之贡献》，二史馆，全宗 468、590 卷。

桃村与日军对峙，保卫国土，寸步不让。前方将士的英勇抗敌精神使海员工人深受鼓舞。中国长江领江总会、招商轮船理货公所、航海联谊会、商轮联谊社、航海舵工木匠互助会、中华海员俱乐部共同发起组织的中华海员抗敌后援会于7月19日成立。

第二天，上海市领导机关发表讲话：沪上人民，咸愿牺牲个人之生命，争取民族之生存。赴汤蹈火，在所不惜；破釜沉舟，义无反顾。

第三天，上海市抗敌后援会成立，上海市民情绪热烈。

8月12日，海军第二舰队司令曾以鼎在镇江下达江阴沉船封江命令的同时，京沪警备司令张治中已完成上海前线八字桥阵地向日军发动进攻的部署。

8月13日，战争打响。

我军英勇作战，士气高昂。前方捷报频传，后方劳军踊跃。张治中将军通电全国："做最后之清算，求最后之胜利。"

劳军物资一批一批涌向前线。张治中于8月19日发出的通告中说："守土与御侮，诚属本分，岂敢妄冀物质享受，徒耗国家财力，我同胞爱国心切，尚盼迁资财备军用物品，如麻袋、钢板、铁丝、通信器材等，以济急需，以利军机，则较慰劳同胞战士其效尤大也。"

在热情澎湃的劳军队伍中，海员及其家属是积极的一部分。国内海员的爱国情怀感染了国外的华籍海员和国际海员。南京中央社9月4日发布消息，日本货船"中国出口"号全体中国海员31人，在美国西雅图全部离船弃职，美国移民当局设法把他们送回国内。8月31日，美国芝加哥68000名海员工人推选代表在芝加哥开会，呼吁美国全体海员工人竭力援助中国，并呈文于总统罗斯福，要求对日进行经济制裁。中华海员工会立即复电拥护并致谢。

在此期间，上海大批海员满怀爱国激情，参与到西迁和支前的繁忙军运中，以实际行动抗击日军的侵略。

（二）招商局全力以赴，运送百万大军下江东

长江航业界首先奋起抗战的是招商局。"七七"事变之后，还在7月间，

招商局大江轮即奉军委会令，运送了 5 万军队到达淞沪。

发动淞沪战役的战略付诸实施时，军委会从全国调 75 个师进入上海地区。招商局轮船全部融入抗日洪流，派遣大型客轮转运京汉、粤汉铁路由汉口和九江、安庆等港登轮开赴南京、镇江的抗日部队和军械弹药。并不是招商局的领导层最爱国，也不是招商局的船员抗日热情最高，这是招商局经营的航区及企业性质决定的。

军委会的有关条例规定：因军事需要征集船舶，首先征用国营航业；国营航业无船可征，再征用民营航业的。招商局是国民政府独一无二的国营大企业，其客轮主要行驶申汉线，船只多，载客量大，长江上的支前任务，首先落在招商局的肩上，招商局义不容辞。在此期间，招商局承担的部队支前和军事物资后撤的军运任务之繁重，是史无前例的。

招商局全力以赴运送百万大军下江东。图为该局江顺轮（4327 总吨）雄姿

招商局在长江的 200 总吨以上的轮船有 15 艘，总吨位达 38000 多吨，由于军方大量征用，该局的船只竟然忙得不够支配，有时处于无船可派的境地。

招商局汉口分局文怀宇经理于8月9日向上海总局电索船舶应用。当晚10时，文经理收到总局复电："局船奉军政部调用10余艘，无船可派。"船都被拉军差了。汉口分局要供应各轮的燃煤，煤要从黄石运汉口，分局派不出船，只好租船运煤。

南京的军事工业与研究机构都是奉命限期撤退的，他们找招商局，而招商局无船，当然要找到交通部。经航政司船舶科科长王洸殚精竭虑谋划之后，交通部调集了几艘江轮组成京汉特班，由交通部直接指挥。

交通部于8月10日电招商汉口局文经理："江顺轮现由部调用，改航京汉特班，该轮今午由汉驶京，到该埠时毋装货，所售客票以到京为止，除分电外，仰即遵照。交通部，佳。"到港不装货，可见南京需船之紧迫。

8月12日，交通部电知汉口、九江，建国轮也已改航京汉特班。在此期间，三北、大通、大达、民生等均派轮参与宁汉间的运输。

为动员各轮做好战时运输，交通部通电各轮："各轮船员在此非常时期应以国家的前提格外奋勉努力职务，务须善为激励，各轮均改夜间行驶，白昼须在有隐蔽之处匿伏，以策安全。交通部，删。"①

在支援淞沪战役声势浩大的进军中，从1937年7月到1938年1月的7个月，经长江东调的部队高达1273000人。军事物资如军械、弹药、汽油也随同东调，其中：枪、炮弹和军品器材计5万余吨，汽油8万余箱（详见表1—1）。刘湘部队约5万人，由民生运送出川，鄂省船只由宜昌接运到汉，于11月间由武汉下运，占7个月下运部队的3.95%。

长江中下游，招商局客轮最多，载客量最大，应征船舶最多，承担任务最重。在高峰期的12月运量高达287000人，这期间很可能三北、大达等都参加了抢运。可惜当年的档案遗失，对于如何完成这一任务，无法详加记述。民生公司有完整的档案保存，可以看到，1937年11月川军下运过程中，民生承担的虽只是川江一段，万宜线仅一天航程，但公司高

---

① 均见招商档，209卷。

层管理人员想方设法，克服困难，调动大批船只全力以赴，完成了这项任务。

表 1-1　中国军队及军械弹药经长江调赴淞沪前线数量表[①]

时间	1937 年						1938 年	总计
	7 月	8 月	9 月	10 月	11 月	12 月	1 月	
人数	50000	167000	149000	236000	249000	287000	135000	1273000
炮（门）	15	48	15	30	68	20	15	211
枪（箱）	240	1200	900	3000	7500	2500	170	15510
弹（吨）	1750	2500	950	1500	8500	2200	1000	18400
汽油（箱）	14000	35000	8000	2500	7500	12500	4000	83500
军品器材(吨)	2600	5000	6000	5500	6000	4000	3000	32100

注：赴京沪差轮 8 月开始返回时载伤兵西运。1937 年 8—12 月共西运伤兵 32100 人。

百万大军经长江东下淞沪，使上海战役坚持了 3 个月，有力地保证了上海工厂的西撤。抗战初期，长江航运已显示出它在抗战中的重要战略地位。

长江水运对抗战之作用日显重要，有必要把船舶进一步组织起来。于是，交通部于 8 月 24 日下令招商、三北、民生等公司在南京成立长江航业联合办事处（又称“航联处”或“长联处”），招商局副总经理沈仲毅为主任，沈主任到职前，由交通部科长伍极中代理。在芜湖、九江、武汉、长沙等地相继成立了内河航业联合办事处，以统筹安排支前和后撤运输。航联处成立时，民生公司总经理卢作孚适在南京，他立即派员参与航联处工作。

① 据二史馆，805/664，《军委会船舶运输司令部运输报告》。

第2章　上海民营厂西迁

战争，兵贵神速。

从淞沪战区危险地点撤迁民营工厂，同样须行动快捷。在上海民营工厂撤退过程中，我们从资源委员会专员林继庸和民生公司总经理卢作孚身上感受到什么是战时速度。

工厂开始撤迁，“八一三”战火已经燃起。兵员、枪械的输送占去了大量运输工具。在此艰难环境中，林继庸和大批爱国企业主克服重重困难，用木船载运器材撤离上海，显示了他们坚毅、勇敢和强烈的爱国情怀。

一、林继庸到达上海

林继庸

1937年7月22日，国家总动员设计委员会成立，军政部部长何应钦为主任委员。委员会决定立即对粮食、资源、交通、各地卫生机关及人员、材料进行统制。其中资源统制由资源委员会、实业部、军政部、财政部、经济委员会、交通部、铁道部会同筹办，由资源委员会召集。

7月24日，资源委员会副秘书长钱昌照召集上述六单位举行第一次会议。他在会上提出内迁沿海工业，得到与会者的赞同。会议决定分八组从速讨论动员办法。

7月28日上午，资源委员会机器和化学工业组举行会议，专员林继庸把握时机，支持钱昌照提议，提出把上海工厂迁到内地去以支援抗战，会上议论纷纷。有人认为事情应该办，有人认为恐怕不易推行，有人认为上海各家机器厂合起来还不如国家的一家兵工厂，似乎不值得迁。最后决定，派林继庸等三人去上海试作调查、接洽。

我国工商业，上海最为发达。据实业部1937年9月底的登记，上海合乎工厂法规定，有50名工人、10马力以上的工厂达1279家，约占全国1/3以上。林继庸等三人接到派遣任务后，即于28日当天下午到达上海。第二天，林约得工业界胡厥文、薛福基、吴蕴初、支秉渊、颜耀秋等商谈迁厂问题。他们都参加过"一·二八"抗战，"此次聚首一堂，重谈往事，盱衡时局，义愤填膺"。林继庸的建议得到大家赞同，胡厥文对此尤为热心。

30日，胡厥文召集上海机器五金同业公会举行执委会，林应邀参加。会上，大鑫钢铁厂余名钰、上海机器厂颜耀秋、新民机器厂胡厥文、新中工程公司支秉渊等均表示愿以身作则，将所办工厂与政府一起迁走。林继庸于当晚即偕同颜耀秋、胡厥文返京复命。

钱昌照根据林继庸的汇报制订内迁办法，上报行政院。8月10日，行政院第324次会议通过了资源委员会的提案，决定由资源委员会、财政部、军政部、实业部会同组织上海工厂迁移监督委员会，以资源委员会为主办机关。资源委员会当即派林继庸为主任委员，会同财政等部委员去上海主持一切迁移事宜。

各委员于当天下午得悉任命，6时即在南京火车站聚集乘车赶赴上海。

临行前，杨继曾拉着林继庸的手说："继庸兄，你能够撤出两个工厂就很能干了，这不是一件容易的事情啊！"林继庸理解这句话的分量，他一直把它深藏在心底。友情的提醒成为鼓励和鞭策，使他认真对待面前这一件不容易的事情。一个人的一生有几次能与关系国家命运的事件相遇？伟大的任务产生伟大的力量，性格刚烈的林继庸义无反顾，坚忍不拔，勇往直前。

11 日，林到达上海的第二天，上海工厂迁移监督委员会成立。12 日，在监督委员会主任林继庸主持下，又组成上海工厂联合迁移委员会，公推颜耀秋等 11 人为委员，并指令颜耀秋、胡厥文、支秉渊为正副主任委员。①

至此，迁移的组织准备工作基本完成。

二、工厂撤出上海的主力是木船

上海实业家为了抗日历尽磨难，在极为艰难的条件下把工厂西迁。木船，成为工厂撤离上海的主力。

8 月 12 日，上海联合迁移委员会组成之时，上海各家航业公司的江海大轮均已撤入长江，拖轮、驳子也同时西撤。江阴航道已经封锁。紧接着，8 月 13 日上海战事爆发，市区船只因抗战需要，“全部的轮船及拖驳，几全为政府征用”②，无处可联系运力。京沪铁路全力运送军队与弹药，其他运输完全停顿；而西迁水路，尚可利用的只有两条内河航路：（1）由苏州河经苏州到镇江。（2）由黄浦江经松江至镇江。到镇江以后，即有多家轮船公司派轮接运。当时最大的问题是市内运力难以落实。林继庸回忆当时的情景说：“我们费了九牛二虎之力找到一条轮船，先付租金，转瞬又为难民占领，如此的已不止一次了。好不容易搭通了线索，方才雇得些划船和力夫。在杨树浦一带更必须要出高价钱雇用白俄或高丽的力夫及司机，才可进出。”③

为了动员撤迁，林继庸奔走于南市、闸北，不幸左脚受伤后感染，医生诊治后嘱他休息，否则恐成残疾，须锯去一足。林继庸自知工作不能停顿，为了不致受伤的脚受到影响，就用另一脚跳来跳去，推进工作。事

① 林继庸:《民营厂矿内迁纪略》(以下简称《纪略》)，中国经济研究所 1946 年版，第 8 页。

② 林继庸:《纪略》，第 8 页。

③ 林继庸:《纪略》，第 8 页。

后，林继庸记述此事时说：“在万难之中，鼓励着各厂当事人的勇气，不要灰心，要冷静着头脑，把紧张的情绪捺住。他们每当走投无路之时，常大发牢骚，对待他们只有忍耐，只有安慰，只有劝慰。当此千钧一发的时机，假如我们意志稍现颓丧，我们之处置稍感畏难，则以后工作进行将必陷于停顿……监督委员会立即把上海工厂联合迁移委员会之内部组织加强，并代为解决种种困难。幸得资源委员会负责者指导于上，各厂家又分头合作负责于下，工作虽是艰苦，但进行还算相当顺利。”①

林继庸深感，厂家的努力值得钦佩，奋斗经过可歌可泣。在炮火连天、敌机狂炸中，职工们拼死命去抢拆他们宝贵的机器。“敌机来了，伏在地上躲一躲，又爬起来拆，拆完就马上扛走。看见前面那位伙伴被炸死了大声喊声‘哎哟’，洒着眼泪把死尸抬过一边，咬着牙关仍旧向前工作。冷冰冰的机器，每每涂上了热腾腾的血！白天不能工作了，只好夜间开工，在巨大的厂房里，暗淡的灯光，常笼罩着许多黑影在那里攒动，只闻锤击轰轰的声响，打破了死夜的沉寂。”②

其时已无法租到拖轮，木船也很难找。8 月 22 日，顺昌机器厂终于找到 5 艘木船装器材由苏州河内迁。25 日，上海机器厂的 5 艘船只装载 70 余名工人、50 余部机床和一批原料相继出发。27 日，新民机器厂和合作五金厂的 11 艘船只，装 150 余部机床和 80 余名工人启航。这 4 家工厂共有 21 艘木船出航。③

抵苏州后，乃雇用小火轮拖至镇江，再移装江轮直驶汉口。顺昌等四厂迁出后，30 日又有大鑫钢铁厂及启文、新中、利用、精一、姚兴昌 6 家机器厂继续运出。

运输成功的消息传到上海，中国建设工程公司、慎昌铁工厂、康元制罐厂、三北造船厂、中国达昌机器厂等十余家工厂的器材与工人，亦各照此法陆续运出。

---

① 林继庸：《纪略》，第 9—10 页。

② 林继庸：《纪略》，第 9—10 页。

③ 孙果达：《民族工业大迁徙》，中国文史出版社 1991 年版，第 9 页。

9月5日，日军为阻挠上海工厂内迁，截断苏州河航路，而把起运地段北新泾炸成废墟。中国军队考虑安全，9月8日起，将乌镇路至北新泾一段航路封锁。在此河段内的船只漂泊河中，进退不得。林继庸与颜耀秋两人多次奔波遍觅驻军主管人员交涉。当时闸北战事激烈，弹片横飞，中弹的房屋就在他们两人脚跟旁倒塌，多次几乎葬身瓦砾。经过几度交涉，终得以解除封锁，使器材运出上海。

上海的文化界人士心中则惦念着上学的孩子们。预料来年春季，各省教科书将必然缺乏，商务、中华、正中、开明、大东等书局将中小学教科书500吨先行运出，中华标准铅笔厂及印刷厂多家的机件、物料也随即迁移。中华标准铅笔厂内迁物资365吨，分5批10艘木船装运前往武汉。

上海有些小厂家见到大厂陆续西迁，他们的爱国热情也沸腾起来，林继庸记述一位小厂主的果敢行动时说："有位厂家急急忙忙跑回家去对老板娘发表了他的意见，随即召集他厂内的学徒工人演讲了一番，即下命令'搬'！全体动员，漏夜收拾。……他们肩负包裹到我的办公厅来领证明书。我诧异于他们的决心和行动如此迅速。他们把经过告诉我，我心里深为感动。我伸出大拇指称赞他们。他们接得证明文件，说声'到汉口再见！'头也不回，背着行囊走了。这种剑及履及的精神，光明磊落的态度，真可令一般麻木不仁的资本家愧死！"①

内迁的上海民营厂动用木船共计499艘，这些木船都是各个厂家自己寻找雇得的。华生电器厂内迁物资1200多吨，由27艘木船分6批运出，最大的船装了272吨，最小的仅装了8吨，持续时间长达一个多月。顺昌机器厂是最早迁出的，该厂内迁物资为343吨，分4批17艘船舶装出，历时整整两个月。华成电器厂内迁物资551吨，分4批共10艘木船装运；益丰搪瓷厂内迁物资160吨，分4批共10艘木船运出；美亚丝绸厂内迁物资416吨，分3批共12艘船装运；中华书局内迁物资140吨，分3批共8艘船装运。

---

① 林继庸：《纪略》，第12页。

西迁厂家中经历最艰难、磨难最多的要数吴蕴初的天字号企业，以及中华橡胶厂等几个厂家。

吴蕴初的天字号企业——天利氮气厂、天盛陶器厂、天原电化厂、天厨味精厂是上海化工工业中有名的大厂。企业在报批撤迁的同时即对重要机件拆卸装箱，联络雇用运输工具。但所雇得之船只，屡次被抗战部队扣用。一次在苏州河雇得空船4艘，即被水警扣留，虽交呈第九集团军特发之护照，仍不放行。之后又在松江雇空船7艘，在泗江口被军队将船和淞沪警备司令部舟车通行证一并扣去。10月26日满载机件之11艘木船起运出航，不久，6艘木船在航行途中被北新泾的军队强行拦截充当了浮桥。经吴蕴初向资源委员会告急，并多方联系，才于11月6日放行。天字号各工厂到11月20日为止，共迁出609吨机材。这四家工厂，天厨味精厂迁出的361吨，主要是产品味精。天利氮气厂的120吨机件，其主要设备装在木船上，被日机炸沉，全部损失。剩下的一般性设备，如电动机、高压循环泵等继续上运。其他天原、天盛两厂基本迁出。天字号企业是10月间起运的，一直到12月底才到达武汉。

大鑫厂的迁移较天字号远为顺利。此前大鑫钢铁厂在日本侵略者步步紧逼、军火生产十分紧张之际，即开始生产坦克配件，还为兵工署上海炼钢厂制造了2000余枚炸弹钢壳。上海工厂迁移之始，大鑫首先将设备迁进租界，以防日军破坏。在8月22日苏州河迁运开始，大鑫即于30日第一批6艘木船运出260吨物资、30名工人。接着在9月25日又有5艘木船运出机件354吨、工人150名。第三批是10月22日启航的，装船2艘，52吨货、10名工人，这两艘船在11月20日抵镇江后，于11月8日转装吴淞轮去汉。总计，大鑫运出物资666吨（占全厂3/4）、工人193名，是上海民营企业随迁工人最多的一家。

冠生园以生产糖果、糕点、罐头食品而驰名中外，但它不属于政府规定的迁移之列。该厂创建者冼冠生即联合多家食品厂赶往南京，向军需署表示愿生产军用罐头食品，要求内迁，得到该署同意，并急电上海工厂迁移监督委员会："……现值全面抗战，是项食品需用万分急切，拟请贵会提前设法将该厂等即日迁汉以增军食资源。”这些工厂在南京还与军需所签订了生产协定，获得一笔订货款、搬迁补助费和一批原材料。

冠生园分两批迁武汉。10月9日，一艘大帆船装了生产罐头用的机件15吨、工人4名，顺利到达武汉。第二批，两艘木船装了刚进口的马口铁皮及几百袋加拿大面粉、各种罐头于10月底启航。此时，苏州河已不通航，这两条帆船经内河转向芜湖进入长江。可惜，内迁较晚，延误了时机，船经芜湖时，日军已占领该市，价值十余万元之物资全部损失。

西迁，在上海激战过程中艰难地进行。10月26日，闸北沦于敌手，苏州河航路中断，西迁物资即由黄浦江运往松江，然后再经苏州、无锡运至镇江，航程较经苏州河长。

黄浦江上的日晖港，处于上海市南郊。苏州河断航后，日晖港成上海西迁重要出口港，招商局派恒吉轮拖了木驳船队从这里启航去镇江，获得成功。

参加上海、黄石、汉口等地工厂西迁的长江中下游的木帆船

中华橡胶厂的西迁决定较迟，它只能走黄浦江了。11月初，日晖港内4艘木船紧张装载中华厂制造轮胎的设备、原料，还有60只汽车轮胎、1万余双胶鞋，共120吨。运送途中，安徽省境内马当航道已封锁，四条船中有三条船在裕溪口至巢湖一带散失，只有一条船继续前往武汉。这艘船上装有90马力的马达等重要机件31吨，于1938年1月18日抵汉，之后转向长沙。

龙章造纸厂是全国造纸业中的大厂，经理庞赞成深明大义，排除干扰，力主内迁，终获成功。但决定过迟，苏州河已不通航。

龙章造纸厂的厂址就在日晖港旁，从日晖港起运较为方便。该厂1000千瓦的整套发电设备及造纸机的两个大烘缸，每个重12吨，体积大，搬运困难，但终于在运输工人努力下，把物资装上46条木船，分10组迁出上海。第1—4组，安全到达镇江，转江轮去汉；第5—6两组到镇江后，没联系到轮船，就用人力划向汉口；最后4组到镇江后被敌军截获，只能退回上海。

到11月5日，敌在金山卫登陆，直扑上海闵行。西迁船只无法由黄浦江西运，不得不雇了怡和（英商）公司的船，把物资运往南通，然后转民船经运河运往扬州、镇江，这一段航路起航不久，12日上海失守，工厂西迁被迫中止。

三、交通部动作迟缓，沪镇联运处形同虚设

撤运迁厂器材的木船队到达苏州后，有的租到拖轮，有的仍靠摇橹、拉纤、风帆前行。在镇江接运的，据孙果达记述："……有招商局的船只，计有江轮13艘，小火轮8艘。另外还有三北、方达、大通等航运公司的船只。这些船只，主要运输军用物资，以及政府机关和银行的物资，仅用小部分装运内迁工厂的机件。"[①]9月开始，民生派三轮到镇江接运各类器材，有不少上海民营工厂到达镇江后，没有接洽到轮船的，仍由木船西运武汉，但费时较长。如中华辗铜厂的木船，从上海到汉口走了两个多月。中国实业机器厂在10月下旬从上海出发，到汉口已是次年1月中旬。四明糖厂、大中橡胶厂部分内迁船只都如此。

上海镇江间的迁运，从撤迁开始到上海失守，林继庸领导的迁移机构与上海航业界始终未见有任何联系，原因不明。招商局的恒吉轮从黄浦江的日晖港起运的背景和运输实况在林的著作中未见记载。如果是在淞沪抗战初期，那么恒吉撤运成功，就很有价值，但未见有后续运力进入上海接

---

① 孙果达：《民族工业大迁徙》，第10页。

运。如果是在苏州河断航以后，那只能是为抢运某家工厂的重要物资而进入黄浦江。

恒吉在黄浦江的撤运成功，说明上海航业界的拖运力量可以在上海工厂西撤中发挥作用。据民生公司 7 艘驳船沪镇之行的经过看，全程都靠人力和风力，共航行 16 天。如果有拖轮，必将大为加快。但实际历史状况是，上海航运界一直未派轮参与撤运，恒吉轮进入黄浦江日晖港成为一个特殊、孤立的事件，并未产生普遍意义。

交通部一直到 10 月下旬才考虑到上海迁厂之困难，而下令长江航业联合办事处组织成立沪镇联运处。时间距“八一三”开打已两个半月，距上海第一批工厂撤离，迟了两个月。而且已是闸北即将失守、苏州河即将断航的时候。事情还不止于此，沪镇联运处行动之缓慢更使人不解。

航联处接到交通部筹组沪镇联运处的训令后，即于 10 月 23 日举行第一次会议。参加会议的有航联处的伍极中、沈仲毅以及施复昌（招商南京分局）、郑鲁斋（三北）、杨仲孚（民生南京办），由沈仲毅担任主席。会议推定了镇江联运处和上海联运处的负责人；提出了联运处经费与盈亏公摊办法；规定了水脚，上海至镇江每吨最高为 15 元，工厂迁移机件及公物均按八折计，军用品半价，镇沪出口货每吨最高 6 元。

航联处将拟定的联运处组织简章及会议议决事项呈交通部同意后，即发往上海、镇江有关公司。①

在此抗战紧张期间，南京的文件下达了半个月，沪镇联运处迟至 11 月 8 日下午 2 时半才借上海航运俱乐部举行会议，宣布正式成立。从这次会议记录中看，上海各家公司对航联处所拟定的组织简章及议决事项有不少意见。会前即对简章进行了修改，会议不同意招商局江毅甫为主任委员，而公推三北公司经理李志一为主任委员；沪镇联运水脚也有改变。对航联处所提公摊办法等，由于“各联运公司以尚待考虑之处甚多，要另设小组研究，先由民生将小组议决办法请示京方卢作孚先生同意后，即由民

① 据长航档案中心藏卷。

生召集小组会议，并提交沪镇联运处通过后再呈长江航业联合办事处备案。”[1] 当时上海守军节节败退，情况万分紧急，而上海这帮航商对窗外的炮声充耳不闻，还在津津有味地商谈谁当主任，重定运价，上海航业的问题还要跑到南京去请示重庆民生的卢作孚。纠缠的问题如此之多，情况和过程如此复杂，事情当然就难以推进。

联运机构成立后，确定沪镇两地参加联运的船只，计有招商局的河宽、建元、飞龙、利航、恒通、恒吉、骏发等 7 艘，三北公司 3 艘，江苏船舶大队征租 8 艘，并租了大批帆船以备拖带。[2] 联运处 11 月 8 日成立，四天以后，12 日日军即攻陷上海。联运处对工厂西迁未发挥作用，形同虚设。事后，沈仲毅谈到沪镇联运时说：“距时未久，我军自动退出上海，时间短促，未能充分运输达成使命，为遗憾耳。”这是不识大局纠缠小事造成的历史遗憾。根本问题还在于政府当局对上海工厂西撤没有通盘考虑。林继庸赴沪后，当局应责成交通部立即派员协同林继庸解决运输问题。结果，交通部动手太晚，提出办法后又无人督办，一误再误，前功尽废。

在 11 月 12 日上海失守后，林继庸的部属安全撤离。上海工厂迁移监督委员会除协助公营及国营工厂外，共撤迁民营工厂 146 家，安全运往武汉的机材共 14600 余吨，技工 2500 余人。[3]

---

① 《长江航业联合办事处沪镇联运处第二次会议记录》，重庆市档案馆，全宗，航联，卷号 3。

② 沈仲毅：《战时长江部分之招商局》，1940 年 5 月 1 日《交通月刊》一卷二期，第 157 页。

③ 《林继庸先生访问纪录》，台北，“中央研究院”近代史研究所编，1984 年版。

第3章　卢作孚东进

民生公司主要运力在川江运行，大轮下行京沪。

上海撤退，民生公司派船在镇江接运，发挥了它应有的作用。指挥民生公司的是总经理卢作孚。

民生公司创始人卢作孚

卢作孚（1893—1952），重庆合川人，出身于贫民家庭。小学毕业后，他无力续读。通过刻苦自学，他16岁公开出版自己编著的《卢思数学难题解》。辛亥革命后，卢作孚开始研读国内外进步社会科学著作，探索救国救民之道。先是主张“教育救国”，1924年前后萌发了“实业救国”思想，首先提出了“中国现代化”的主张。他发起、创立民生公司，出任总经理，1926年民生公司开始营运。经过他的苦心经营，民生公司发展成为精于管理、善于谋利、中外闻名的最大民营航业。五四新文化运动以后，他以澎湃的热情参加了轰轰烈烈的爱国救亡运动，在政治、思想等各方面经受了历练。他参加了由李大钊等发起成立的著名进步社团“少年中国学会”，坚持学会宗旨，恪守会员信条：奋斗、实践、坚韧、俭朴。这八个大字，生动具体地贯穿在他经营民生公司的全过程，显示在每一项经营管理的细节中。

抗战爆发时，民生已有大小船舶46艘，总吨位2万多吨。据俞飞鹏公布的200总吨以上船舶名录，民生有25艘，航线遍及长江干线和四川内河支流。民本、民元、民风、民权、民贵、民俗等称之为甲级船，可航行上海重庆线，民族、民泰、民联航行宜昌、上海间，不适于航行川江。经常航行渝宜、渝涪、渝长等川江航线的有民政、民主、民俭、民安等 10 余艘。民生在川江的运力占绝对优势，总公司设重庆，万县、宜昌、汉口、上海都有分公司，南京设有办事处。

1937 年 7 月 15 日，卢作孚根据政府的安排到达上海，准备出国考察，考察期为 5 个月。

在北碚为卢作孚举行的欢送会上的热烈掌声还在耳边震响，事情突起变化，卢作孚的母亲在 21 日突发脑溢血，25 日在北碚病逝。卢作孚于 26 日飞返重庆治理母丧；考虑到出国日期急促，恐赶不上与考察团同行，特电政府准予他缓行。

8 月 7 日，卢作孚再次东进，由于考察团成员均系各方负责人，值此抗战军兴，考察团未能成行。没有几天，“八一三”战事爆发。

卢作孚似乎应该回重庆去，总经理应该在总公司指挥全局。

一、常驻首都南京

卢作孚没有回重庆去。

上海战争打响，大军云集京沪，长期抗战格局已经形成。在此非常时期，卢作孚常驻何处最为适宜呢？不应该像往常那样常驻重庆了！重庆，离军委会，离国民政府太远，没有办法及时掌握瞬息万变的政治军事形势，没有办法及时了解高层决策的趋向。发展和壮大民生是卢作孚生命所系，为了筹划民生公司的经营，适应战时需要，在顺应形势中求发展，指挥民生公司船舶运行，必须常驻国家最高军政机关所在地。

民生公司上海分公司

卢作孚不走了，就住在南京范旭东家里。这是卢作孚在战争开始后的第一个重要决策。

卢作孚到南京后，曾担任大本营第二部（掌政略）副部长（大本营存在时间很短），曾应邀参加起草国家总动员计划。（笔者在南京二史馆未能找到该计划，后询问二史馆研究员戚厚杰。戚称，馆藏没有 1937 年的总动员计划，只有 1943 年的一份。）这些工作，不可能影响他为民生事业服务。居住南京期间，他与在南京各有关军政部门以及金融、实业界朋友保持经常的密切联系，主动造访，特别是和老朋友、军委会秘书长张群过从甚密。此外，他还交了许多新朋友，例如军委会秘书处处长罗君强等。他将在公关活动中获得的与运输有关的讯息及时告诉民生以采取相应对策，使民生的营运与国家命运联系得更加紧密，也可获得更多经济收益。

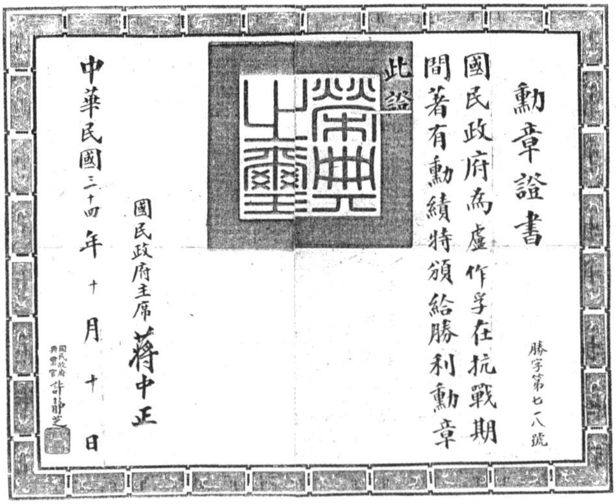
勳章證書
勝字第七一八號
國民政府為盧作孚在抗戰期
間著有勳績特頒給勝利勳章
此證
國民政府主席 蔣中正
中華民國三十四年十月十日

卢作孚勋章证书

为了公司员工上下齐心，团结抗日，卢作孚曾多次发出号召：“国家对外的战争开始了，民生公司的任务也就开始了。”“民生公司应该首先动员起来参加战争。”卢作孚之所以能长期留在南京，是因为总公司有几名经验丰富、管理水平较高的高层职员，如郑璧成、邓华益、童少生等，他们能够按照卢作孚的主张，领导和管理总公司的日常工作。

郑璧成（1889—1958），四川双流人，1927—1931 年为民生公司董事，常驻公司。1929—1931 年兼川江航务处航政科科长、代处长。之后，长期领导民生公司船务、供应两处，并筹办天府煤矿、北川铁路，谋划买船、造船等复杂事务。1929 年与两友共创长江轮船公司（有民生公司投资），推动福全公司于 1931 年并入民生。

为办好民生，卢作孚提出要把握“现代两个武器——技术与管理”，郑璧成认真执行。他不仅研究驾驶，熟悉航道状况，还研究水下打捞沉船技术。对中外工程师确定不能救捞、民生不拟冒风险购买的沉船，他曾多次以个人资金贱价购得，自己主持救捞，大修复航后，以成本价卖给民生。1937 年抗战爆发，郑璧成立即由沪返重庆，除原任职务外，又兼主任秘书。代总经理主持总公司工作。

童少生（1903—1984）系总公司业务处经理，早年求学于上海圣约翰大学，后参与、主持美商捷江公司。捷江公司倒闭后，应卢作孚之邀于 1935 年进入民生。

卢作孚在抗战运输紧张之际经常将童少生调离总公司，是因为业务处另有一员排名在童少生之前的经理邓华益（1887—1966）。1925 年民生公司成立时，邓华益系九江轮船公司总经理，他认定卢作孚有理想有才干，于是决定参股民生。1930 年 10 月 15 日，他将九江公司的九江、合江两轮，加上一个铁趸驳，作价 16 万两白银并入民生。他的资产高于民生，成为民生的大股东。并入民生后，邓华益担任航运部经理兼总公司协理。1935 年，童少生进入民生，初任英文秘书，后经邓华益建议，改聘童为业务处经理。两位经理协同工作，配合默契。邓华益除全面负责业务处外，还长期担任重庆市轮船业同业公会理事长。

抗战开始，公司业务倍增，童少生长期离渝去宜工作，邓华益工作更为繁忙，参加国府重庆行营例会，主持同业公会会议，分配货源，沟通解决各轮船公司与国府之间的各种矛盾，解决运兵、运粮等困难问题。抗战初期，大批难民进川，外轮公司与少数国内船东提出提高票价，在同业公会讨论时，邓华益力排众议，提出不但不涨，还要实行学生减半、小孩免票的方案。此议得到卢作孚的赞同而得以实现。

其他还有李邦典和财务处经理彭瑞成等。

卢作孚打造的这个团队相当成功。他们在谋取和维护民生利益方面团结一致，精诚合作。卢作孚在外埠工作经常与各部门经理通过函电沟通情况，推动工作。民生职工有个说法：卢作孚在哪里，总公司就在哪里。

二、关注苏、锡商运和工厂迁川，适时成立民生镇江办事处

卢作孚关注上海工厂迁川问题，在南京期间，他和四川省财政厅厅长刘航琛由民生上海分公司张澍霖陪同，曾多次走访林继庸，商谈迁厂入川事宜。

上海工厂迁移工作在极其艰难中进行。长江航路被切断后，器材只能雇木船沿苏州河西迁到镇江，再换装轮船运往汉口。1937 年 8 月 22 日，马雄冠的顺昌机器厂带头用木船沿苏州河内迁，到 27 日已有 4 家工厂 21 条木船出航。①

当时，苏州、无锡、常州一带纱厂赢利丰厚，大家只顾赚钱，资委会派人劝迁，未能推动，② 而他们的产品也运往镇江转出。

对于工厂迁运与苏、锡商贸流向，卢作孚都主动了解掌握，他于 8 月 26 日派肖本仁前往无锡、常州进一步调查。事后肖本仁报告：“无锡之棉纱及丝每天可运出 500 余吨，常州方面的布匹，每一天有 100 吨出口，均用小火轮拖到镇江，然后装轮船运汉。”

卢作孚得此报告，决定成立镇江办事处，并把原汉口到南京的航班延长到镇江，他写信给宋师度说：“南京货件不多，每次轮船开航镇江尚甚合算。乃商申公司，派王德润、张宝林、许培泽三人，于 9 月 1 日前往镇江，成立临时办事处；9 月 2 日，民泰轮开始航行镇江、汉口

① 参见《林继庸先生访问纪录》，第 39 页。

② 参见《林继庸先生访问纪录》，第 41 页。

抗战爆发，王德润任民生镇江办事处主任，后到香港招商局任职。图为原民生总公司业务处经理邓华益之子邓安澜在香港与王德润（左）合影

线。以后计划每三天有船开镇，除装纱布外，上海各厂迁川机器，计有3000 余吨（现有 500 余吨已运镇），可陆续装运。该办事处系由王德润暂代。”①

这是民生公司开办新航线的内部通信，没有很多“为国家服务”等道理，经济上是否合算是首先要考虑的。谋求企业利润最大化，推动经营规模的扩大，为社会为国家承担更大任务，是企业家的首要职责，卢作孚对延长航线问题考虑成熟后立即实施。

许培泽原系上海分公司职员，到南京后，先在长江航业联合办事处工作，一周后，即于 9 月 1 日，又奉卢作孚命与肖本仁一起赴镇江工作。因民泰轮当天到南京，次日即开镇江，而公司在镇江方面尚无人办事，许、肖两人接令后，当天即动身去镇。许培泽当夜抵达，肖本仁先去常州、无锡联系货运，约定 2 日清晨 8 时到镇，办理民泰轮开航事宜。

① 《卢作孚致宋师度》1937 年 9 月 10 日，长航档案中心藏，民生公司档案（以下简称长航档，民生），总 384 卷。（武大经济系抄件）

谁知肖本仁到第二天上午10时尚未到达镇江。许培泽接南京电话，知民泰轮已于8点半从南京下驶镇江，许深知不能再等肖本仁，即与招商局镇江分局联系，借妥了码头。由于货运是肖经手联系的，肖不到镇江，货源没有着落。

许与民泰经理商量后，就临时委托招商局代为揽货，招商局对民生很照顾，不仅代为揽得发送汉口的药材66件，还代理签发提单及报关等手续，民泰轮就于2日午后6时许装了招商局介绍的那一票商货从镇江首次启航了。

民泰轮开航后，许起草成立镇江办事处的启事与新闻稿，发往社会各报，以招揽客货。当晚10时，肖本仁回来了，还有一名宪兵紧紧跟着。原来肖在买票返回镇江时，被认为行踪可疑，误以为是汉奸，被拘押于高资车站宪兵队，现在到镇江来，是为了找铺保保释。肖在当夜仍押在镇江宪兵队，许只好打电话报告卢作孚，后来卢作孚把他保了出来。第二天，成立镇江办事处的新闻稿一经刊出，旅舍中的电话不断，登门洽商装货及搭客之人，颇有山阴道上应接不暇之势。

4日晚间，由上海分公司调来的王德润与张宝林到镇江。

从上述事件的发展，我们看到卢作孚办理商务之快捷与果断。肖本仁8月26日赴苏、锡调查。卢作孚于9月1日派人到达镇江成立办事处。就在第二天，9月2日晨8时，民泰由南京开镇江，同一天下午6时许，民泰装了货由镇江开回汉口，从卢作孚发布成立机构命令到新航线启动，仅仅两天。

再看看交通部的速度。10月中旬，在交通部酝酿成立沪镇联运处时，卢作孚即将此动向通知总公司，并立即派陈国光东下镇江。陈国光迅速于10月23日完成了沪镇联运的调查研究，形成意见，上报给了总公司。也就是这一天，长联处接交通部训令后才举行第一次会议。上海的沪镇联运处宣布成立并研究讨论问题是在11月8日，比陈国光提出考察意见迟了半个月。由此可见，在此战争形势迅速变化之时，卢作孚对重大运输任务反应之快。

卢作孚战时办事速度之快捷与处事之果断，与林继庸处于同一水平。交通部和沪镇联运办则差之千里。

三、各公司在镇江竞争激烈

镇江少大宗货出口，货物来源全是由上海、苏州、无锡用木船运到镇江，民泰启航后，继续有民宪、民族、民勤到镇装货。民泰驶武汉后，又继续驶镇，装载了申新厂的布匹、机件及上海迁厂机件。[①]

由于江阴封锁后长江上运物资锐减，各公司在镇竞争颇为激烈，“在镇江接应的主要是招商局的船只，计有江轮 13 艘与小火轮 8 艘，另外还有三北、大达、大通等航运公司的船只。这些船只主要运输军用物资，以及政府机关和银行的物资，仅用小部分装运民营内迁工厂的机件”。[②] 怡和、太古等外轮公司揽运商货参与竞争。而民生公司镇江办事处成立伊始，受设备限制，服务不及招商、怡和、太古等公司，这对于厂家货物之选交何轮装运产生根本之影响。镇办之困难在于：

其一，无锡之纱布，先由木船摇橹行驶至丹徒。因长江水急，须小火轮由丹徒接拖到镇江码头。招商局、怡和、太古均备有小火轮，最初还收拖运费，后以竞揽货物，改为免费代拖。民生在镇江没有小拖轮，曾向招商局租借。招商局说必须向总局请示，一时未能租到。其他小轮公司忙于应差，不易租得。

其二，海关保结未办妥，民生不能免费为客报关。如由公司代客负担，装货 4 件，即需百元，而工厂迁移物资，因资源委员会与招商局洽妥，免收保费。[③] 这些都使民生在竞争中处于劣势。

镇江办事处还感到装运器材有很多困难，民船在途中无法通消息，迁

① 许培泽：《记镇江办事处》，《新世界》第 11 卷 8 期。

② 孙果达：《民族工业大迁徙》，中国文史出版社 1991 年版，第 10 页。

③ 《镇江办事处致总公司》1937 年 9 月 21 日，长航档，民生，业 903。（武大经济系抄件）

厂器材到达时间不能确定，无法安排船期。此外，装卸小工对装笨重机件无经验，损失舱位甚多。

表 3—1　民生镇江办事处开办初期客货运收入表

（1937 年 9 月 1—21 日）

船名	货运（元）	客运（元）
民泰	62.00	
民宪	2752.00	517.50
民族	5002.33	556.00
民勤	1368.18	414.00
民泰	1296.68	123.90
合计	10481.19	1611.40

资料来源：据 1937 年 9 月 21 日镇江办致总公司函。原资料无开航日期、运出吨数、货种与人数等记录。

镇办王德润广泛组织货源，苏、锡、常一带纱布出口量很大，镇办拟全力抓住。江苏工农业生产指导处也能供给大量货物。因此，镇办要求总公司“迅速派船作来装”，① 但没有谈及与上海工厂迁移委有任何联系。

在中国军队于 11 月 12 日退出上海之后，仍有不少木船满载物资在驶镇途中。民聚轮于 11 月 20 日最后一次离开镇江，公司随即于 22 日关闭。

从民泰轮 9 月 2 日启航到 11 月 20 日民聚轮离开镇江，时间共 2 个月又 19 天，民生自镇运出货物共 5148 吨。对于撤退上海民营厂矿和转运苏、锡、常一带物资来说，这是很小的数字，但它为工厂西撤尽了自己的一份力量。

民生镇办结束后，上海各厂迁移物资一部分尚在途中，继续向镇江迁送，在各厂物资陆续到达镇江后，上海工厂迁移委的镇江运输站继续办理

① 《镇江办事处致总公司》1937 年 9 月 21 日，长航档，民生，业 903。（武大经济系抄件）

转运，一直到 12 月 10 日才撤退。由上海沿小河西出镇江的迁运至此全部结束。

四、运送川军东下

刘湘部队奉令出川抗日。

1937 年 10 月间，刘湘部队 5 万人由民生公司从渝、万两地运往宜昌；再由湖北省船舶从宜昌接运到武汉；再由招商局下运京沪。

“七七”事变后，全国人民抗日救亡运动掀起高潮，四川省主席刘湘向国民政府急电请缨抗日。

“八一三”淞沪抗战开始，在南京召开的最高国防会议上，刘湘慷慨陈词：“过去打了 10 年内战，报不出账来，今有了抗日的机会，我不能不尽力报国。”之后，国民政府军事委员会遂令四川军队编组成第二路预备军，任刘湘为总司令，邓锡侯为副总司令。军队分两路出川，一路北出剑门，一路由重庆、万县经水路东下。

第一批由水路东下的川军于 10 月间起程。

148 师从重庆东下宜昌，其余 144、145、146、147 师及第 14 独立旅共约 41000 人从万县起运。

民生公司接到重庆行营租船运送出川部队的任务后，估计行驶重庆以下的大轮势必全部应差，日常交通将陷于停顿。代总经理宋师度在 9 月 1 日给卢作孚写信说，为了避免全部轮船应差，收入减少，同时考虑维持商运交通船只，要求刘湘大部分川军由陆路出川，减少轮运。之后，宋师度为缓解运力矛盾，派郑璧成去成都，向刘湘面陈此中困难。刘湘是卢作孚的老朋友，他听了郑璧成的陈述后，“面允不由轮运”。[①] 不知刘湘这样回答是应付一下郑璧成，还是真想步行出川？其实，民生只是要求安排一部分走陆路，并要求将民元、民本、民权三轮留作交通船只。[②]

---

① 《宋师度致卢作孚函》1937 年 9 月 11 日，长航档，民生，总 384 卷。
② 《宋师度致卢作孚函》1937 年 9 月 11 日，长航档，民生，总 384 卷。

军情多变，淞沪战事趋紧，重庆行营没有考虑民生要求一部分川军走陆路的问题。行营通知民生，东路川军全部由轮船紧急下运。为适当照顾民生的营业需要，行营对民生营业问题的考虑不可谓不周：安排民元轮作营运船；同时确定，差船回程即行解差，以便装运客货；上水未装客货的，发一半租金，燃料费全部发给；下水仍沿旧法，允许招揽商货，即除舱面装运部队，货舱都可装货，以解决普通商货运输问题。实行这些措施，打差就不致引起经济受损。

卢作孚对民生首次运送部队出川十分关注。他在10月中旬部署了汉口公司陈国光赴镇江调查沪镇联运问题之后，即由南京赶赴重庆，对差运作了进一步研究部署，并决定派童少生去万县协助工作。回南京之后，10月26日，卢作孚写信给万县公司，要求他们做到：在安全的前提下每船装部队的数量达到最高限度；要以军队等待轮船，切忌轮船等待军队；部队上船一夜上完。卢作孚还要求宜昌上水商货配到安全所允许的数量，即最大载量。总公司也要求万县尽量揽货压舱。卢作孚和总公司对差运的要求都是为了加快差运船舶周转，并充分发挥货舱利用率，以增收益。

10月25日清晨，民康装了144师官兵900人首先驶出万县港。

26日，民俗、民熙、民勤、民政以及三北公司的富华共五轮相继驶离万县，共运出4400人。

童少生到万县后主要是策划公司与各方联络，紧密安排船舶出航。他在送走了6条船、安排了27日的差运任务后，随即与差所及部队的代表进一步落实整个差运计划，并要求各轮切实做到一天到宜，两天回万，三天一个来回。从28日开始到11月4日共安排了25个航次。在执行过程中，因山路崎岖行军艰难，部队到港时间时有变化，调度船只计划也随之相应更改。因此，三北公司的富华轮曾开到重庆装了部队去宜昌；民康轮装了部队一直送到湖北沙市。差运接近尾声，11月4日，独立14旅尚未过大足县，饶国华师的2100人正在向万县急行军中，而新增的3000名壮丁却已涌进万县，公司随即安排民贵、民来等轮运走。新情况层出不穷，第148师有一部官兵从奉节、巫山、巴东上船，那时差运船只已陆续解租，公司立即安排民康在万沙线任务完成后，继续行驶奉宜、巫宜、万宜线，直至部队全部出川。

承担兵差的任务，公司在经济上是亏损的。以民勤轮为例，除燃料费由军方供给外，每天的成本是 671 元，而政府每天支出的差费是 325 元，尚亏 346 元。以此推算，民勤轮一个月中有 10 天下水打差，就得亏 3460 元。但是，只要揽得足够的压舱货，仍可盈余。

民生公司为了少亏或转亏为盈，从两方面采取措施：一是货舱多装压舱货；二是强调部队按预定计划上船，切忌船等人，以加快周转。

第一批川军东下时，1937 年 10 月 25、26 日和 11 月 3、4 日的 4 天中，有 10 条船由万县发航，万县地区没有那么多货压舱，总公司就派民意、民享、民安、民运行驶渝万，为差轮提供商货。

26 日发航的民政、民勤、民俗轮装走了民享轮运来的食糖 456 件和民意轮运来的食糖 477 件，万县公司还配上猪鬃 155 件，步枪子弹 600 箱。民贵轮于 11 月 3 日驶宜时，装走了民意从重庆下运的全部货物外，还装了民安运来的食糖 50 包，万县商货 535 件；民运、民享、民安运到的货物，分别装进了打差船民权、民俗、民勤的货舱。货主对民生公司利用差轮货舱及时转运商货表示赞赏。重庆济楚盐号李仲君在万县考察转口情况后，对民生的转运工作深表满意。

第4章 南京失守前后的撤运

兵工厂的西迁，落后于民营企业。资源委员会专员林继庸在1937年7月28日会议后，当天就到达上海进行组织动员。8月22日以后的6天内就有4家工厂用21艘木船装了数百台机床从上海起程。兵工署长俞大维虽下令要在11月15日搬到后方，但仅是一纸空文，多家大兵工厂都是挨了炸弹才决定搬的。11月12日上海失守，金陵兵工厂16日才接到搬迁令，好在他们在9月间先将枪弹分厂和300余人迁往重庆。南京的其他军工机关也在11月间西迁。

一、金陵兵工厂西撤

金陵兵工厂是一家大型综合性工厂，拥有机器设备1000多台，职工2800余人，年产重机枪600挺、82迫击炮480门、82号迫击炮弹20400发。该厂拆迁分两步进行，先迁枪弹厂。当时，卢作孚正在南京，9月间，他指挥筹组了镇江办事处后，就安排南京办事处与金陵兵工厂商谈迁厂事宜。

10月间，金陵兵工厂与民生公司开始商谈所属枪弹厂的2000吨器材进川问题。18日，双方在南京签署合同。2000吨器材由芜湖装船起运，直接运到重庆，限两个月完成。南京的器材运到芜湖装船，是因为南京码头极为紧张，特别是飞机连日轰炸，危险性太大。

1935 年的金陵兵工厂大门外景

双方议定的运价，全程每吨 75.60 元。兵工厂员工、家属搭船半价优待。[①]

合同签订后，民生公司南京办事处电话告知汉口分公司。汉口分公司向总公司及宜昌分公司发出密电：

> 京处与金陵兵工厂订约，订本月迥（廿四）、寝（廿六）、俭（廿八）、陷（卅）四日，须有能容 500 吨之船到达芜湖转汉，务盼“迥”日赶到，以便受载。否则照条约规定，须受处罚。复（民）。

公司安排民本轮首航芜湖。当时民本尚在渝宜线打差，汉口要求如期到芜。[②] 这是民生公司第一次承运兵工器材，上下都十分重视。民本轮按时东下，到芜受载。但金陵兵工厂之机器运芜迟缓，民本轮一面装载一面等候，迟迟未能离芜。按计划接踵而至的民风轮，也只好在码头上候载。汉口分公司不得不改变调船计划，将原拟按计划下驶的民元轮暂泊汉口。

按合同将 2000 吨货直运重庆，对民生公司来说是轻而易举的。公司原计划调派五六条甲级船，在半个月内将器材运到重庆。虽然开始时因兵

---

① 《兵工署、民生公司合同》，长航档，民生，业 268。（武汉大学经济系抄件）

② 《汉口分公司致宜昌分公司函》1938 年 10 月 18 日，长航档，民生，业 2525。

工厂集中货物不力而耽误了船期，在兵工厂工作得到改善后，民生仍提前完成任务。

民生公司撤退兵工器材旗开得胜，取得了兵工署的信任，为以后承运大批兵工器材去渝打下了基础。

金陵兵工厂枪弹厂迁到重庆后，即转运到南岸铜元局安装机器，准备恢复生产。

金陵兵工厂部署枪弹厂先行撤离，厂本部奉命仍坚持生产，撤离时间等候兵工署命令。当时日军轰炸南京时必炸金陵兵工厂，8 月 19、20、25 日，连续三次被炸，死 6 人，伤 5 人。全厂职工群情激昂，昼夜奋战。上海保卫战中，我军两门 150 毫米榴弹炮发生故障，工程师赵国才带人前往上海，彻夜抢修，使重炮及时恢复战斗力。技师房俊卿、孙振东前往江阴要塞赶修重炮，返回途中双双被炸身亡。职工们目睹此情，更是发奋努力，昼夜工作。厂长李承干回忆说：“大家诚有一心报国，视死如归之概。”

兵工界奇才李承干

11 月 16 日，工厂终于接到西撤命令，随即开始全厂性撤迁。全厂职工在厂长李承干带领下，上下一心，废寝忘食，将多种枪弹和炮弹制造工具，以及发电设备等机械材料共 4300 余吨拆卸装箱，仅 16 天时间即全部完成。12 月 1 日，分水、陆两路全部撤离南京。水路由船舶司令部预先准备的打差船只将器材运往武汉。李承干厂长和职工在告别工厂时，面向工厂大门脱帽三鞠躬挥泪告别。他说：“再见啦！我们还要回来的！”他的话表达了全厂职工的愿望和决心。

李承干和职工们走到码头登上松浦轮赴汉，骨肉分离十分凄惨。李承干回忆：

国破家亡之痛，猛袭万人之心。当同人离京之日，江干等车站哭声震耳。不能西上之眷属，痛极号咷，呼天抢地，此别无殊锥心，旅人千百均深蕴悲壮之情，萧萧易水，其景差复相同。

金陵兵工厂大批机件撤离南京后，有 70 吨机枪毛坯未及运出。留守这最后一批器材的工人姚志良、王相越、吴堂三人想尽办法找到木船，于 12 月 6 日，距南京失守 10 余日，将最后这批 70 吨器材装上。木船依靠风力和人力向武汉方向驶去，经过两个月的水上颠簸，才到达安徽望江，然后搭轮西上。

二、杭州、南昌飞机厂西撤

金陵兵工厂枪弹厂迁运期间，长江船舶曾参与了从杭州、南昌迁出两家飞机厂的工作。一家是中央杭州飞机制造厂。该厂设于杭州笕桥，早在 1937 年 8 月，航空委员会即决定将飞机厂迁往武汉。所有机器装箱后经火轮运往芜湖，在芜湖联系长江船舶运到武汉以后，就在武汉南湖机场附近一所旧厂房中恢复生产。在武汉期间，总计修理和制造了飞机 128 架，工厂有所发展，员工增至 1500 人。后遭日机轰炸即迁入汉口日租界内，继而奉命迁往昆明。

另一家是南昌飞机制造厂（抗战时称作“空军第二制造厂”）。该厂于 1937 年即已建成主厂房 8 座，其中总装厂房面积达 5000 平方米，设备新，厂房都有空调，在当时就全国来说都是少有的。1937 年即开始仿制飞机，主要制造了布瑞达 25 式教练机 20 架、萨伏亚 S81 轰炸机 6 架。

在生产逐步走向正规而向前发展之时，抗战爆发，该厂即成为日机轰炸目标。工厂被炸后，厂长即率同员工把残存机器、设备等向重庆迁移。他们雇了大木船装上器材，由赣江进鄱阳湖到九江，在九江期间联系江轮将全部器材运到武汉，再撤往宜昌。从宜昌去重庆，是雇木船还是由民生承运，情况不明。后在距重庆 100 公里的南川县境内的一个深 80 米、宽 50 米的天然大溶洞中重建工厂，恢复生产。①

① 《抗战时期内迁西南的工商企业》，云南人民出版社 1989 年版，第 157 页。

三、军政机关的撤离

日军狂妄叫嚣要在三个月内灭亡中国。淞沪一战，我军坚持作战近三个月。11月9日，蒋介石下令从上海撤退。12日，中国军队全部退出上海。

11月20日，国民政府发表迁都重庆宣言，南京进入紧张的撤退阶段。

施祖炜

11月14日上午，俞飞鹏为政府各院部及兵工单位西迁所需船舶做准备，向船舶运输司令部庄达司令做了部署。俞飞鹏要求：对政府迁都，为国府预备一条大船，南京至武汉由三北公司龙兴承担；行政院及所属各部需船两条；其他立法等四院配备一条；军委会两条；航委会一条；训练部机关一条，此外再预备四五条。其他兵工厂的搬迁以及运送弹药、汽油等共须准备大小船只50条，都须装足燃煤。

此外他还要求：宜昌、汉口的船舶管理所须增强力量；南京港区的招商局码头与三北码头的装卸工人要配备充足；宜昌需要多存储轮用燃煤；多备汽车以备运送器材等各种物资上船。

各部差轮陆续开往武汉。由几个部共用一条船的，事先均分配好房间，各部人员对号入室。民生公司民元轮到达南京后，所有客舱由政府几个部门分配应用，民元轮二副施祖炜带领服务人员在房舱的门上用粉笔写明使用部门名称。具体负责客货运的施祖炜跟船员们打趣说："民元轮成了国民政府啦！"

南京的军工单位较多，有多家军事研究机构，如炮兵技术研究处、弹道研究所、航空兵器材研究所等。这些军工单位由后勤部征集差轮撤退，其他均由商轮承运。

随着战事向南京逼近，撤退运输更为紧张，机关、学校要西撤，工厂、商号停业后也急于将机器和存货运往大后方，而需要疏散的逃难的人群更需要船只运送。长江联合运输办事处发挥了重要作用，未被拉差的江海巨轮都参加南京紧急撤退。

国营招商局南京第四码头大门

12 月 5 日，留守南京的最后一批政府官员撤退，招商局派江汉轮承担此任务，交通部派王洸随船指挥，事先安排好舱位。为了防止逃难的人群蜂拥争抢登轮，江汉轮不得不泊于江心接载旅客，于 5 日深夜由南京启航。

船只缺乏，满足不了撤退的需要，上行船舶全都超载运送，各轮一律改为统舱，但仍不能满足需要。从南京挹江门直到江边终日挤满了人，成为日机轰炸和扫射的目标；逃难的人群涌向码头，争相上船，秩序无法维持。招商局等公司的江轮不敢靠岸，只好在江心抛锚候载，由小木划将有票者渡运上船。有的木划靠上轮船后，要用绳子把客人吊送上船。其惊慌、拥挤之状可以想见。[①]

---

① 王国强：《中国兵工制造业发展史》，台北黎明文化事业公司；戚厚杰：《抗战时期兵器工业的内迁及在西南地区的发展》，《民国档案》2003 年第 1 期，第 108 页。

四、范旭东痛失永利厂

范旭东

南京撤迁期间，招商局、民生、三北等公司数十艘大轮在南京港频繁进出，没有机会为民营工厂的撤迁贡献力量。首都所在地，仅仅只有京华印书馆等数厂撤迁出南京，至于电厂，仅运出一部分物料。

最为惋惜的是，范旭东的永利硫酸厂在南京失守前，未及时迁出而陷于敌手。

永利硫酸厂位于南京上游江北岸卸甲甸，规模宏伟，设备精良，技术人员众多。在范旭东、侯德榜两先生主持下，于 1937 年 2 月开工，日产硫酸 250 吨、硝酸 40 吨，全厂业务蒸蒸日上。

日军知道，该厂只要稍加改动即可生产军火，曾派人找范商谈合作，遭严词拒绝。战争爆发后，该厂遭日机轰炸，损失了部分设备。

1937 年 11 月间，因该厂正为兵工署制造军用化学品，未能停业，撤迁时只运走一小部分机件及铁工部全部机器 500 余台，共 200 余吨，大量不易拆卸的化工设备基本未动。

12 月初，南京吃紧，范旭东在武汉。其一生心血——在塘沽所造日产碱 200 吨的永利碱厂已为日军把持，所剩下的卸甲甸一厂不能再为敌人利用。于是，他派出多才多技的林文彪博士，带 8 名技术人员率领部分工人东下。12 月 8 日，他们搭乘太古公司之黄埔轮最后一次下驶南京，计划进入厂内，将重要机件拆运出来，不能拆运的也作技术上的破坏。

范旭东安排撤迁的时间太晚了。

黄埔轮驶至离南京数公里的三洲河口时，南京已一片大火。轮船停泊在三洲河口，一连三天进退不得。最后，林文彪等九人和工人分三批由裕溪口上岸。他们进厂后，见工厂已被敌占领，知撤迁无望，只好急速退出，徒步转向合肥，经六安再到湖北麻城，最后由公司派汽车把他们从麻城接回汉口。[1]

南京陷于敌手后，日军将该厂价值 50 万美元的制造硝酸的设备单独拆卸，运往日本，交给东洋高压会社的大牟田合成氨厂使用，专门生产军火。

抗战胜利后，经永利公司一再要求，才把这套设备从日本收回。战争中，我们许多工业设备被劫往日本，战后收回的仅此一套。

五、木船云集，马当封锁线外之窘境

马当，长江下游重要的狭窄航道。

12 月 13 日南京失守之初，军事当局于同月开始构筑马当封锁线，招商局的江裕（3084 吨）和新丰（1707 吨）于 1937 年 12 月 21 日被征用，准备于 1938 年 4 月沉入马当航道。招商局于 4 月间下沉的还有汉口刘家庙趸船（1500 吨），[2] 招商局的 3 艘轮船、趸船共计 6291 吨。

沉船塞江后的马当航道江面

马当封锁线构筑过程中，有一批从上海西撤的木船由各轮船公司的拖轮拖带上行还未通过马当。它们满载着大成纱厂、永利碱厂、中华辗铜厂、大中华橡胶厂、天原电化厂、天盛耐酸陶器厂、天厨味精厂及中国工业煤气公司等厂的物资。这批船队到达马当，无法过封锁线。

---

① 林继庸：《纪略》，第 17 页。

② 《国营招商局手册》，二史馆，全宗 418，555 卷，第 58 页。龚学遂的《中国战时交通史》未记载招商局下沉船、趸名称。重庆港务局张祁的《抗战时期长江船舶与阻塞封锁线》一文记载，马当下沉有招商局的安庆趸船，而据《国营招商局手册》记载，安庆趸船已于 1937 年 11 月沉于龙潭口。

不久，载着龙章造纸厂的第五、六队木船 16 艘相继会集马当。马当封锁线外长江江面盛况空前。

大批拖轮、木船到达马当之前，已由林继庸等派人与驻军交涉妥当，驻军得知这批货物均系迁往内地设厂以备长期抗战，因而凡到达封锁线之船舶，一经提出要求过封锁线，即派出引水人员领航继续上行。

在马当航道完全封锁时，仍有西撤木船队未及通过，工矿调整委员会派出职员袁子英。他到达后探得在封锁线内尚有一小河，只是需要经过一小段陆路，才可到达封锁线外的长江边。他从彭泽徒步绕到封锁线外，沿江寻觅留在封锁线外的西迁船舶。结果在华阳、望江等处觅得多家迁厂物资的船舶。于是袁君即与当地首领联络，发动农民，雇得数十辆牛车，把货装上陆运数十里到达小河边。往返多次把物资全数运出后，再装木船起运。这批木船从小河进长江，过小孤山至九江，再改装江轮西运武汉。

马当长江封锁线，日军占领江岸后清除沉船

袁子英利用小河运输的方案，事先电告了在武汉的林继庸。在物资到达九江后，林继庸收到袁子英的电报，十分欣慰。事后，林继庸在他的《纪略》中称："我们在汉口，时时以此物资安全为念，因为一些少量机件的损失，足以影响全厂复工。所以每次得接电报，闻平安过险，不禁喜形于色。"顺利通过马当，使"各厂滞留的物资之损失，得以减到极微"。[①]

南京以上各地由长江轮船上运的，仅九江方面迁出的光大瓷厂、中华火柴厂等数家，芜湖迁出植物油料厂一家。

① 林继庸：《纪略》，第 21 页。

第 5 章　民生承运万吨兵工器材赴渝

河南。

巩县兵工分厂（化学厂）奉令西撤，全部机料 8000 吨。“全厂员工运用智能，夜以继日、不辞艰辛，短短两周内，将全部重要机料，拆卸竣毕。迢迢千里，起载转运。”1937 年 12 月间通过平汉铁路陆续到达武汉。

南京。

金陵兵工厂本部的 4300 吨机料也于 12 月到达武汉，准备迁重庆。厂长李承干已在武汉、宜昌两地设立转运机构，并着手在重庆寻觅厂址。巩县分厂到重庆后再转运至泸州建厂。

民生汉口分公司

一、汉渝线承运 1 万吨兵工器材

武汉。

兵工署派员找到民生汉口分公司，商谈兵工厂迁川事宜。与上次不同的是，因水位关系，民生大轮不能直航重庆，需分为汉宜、宜渝两段转运。12 月 15 日双方正式签订了 1 万吨器材运输合同。

民生公司指令参与运输的船只为：汉宜段一民元、民本、民权、民风、民俗、民贵 6 轮；宜渝段一民主、民康、民苏、民熙、民俭、民勤

6 轮（后卢作孚增拨民安、民福等 3 轮，共 9 轮）。关于运费，汉渝线每吨货净运费 52 元（汉宜 15 元，宜渝 37 元）。①

各兵工单位驻宜人员看了合同后，对水运各个环节不很明白。兵工署驻宜办事处于签约后第三天召集会议，请民生宜昌分公司经理李肇基到会讲解合同内容。合同签订后，民生担心运输船舶被拉去打差，授意兵工署上书军政部，报告已与民生商定，以民元等六轮和民主等九轮运输器材，要求“值此军运拥挤，以上各轮在专运兵工期间，恳请免予其它军差，以免延误”。

军政部接此报告，当即向船舶运输司令部发出临字第 125 号训令：“报请各节，应准照办。合行令仰该司令准照办理，并转饬所属船舶管理所知照。”②

民生的授意产生意想不到的不良后果。军委会重庆行营主任顾祝同对兵工署报告很不满，这是后话。

兵工器材在宜转运，宜昌工作更加繁重，困难势必增加。为加强领导力量，民生总公司业务处经理童少生根据卢作孚的指派，于 12 月 21 日由汉莅宜，协助宜分司经理李肇基工作。

二、军方拉差，打乱了运输计划

领导力量的加强，“免予其它军差”训令的下达，民生公司满以为可以从容不迫地运送兵工器材了。想不到 12 月 20 日前，民生的第一船满载器材进入宜昌港，港内竟没有船接转，器材只好囤积在驳船上。

原来，军库有一批弹药急须由宜运万储备，军委会重庆行营下令民生派船运送。民生总公司考虑到军政部已有运兵工器材的船舶免于打差的通知，于是就去行营交涉，顾祝同根本不把它当回事。交涉结果无效。行营

① 《军政部兵工署制造司与民生公司汉口分公司承运器材一万吨合同》1937 年 12 月 15 日，长航档，民生，总 568 卷。（武大经济系抄件）

② 《军政部训令》1937 年 12 月，长航档，民生，船 272 卷。

要求宜渝船舶全部参与差运一次，总公司只好同意。12 月 25 日，民苏轮才装上 150 吨金陵兵工厂器材，于 26 日早晨首次从宜昌启航驶向重庆。

在运输过程中，兵工署驻宜干部经常到公司催运。交涉过程中，不免产生矛盾，而李肇基将兵工署宜昌办事处的问题报告了总公司，总公司为解决问题，将报告转给兵工署，兵工署又转往宜昌办事处，要宜昌兵工署干部注意处理好关系。但是，宜昌兵工署和宜昌民生之间的矛盾反而加剧了。军运干部对宜昌分公司的工作很不配合，甚至故意为难。童少生到宜后，感到与金陵厂之间最易合作，与巩县兵工分厂合作则较为困难，乃由民生翁德熏襄理从中斡旋，调整关系，向博彦从旁协助解决矛盾，情况得到好转。

三、宜昌转运设备不足，影响装卸进度

卢作孚十分关注宜昌转运。他每天都要审阅船舶进出港口动态表，发现到宜昌港的船往往要停泊两到三天。过去都只停一夜，第二天清晨就开走了，三天显然过长，卢作孚要求加速装卸。停时过长的原因，是港口的转运设备不足，主要是堆存货物的栈房不够，港口驳船不足，码头太少。童少生到宜后向卢作孚反映了这些问题。

关于码头，卢作孚要求在宜昌对岸地势较高的五龙多辟一处码头，以减少船舶停港时间。①

之后，童少生函告卢作孚，他们正在拟具体扩充计划，“以期逐步由我彻底经营”。②

一周以后，卢作孚在五龙辟码头的愿望实现了。12 月 29 日李肇基向卢作孚报告，已向有关单位借用铁驳和跳板在该处搭建成两码头。③

港口设施的另一方面，是转运货物的木驳与堆栈。宜昌市有两个驳船

① 《函件》1937 年 12 月 26 日，长航档，民生，船 253。
② 《童少生致卢作孚函》1937 年 12 月 22 日，长航档，民生，总 384。（武大经济系抄件）
③ 《李肇基致卢作孚函》1937 年 12 月 29 日，长航档，民生，总 384。（武大经济系抄件）

公司，有40余只供使用。但由于军政有关方面大量占压木驳，仅剩五分之一可供各轮船公司周转货物。宜昌木驳之紧张可想而知。为解决木驳不敷分配问题，公司与兵工署、差所商定补救办法，一为取缔囤压，一为选用大柏木船囤货，一为兵工署由汉拖来木驳延长停留时间。

战前宜昌老街

李肇基又租得五龙地皮12亩，作为中转货物囤存之所，民生公司“包运之兵工署器材可大部囤放无问题”。①

但是客观情况的变化，又使问题丛生。枯水季节，沙市下面的天星洲水道淤浅，民生船舶过浅须减载，要求用趸驳。宜昌分公司不得不遵照上级指示，将组合五龙码头的三号铁驳拖天星洲应用，只剩下军政部铁驳一只，以维持靠泊。五龙另一新设的铁驳又急须拖汉。李肇基只好设法拆去民乐轮的舱面木板，把它置于五龙，当趸船使用。

李肇基在此艰难困顿的局面下，维持着中转运输的正常进行，在给卢作孚的信中，他不无感慨地说：“五龙地方有此两个码头，利用一切设备，纯系在宜就地凑合，其盼望于各方面帮助者，迄今均未办到。今后如宜汉轮有两只以上同时到宜，或先后一日到宜，恐将受码头及栈房影响，不能早日提卸货物。”②

趸船减少，而轮船不能及时接转，势必又形成租用的木驳积压。2月间，民生公司长时间积压的木驳达25只。3月2日，宜昌县驳船公会及公兴、联益等驳船公司联名向交通部告了民生，说民生宜昌公司对驳船“多方运用不得其方”。宜昌可供使用的木驳70只，而民生公司竟占了25

① 《李肇基致卢作孚函》1937年12月29日，长航档，民生，总384。（武大经济系抄件）
② 《李肇基致卢作孚函》1937年12月29日，长航档，民生，总384。（武大经济系抄件）

只，“或囤公物，或囤器材，不独日晒，侵蚀堪虞”。

交通部向民生公司发出训令：“将趸囤者即行起卸，善为运用，以利运输。”[①] 交通部的训令应该是一种推动力。实际上，李肇基一直在谋求解决堆存货物的问题，2 月间，他在卢作孚的支持下，购进五龙上段 70 亩土地，并开始以 4000 元一栋的价格修建 4 栋砖墙青瓦栈房，以缓解堆货场所的紧张。

四、金陵厂自雇木船西撤

装卸工人用土法从船上卸下机件后，继续在坎坷不平的江滩上把机件搬上坡岸

民生公司在宜昌的装卸设备不适应，转运速度缓慢，金陵厂部分器材只好雇木船上行。木船上行亦非易事，由于航道艰险，又是逆流而上，船行缓慢，加上日机轰炸，西撤途中，困难重重。但职工凭抗战之决心与力量，克服了一个个困难。装船没有起重设备，庞然大物全靠人力一点一点用滚木、扁担、绳索搬动。三峡水急，船行缓慢，工人们主动跳入水中帮助拉纤。大家光着膀子，打着赤脚，用上海、南京、湖北、四川各地不同口音，齐声喊着高亢的号子，将重载的船只一寸一寸拖过浅滩。

这支运输队伍到重庆时，已是 1938 年 3 月 8 日。

装运主机的木船行至万县时，遇敌机轰炸，船被炸翻。工人们视机器为生命，大家纷纷跳进江中打捞机器，把它们抢救上来。

1938 年 1 月，工厂又在宜昌雇得 12 艘木船，载运紫铜、钢材、机器

① 交通部航务 636 号训令，长航档，民生，业 1093。

设备西上，因雾重水险，到巴东触礁沉没两艘，工人们齐心协力把器材全部打捞上岸，人员和物件都无损失。

最后离厂的姚志良等三人押运的器材和半成品，已在 2 月底就到了重庆江北簸箕石码头。

西迁路上职工家属更是一路辛苦，因为出发时船只有限，只够运机器和工人，全厂 500 余名职工家属只能自行离开南京。南京到重庆有汽车可通，但逃难人太多，道路拥挤，大家只有背上包袱，牵着儿女，一站一站步行前往重庆。

对于这一史实，李承干厂长有一段文字记述："……我人为期早日复工，赶造枪械，供应国库，杀敌致果，虽雨雪载途，敌机频袭，亦不稍馁。计自汉口而宜昌，而万县，以至重庆，几经转驳装卸，各位莫不以同样的努力，始终无懈，夜以继日，不分职别，不分员工，不计辛苦，担任迁运工作……"①

五、宜渝线分两段运输

民生安排宜渝线的船舶载量较小，每只载量为 55—160 吨。1938 年 1 月下旬，积宜公物已达万吨以上。

为加快疏运，卢作孚决定宜渝线分为宜万、万渝两段运输。1 月 20 日开始执行。②

1938 年初，卢作孚以军委会水运处主任名义，向军委会报告宜渝线分段运输办法说，宜渝段原有船只每艘最多装 160 吨，最少装 55 吨，平时以每月最多走四次或三次计，只可运 3000 余吨。现将宜渝航线分为宜万、万渝两段。宜万段：民生轮船 7 艘（民康、民勤、民俭、民苏、民熙、民享、民生），三北公司轮 1 艘（富华），协大公司轮 1 艘（协庆），总共每月载量约为 8000 吨。万渝段，集中小轮行驶。民生公司轮 9 艘（民

① 《大西迁——抗战中的金陵兵工厂》，《现代兵器》2007 年第 11 期。
② 《兵工署杨继曾致民生公司函》1938 年 2 月 7 日，长航档，民生，总 568。

福、民治、民安、民政、民运、民俗、民选、元通、民有），及木船若干艘，其他公司轮船，长虹、昌兴、植丰、遂宁等 4 艘，总共每月载量亦为 8000 余吨。如果每月上运 8000 吨，当然是很令人鼓舞的，问题在于民生会不会如此安排运力。

分段运输开始后，又有意外事发生。

2 月初，行营有 1800 余吨子弹由宜运川储存，享、俭两轮即无法解差。卢作孚“对此极为焦虑”，不得不于2月3日夜致电何应钦、张群，“建议将存宜子弹移藏于宜昌上游一二十里之山洞中，既可免去敌机轰炸之危险，将来供给前方需要亦极方便”。① 这一建议未被采纳，以致备有起重机、适于起运兵工署重件之民俭轮，至 2 月中旬仍在应差。② 这就影响了兵工器材运输。

六、驳复兵工署的指责

兵工器材汉口运出数量 1937 年 12 月为 4646.64 吨，1938 年 1 月为 4779.57 吨、2 月为 1551.5 吨，而宜昌转运十分缓慢。杨继曾出于本身职责所在，切盼兵工厂早日迁渝，恢复生产。他在 2 月初获悉民安轮未装兵工器材而装运客货，为此，他向民生公司致函提出责难：

> 贵公司复以宜渝直运效率过低，遂计划分段转运，期使机件得以早日运出，据半月来实行分段结果，运输之量竟不及原计划三分之一。推原其故，实以船只不按照计划调集所致。贵公司如何设法调集船只加紧运输，使此抗战必需之设备如期运达。奈本署突据报称，民安轮忽来宜运载客货上驶，是不特不设法履行原定计划，且为客货而放弃其责任。事前绝未征得本署同意，即行改作他用。本署叠奉严令催运，限期复工，凡因贵公司不能按照定议调配船只，则稽延复工之责任，应由贵公司负之。③

① 《总公司致宜昌分公司函》1938 年 2 月 4 日，长航档，民生，船 431。
② 《民生公司致重庆行营交通处函》1938 年 2 月 18 日，长航档，民生，船 431。
③ 《兵工署杨继曾致民生公司函》1938 年 2 月 7 日，长航档，民生，总 568。

运输实绩不及原计划1/3，确实太少。对未完成计划一事，汉口分公司在复杨继曾的函中，直认不讳，而且也从主观与客观方面检查了原因：

……照宜万、万渝分段计划，原可增加运输力量。殊分段实行以后或布置不周，或调遣未灵，或因江水日枯，而载量减少，或因驳囤有限而装轮不易，以致稽延时日，吨量较差，凡此皆系事实所困。今后当本新拟计划，倘无不可抗之意外阻挠，自可切实执行，以符雅望。……

对民安轮问题与运力安排问题，民生公司在复函中详加阐述，据理驳复：

至敝公司之民安轮于本月五日由宜上驶，系受军委会水道运输管理处宜昌分处之支配，装中央图书馆133件，航空委员会60件，天恒机厂机件9件，大公厂机件1件，均系公物，或工矿调整处之器材，并无一吨客货，事实可查。查敝公司与贵署所订合约，宜渝以主、康、勤、俭、苏、熙六轮专运，而福、生治、安三轮乃敝公司本报国之旨，竭其所有，增强运输，事后自动加入运危险品，运非合约上所指定者。纵有口头商令，但危险品完，而三轮之责任即终；且民安此次受水运分处之支配，全装政府机关之公物及器材，敝公司一商公司，水运分处乃隶属军委会之组织，何拒何从，敝公司岂能自由审择。因水运处之意，以合同上并未指令之民安一轮，改装其它货物，宁可谓放弃责任。今再为贵署言者，照合约所订，担任宜渝段运输六轮毫无变动，毫无停航，毫未用以装运其它商品。且以各轮行驶宜渝，时日稽长，又分行宜万、万渝两段。万以上，另调其它渝叙、渝合各轮转运，计在合约以外，已另增一倍以上之运输工具，故实际上敝公司已尽其力之所及，物之所有；举凡其它商运公物，均告停顿，以求集中力量解决贵署之器材运输，使此抗战必需之设备，迅速至渝。事实俱在，非徒自诩。区区愚忱，量蒙鉴及。所谓稽延复工一层，敝公司既已竭尽全力，绝无责任之可言也。①

双方所述情况，有一些问题还不很清楚：分段运输，航程短了一半，

① 《民生公司汉口分公司复兵工署杨继曾》1938年2月9日，长航档，民生，总568。

增加了大量船只，为何运量降了1/3？民安是签合同后增拨的，为何成了专运危险品的？分段后民安航行万渝，此次改变任务为何不事先通知兵工署？汉口公司的答复，口气异常强势，这在民生对它的服务对象——货主的公函中未曾出现过。陈国光缺乏代总经理宋师度复兵工署函中所表现的圆润手法和有理有节的风度（见下一节），他还不可能预感到，他这种掌握水运处实权后所显示的精神状态，将激起民生和军方的矛盾。

民生公司对兵工署器材上运继续设法改善。2月18日公司再次专函重庆行营交通处，提出以民苏交换作为条件，将民俭解差。函中对比了民苏与民俭之技术条件，民俭枯水载量，交通处定为120吨，民苏亦为120吨，民俭载客铺位96个，而民苏为113个。装运部队，民苏优于民俭。故民生公司要求交通处饬令宜昌差所“于俭轮此次抵渝时即行解租”。公司还表示：“将来大处如有重件待运，需要吊杆船只时，仍可互相调换。”[①] 从这封信中，可以看出民生公司实在也尽其所能了。

七、多方设法提高宜万转运能力

1万吨器材运输，汉口上运计划1938年2月22日完成，而宜万转运，进展十分缓慢。万县港是船舶上下水锚泊过夜的港口，本身进出口货物不多，装卸能力有限，现在宜渝线改为宜万、万渝两段运送，每月运出6200吨。[②] 这些物资在万转运，人力与设备一时难以适应。

兵工署驻万工作的王献芬处长多次向汉口兵工署报告万县转运之困难，“在万驳船及小工不敷应用，而接运船只既小且少，此后不免囤积”。[③]

2月，万县港转口条件逐有改善。60名精壮小工和5艘大木驳由重庆派到万县。公司给兵工署的复函称：“短期内还有40名小工到万，后续重

① 《民生公司致重庆行营交通处函》1938年2月18日，长航档，民生，船431。

② 《民生公司致兵工署函》1938年1月，货字9号函。卢作孚给蒋介石的报告称，每月可运8000吨。长航档，民生。

③ 《汉口兵工署制造司致民生汉口分公司函》1938年1月12日，长航档，民生，业281。

庆驳亦将陆续到万。”①

重庆两次派船到万，仍不敷应用。为此，民生万县分公司安排占用驳船的巩县兵工分厂货卸一部分上岸，遭到拒绝。

民生公司代总经理宋师度

民生汉口分公司了解此情况后，致电兵工署反映此情况，兵工署把民生汉口公司的电代转到驻万办事处查询实情。兵工署驻万办事处复兵工署时，全面反映了万县民生转口的各种问题。信上说，民生万县公司曾称“驳船、小工俱足应用，货栈码头可视将来需要办理，故均无问题”，但是，“该公司所称始终未能做到，所有驳船多拨载商货，本处使用者，常只20只左右，小工亦未及预定之半数，且多临时招来，漫无组织，以致每次自宜来船，均不能立即提卸，甚至稽延二日之久。转载驶渝，亦因轮只过小，至感困难”。信中还说，民生公司滥售客票，装货的舱位也为乘客占去，影响了货运效率，这就造成了器材在万逐渐积压。

对上述数项问题，双方多次会商解决办法，效果不大。

对于巩县兵工分厂的货不愿起岸的事，兵工署驻万办事处给汉口兵工署是这样回答的：

因当时货栈尚未建搭，机件露天屯放，殊为不妥，且巩分厂机材所占驳船甚少，即可候轮转运，为免不必要之转折起见，暂屯驳船，于事实上较为便利。该公司所称，无非以驳船过少，藉以推诿责任。该公司每遇发生问题，将本身所负之责任，每多推诿，且复言行矛盾。如过去民熙、民福两轮因情形特殊，直航驶渝，俱经双方商洽同意，并多电渝请示，遵照复电办理，而该公司复抹杀事实，诿本处藉口及强迫等语，分电报告，殊难解释。……

① 《民生汉口分公司致兵工署函》1938年2月，长航档，民生，业1019。

兵工署将上述内容全文照录，于 2 月 28 日致电民生汉口分公司查照。[①]

在此之前，兵工署驻重庆办事处掌握了万县转运问题之后，即敦促民生总公司解决。代总经理宋师度于 2 月 26 日复兵工署渝办，告以解决万县问题的进展情况："总公司又从重庆拖七只大驳到万县，供万县提囤之用；同时派出小工百名到万，提卸当不至再有迟缓；装载吨位太少，是航道水深关系。售卖客票，支配权属于水道运输管理处，民生公司已和水运处商定，不再支配过量搭客。"至于兵工署驻万办事处干部的工作问题，宋师度很有分寸地提出："贵处驻万人员与敝万县分公司合作上，尚有欠于协调之处，似应双方设法力谋改进，以增加工作效率。"[②]

宋师度有理有节的态度使兵工署折服。此后，万县转口工作逐有改进。

八、坚持以木船运送成渝铁路工程局器材

（下文记述民生公司单独运送 1700 吨成渝铁路工程局器材去宜，未统筹分配三北、招商运出。）

民生总公司收到汉口分公司的成渝铁路工程局器材上运计划后，考虑到宜渝线正紧张运输一万吨兵工器材，铁路材料由民生轮运入川实有困难，于是派人和成渝铁路工程局局长邓益光商量，双方商谈结果是：

1. 器材由汉转宜，由民生担任。

2. 由宜运渝，民生代为介绍木船装运，不负任何责任。

3. 器材中贵重、少量之件，必要时可由民生设法搭运。

1938 年 2 月 17 日，总公司把商谈结果告诉了汉口分公司。[③]

邓益光把意见报告了川黔路局，川黔路局不同意。该局认为，木船的

① 《兵工署复民生公司汉口分公司代电》1938 年 2 月 28 日，长航档，民生，业 249。

② 《宋师度致兵工署驻重庆办事处函》1938 年 2 月 26 日，长航档，民生，业 1303。

③ 《民生总公司致宜昌分公司函》1938 年 2 月 17 日，长航档，民生，业 547。（武大经济系抄件）

安全甚为可虑。运输成渝器材，川黔路局理事长宋子文曾写信给铁道运输司令部，要求对路局材料多予便利。“请转函宜昌民生公司对我们的材料尽先用轮船搭运。”①

宋子文给铁道运输司令钱慕霖司令的信，原文如下：

> 成渝铁路奉令赶工，现在工具及材料约 1700 吨，由港起运到汉后，须由民生公司赶运入川，务须多予便利，以应工需。
>
> 宋子文

成渝铁路运输事务所宜昌分所要求民生，“现处于非常时期，后方运输关系重大，我局材料经粤汉路于万难之中运到汉口，一部分已装民风轮开宜昌，希望快向重庆转运。”②

民生总公司仍坚持宜渝线用木船运送。经总公司郑璧成多次商谈，成渝铁路工程局同意用木船上运。3 月 19 日总公司函告宜昌公司，已由郑璧成代表公司与路局、木船帮三方签了合同。由水运处担保。合同规定，民生代办提装、报关等一切手续。成渝铁路工程局负责水险及木船运费、提装费等。③

战前，川黔路局为建造成渝铁路，曾计划造二条拖轮、若干驳子，组成二个船队运输路料。民生得悉后，反复说服该局放弃此计划，由民生包运。路局放弃了造船计划。抗战环境变了，运兵工器材成为压倒一切的任务，民生从国家利益出发，坚持原则，毅然放弃了运输路料这笔好生意。

① 《成渝铁路邓局长致民生公司》1938 年 2 月 19 日，长航档，民生，业 1694。（武大经济系抄件）

② 《成渝铁路运输事务所宜昌分所致民生公司》1938 年 2 月 22 日，长航档，民生，业 1335。（武大经济系抄件）

③ 《总公司致宜昌分公司》1938 年 3 月 19 日，长航档，民生，业 547。（武大经济系抄件）

九、续运兵工器材 4000 吨

1 万吨兵工器材的宜昌上运计划，自 1937 年 12 月 25 日民苏轮上驶开始，到 1938 年 3 月 27 日民贵轮装运兵工署第四库 120 吨器材离宜为止，共从宜昌运出 10000.595 吨。童少生在 3 月 26 日配装民贵轮的计划完成后即函告兵工署驻宜运输处，并表示："万吨以外之器材，敝公司当继续照运，盼随时接洽装轮可也。"① 兵工署驻宜运输处当即复函："本署存宜器材现尚有三千余吨，请烦就原分配之船只继续装运。并盼将元、本、风、权诸大轮航行宜渝几次，倘须由汉直渝，请将舱面预先空出，将巩分厂、渝钢厂两厂大件壹百余件运出，以资早日清结。"②

汉口公司与杨继曾交涉，杨继曾提出三点意见：

（1）宜存四千吨器材，仍照宜渝线每吨 37 元之运价由民生运完；

（2）不指定船只，但 4 月内须运足 2000 吨；

（3）在宜装船力资及过档驳费，由民生负担。

民生考虑 4 月内完成此 2000 吨之要求，是轻而易举的，5 月江水上涨，所余 2000 吨更不成问题。至于过档力资，原应民生承担，所以双方很快达成共识。双方意见统一后，4000 吨器材开始发运，并顺利到渝。

---

① 《童少生致兵工署驻宜运输处》1938 年 3 月 26 日，长航档，民生，业 586。

② 《兵工署驻宜运输处复民生宜昌分公司》1938 年 3 月 28 日，长航档，民生，业 1333。（武大经济系抄件）

第 6 章　军委会水道运输管理处的成立与撤销

上海失守后，日军西进迅速，南京危殆，国民政府决定迁都重庆。战事沿长江线展开，川江军运倍增，民生的差运任务日益加大。

一、策划成立军委水运处，卢作孚凸显经商大智慧

川江航线，除同心、同德两艘运输舰参与军运外，民生有两艘乙丙级船舶长期租于军方差运。在有紧急任务时，军方再向民生作短期租用。

在军事物资运输中，军方与民生公司常产生矛盾，其根源在于双方观念不一。军方只图方便，在把船租到手后，不注意发挥船舶运输效率，往往在码头停泊，等待物资到港。民生公司认为，这种办法既使公司遭受经济损失，又浪费了运力，使急需承运之物资得不到运送。因此，民生公司与重庆行营交通处及船舶司令部之间一直存在分歧。

为改变现状，1937 年 11 月 28 日，卢作孚给重庆行营代主任贺国光呈文，提出了他对差运问题的改良办法：

已查汉口待运到渝各种器材等，数达三万余吨，如无最经济之整个计划，□难□于安全日期运输完竣。扣用差船以待运输，担任差费不□运费，实系最不经济之运输办法，公家与轮船公司损失皆大，交通尤差。在此运输非常迫忙之日，必须根本改良。昨军委会开会，皆认为，与其交运输工具与各机关，实不如由各机关交运品于运输机关。闻尊处前周六曾召开会议，主解差轮，的（确）系最良办法。但阅宜昌轮船开船报告，逐日开行，仍系差轮，人员、公物积满江干，无法转运，万望决令宜昌立将各

轮解差。即有军品，另与轮船公司商洽，提前并加紧赶运，比较前此有效。[1]

贺国光将卢作孚的呈文转到上峰，上峰（文件无落款）给民生公司的批复是，要调查信中情况是否仍然存在。这样，事情也就拖了下来。卢作孚对差运的正确主张没有得到当局重视。

战争是长期的，这个问题不解决，对民生、对运输不利，卢作孚为此寝食难安。

1937 年 12 月间，政府酝酿改组的工作积极推进。蒋介石将辞去行政院长，由孔祥熙出任，张群任副院长。铁道、交通两部合并，成立交通部，原铁道部部长张嘉璈任部长，彭学沛任政务次长，卢作孚任常务次长。人选确定后，等待召开国民党中央执委会通过后公布。

张嘉璈

1937 年 12 月 20 日，军委会秘书长张群会同交通部部长兼后勤部部长俞飞鹏、行政院秘书长魏道明，在武汉召集会议，商讨行政院所属各部迁渝的运输计划。除行政院各部参加外，运输企业只有民生公司与招商局参加。代表民生公司参加的是杨成质。卢作孚抱病到会。会议开始，杨成质首先发言，他把公司担任军运、在困苦中挣扎的情形，以及此次迁移行政院机关应做之工作一一陈述。会议决定由卢作孚担负此次行政院迁移的运输总责；一般社会交通仍须顾及。会议指定卢作孚速拟就汉渝水上交通及分配运输之计划与办法，并在 10 天内先运出行政院各部现有人员 600 名，辎重 1500 箱。当时，卢作孚的交通部次长已内定。

卢作孚对 10 天内之任务，派出一条船装走了 1500 箱货，600 名旅客也很快予以解决。对于政府西迁一事，卢作孚认为：“此事非常重要，实为表现公司整个办事之良好精神，匪特报效国家而已也。”汉口分公司于会议之次日即函万县分公司：“目前虽然以包运兵工署货受到牵制，如

① 《卢作孚对公司抗战差运办法意见》，长航档，民生，业 739。（武大经济系抄件）

再负担此事，事实上固有极大困难，唯此事关系公司未来前途，及政府认识，故不得不勉力承办。”要求万县分公司“着手准备一切，以免将来临时仓促”。[①]

在12月26日前后，军委会在一次有卢作孚参加的会议上，决定下设水道运输管理处（以下简称“水运处”），卢作孚兼主任，后勤部秘书长、驻汉办事处处长黄振兴，武汉警备司令部司令郭忏为副主任，[②]负责政府西迁和汉宜、宜渝水运事宜，政府各机关一切迁运物资均由该处分配派船运输。会议决定：由俞飞鹏部长拟“训令”等文件，卢作孚先行准备开展工作的办法。[③]从军委会议对准备工作的安排看，成立水运处十分紧迫。会议结束后，卢作孚立即对机构的组织、职掌、组成人员名单及水运处与各有关方的关系提出了意见。12月20日的会议已指定卢作孚负政府迁移总责，5天以后，为何军委会又为此事在军委会下另立水运处，仍由卢作孚出任此职？难道交通部还不能负此一责，而要由军委会的机构来办理？从机构的职能来考察，这是机构的重复设置。这就不能不使人想到，是谁出主意要成立这个机构呢？

是不是俞飞鹏？

政府改组，俞飞鹏已不兼交通部部长，专任军委会后勤部部长。政府西迁是交通部的事，他不可能再考虑此事。

是不是后勤部秘书长、驻汉办事处处长黄振兴呢？

张群在确定水运处主要领导人时曾约黄振兴谈过一次话，黄振兴极力推荐以卢作孚为主，他害怕当主任的心态很明显。这个过程清楚地表明，成立机构的主意不是出自黄振兴。

至于张群，他在会议上把政府西迁任务落实到卢作孚头上，他的事情

---

① 《汉口分公司致万县分公司》1937年12月20日，长航档，民生。（武大经济系抄件）

② 1938年1月2日《水道运输管理处第一次预备会议记录》，文件系武汉市地方志提供。原件藏武汉市档案馆。

③ 1938年1月2日《水道运输管理处第一次预备会议记录》，文件系武汉市地方志提供。原件藏武汉市档案馆。

就完了，以后的事情就是卢作孚的了。他不会再去思考另立机构的问题。

能提出成立水运处这一机构的只有一个人——卢作孚。

卢作孚的理想，卢作孚的身份，卢作孚的智慧，民生在战时面临的形势，以及卢作孚精明的商人头脑，决定了这个主张只有他能提出。下面我们来探讨这一推断是否合理。

民生公司是卢作孚生命之所系，是他实业救国思想的一个试验场。他曾放言，要使民生公司的旗帜飘扬到大洋彼岸。他的公司是要称雄世界的。

卢作孚从办民生公司的第一天起就全力以赴。对于政府要他出任官职一事，他一概坚辞。无法辞谢的，他就在任期上提出限定并要求派一得力的副职。他在上任前就设计了离任。

还在对日交战之初，他已被委以大本营第二部副部长，这不过是一个闲职。当时，卢作孚会感到出任政府高职已是大势所趋，不可避免。既然如此，他必然会思考，出任何职最理想。也就是，既能为国效劳，又能为民生的发展服务，使民生在抗日期间大展宏图。这个问题也许他早已深思熟虑，胸有成竹。

12月13日南京沦陷。长江航运秩序十分混乱，军队任意扣船，货物到港不卸，把运输船当仓库。在这一情势下，民生运力受损在所难免。

为了川江的军运，民生已交出两条船为重庆行营长期租用后，行营仍然频频提出征用要求，使重庆总公司的郑璧成、童少生等十分恼火。卢作孚在汉不断接获此种函电，他向行营所提改革办法又石沉大海。这些都说明，行营主任顾祝同等并不把民企利益放在眼里。面对这一形势，智者卢作孚，思考着应如何摆脱眼前困境，如何带领数千员工渡过战时难关。

政府改组，卢作孚出任交通部常务次长。对政府来说，他无疑是最佳人选；但对卢作孚来说，这个职务不是他所向往的。因为，交通部是行政管理机构，不具体分配货源，物资单位是直接找轮船公司委托运输的。因此，交通部次长一职除取得相关信息较为方便外，对民生来说并无多大裨益。而且，他又是副职，一切都受制于部长。他需要的职务是，在水运范围内，既可不受制于部长，谋取经济利益更加方便，又可在一定程度上缓和民生船舶被频繁打差的矛盾。可是，面对抗战大局，面对当时形势，对交通部次长一职，他不宜推辞。他必须在任职过程中寻找更好的时机。

时机终于降临了。

12 月 20 日张群召开会议，确定卢作孚负政府西迁总责，这对卢作孚来说是好时机。当时运输秩序混乱，军队随意扣船。在这一形势下要完成政府西迁，必须要有强有力的管理机构，交通部次长管不了军队。所以，只有在军委会下设立水运处才是根本办法。卢作孚认为，提出这一主张，是顺应了时势，当局必将认真考虑。卢作孚紧紧把握住了这一时机。

也真是无巧不成书。就在卢作孚参加了 12 月 20 日会议的当天夜间 9 时，军委后勤部部长俞飞鹏在汉口航政局召开运输会议，对当时运输秩序混乱及汉宜线万吨军运任务提出了 12 项解决办法。会议提出要抽民生的 5 条船参与军运。之后，形成的会议文件第八条全文如下："汉宜段民生公司甲级船 11 艘，除 6 艘供应商运外，余由差轮管理所租用，俾作军运之需，如商运不敷，由民生自行商租外轮作应用。"

卢作孚军政界朋友众多，运输部门更是如此，他会及时得悉此会议内容。军委秘书厅秘书处处长罗君强各方信息灵通，他是卢作孚新结识的知交，如此重要的信息，他会及时告知卢作孚。这一信息使卢作孚极为震怒，白天的会议要他负迁移政府总责，晚上就要抽走他 5 艘甲级船。这就促使他坚定了在军委会下设立专门负责运输机构的决心，也只有这个机构才能顶住军方任意拉差。主意已定，卢作孚立即去找张群。他当然不会提及俞飞鹏召开会议的内容，只从政府顺利西迁出发，从大局出发；他强调自己对军队造成的运输秩序混乱无能为力，必须在军委会下成立专门运输机构，才能完成西迁任务，以此向张群游说。卢作孚的意见理由充分，张群很容易接受并转呈蒋介石决策。这并不是因张群与卢作孚关系亲近，而是事物合乎逻辑的发展，是形势需要，是顺理成章的事。

卢作孚向张群提出成立水运处建议的时间，估计就在 20 日俞飞鹏召开会议以后的一两天内，接着就发生 26 日前后军委会决定成立水运处的事。至于卢作孚何时产生这一设想，根据卢作孚的思维特点和他的心机之深，估计在出任交通部次长前后，绝不会在得到抽他船只的信息以后突然产生。

军委会水运处和行营、后勤部平起平坐。卢作孚本人集军、政、企实权于一身，成为指挥战时长江航运的最高领导人，这对保护民生利益，在战争环境中发展民生各项事业至关重要。打差的矛盾也可缓解。提出成立水运处，是卢作孚的大智慧在抗战中的第一次显露。卢作孚在战争爆发以后，远离总公司，把日常工作交给宋师度、郑璧成、童少生、邓华益，他通过电报函件指挥公司业务，本人长时间待在国民政府周围，其主要目的就是捕捉这种时机。

之前，民生的发展紧紧依靠了地方军政当局，那是要通过关系，找人帮忙的。

现在，水运军政大权都在自己手里，处理各种矛盾，应对自如。这是民生公司诞生以来，人事、社会关系最佳时期。

1938 年元月 1 日上午九时半，国民党中央执行委员会常务委员会召开第 61 次会议，通过行政院机构改组方案。蒋介石不再兼行政院长，由孔祥熙出任，张群任副院长。铁道部并入交通部，张嘉璈任交通部部长，彭学沛任政务次长，卢作孚任常务次长。

就在这一天，卢作孚完成了成立水运处的各项准备工作后，于下午 5 时，召开了民生公司泊汉船舶主干人员会议（以下称“特别会议”）。参加会议的有民本经理谢萨生等 3 人，民风经理翁德勋等 3 人，民宪王勋成等 3 人，民泰傅希说、陈庆棠，民来张响如、宁鸣皋，民贵彭向真，共 14 人。列席会议的有童少生、杨成质、陈国光、肖本仁等处室人员 14 人，共计 28 人。会议由卢作孚主持。

会议集中讨论了船上、岸上一切联络问题，形成决议。包括：（1）船到码头前对岸上的联系；（2）船到码头后对岸上的联络；（3）天星洲之联络。此外，还有处理搭客行李问题等十项规定。各项规定都十分具体、细致、明了，易于操作，反映了卢作孚精于管理、讲究秩序。会议还规定了各类船舶装卸时间，例如宜渝两地船舶“均限当天到，次晨开”。为贯彻此联络办法，汉口公司特于1月11日转发此特别会议记录给全公司各船经理和船长。[①]

《卢作孚年谱》对此会议的介绍不确，该书的记载是：“同日，卢作孚在民生公司汉口分公司召开了有童少生、杨成质、陈国光等处室负责人和能够到会的轮船公司负责人计23人参加的特别会议，对于抢运公物、器材以及运送撤退人员等做了研究部署。”[②] 这段记述，对会议内容、参加会议的主干人员及人数都记得不正确。会议内容并未提及任何运输任务问题，只是研究船岸联络问题；会议参加人员，在会议记录中都称为“列席人”。

卢作孚抓紧在这一时间研究船岸联络问题，有利于提高工效，也有利于即将开始的西迁运输。

元月2日下午2时，卢作孚在汉口三教街57号2楼召集水运处第一次预备会。卢作孚列出“各轮船公司参加本处工作人员”，有招商局、三北、大达、达兴、民生等公司的人员共计16人。会上，卢作孚报告筹备经过称：

上星期（档案原件，并无星期几的记载。上文所记军委会26日开会这一时间即据此推算，引者）下午4时，军事委员会集会讨论武汉各机关部队工厂所有人员公物器材之疏散问题，其中，认为最重要者为汉宜及宜渝水运，当日出席者有张秘书长、俞部长、黄秘书长振兴、钱司令、军委会其他各部正副部长，讨论结果，组织水道运输管理处负责管理汉宜、宜渝两段水运。

卢作孚在预备会上公布了组成人选和组织机构，卢作孚兼主任，后勤部秘书长、驻汉办事处处长黄振兴，武汉警备司令部司令郭忏为副主任。[③]

1月4日，军委会发布第174号训令，公布了水运处的职责、任务及

---

① 《汉口分公司致各轮函及特别会议记录》1938年1月11日，长航档，民生，船216。

② 张守广：《卢作孚年谱》，重庆出版社2005年版，第258页。

③ 1938年1月2日《水道运输管理处第一次预备会议记录》，文件系武汉市地方志提供。原件藏武汉市档案馆。

相关规定。训令全文如下：

查此次政府西迁，各党政军机关人员公物器材等项，大都由京到达武汉，数量綦巨，聚集一隅，若不亟早疏散，危险堪虞。惟长江中上游水势浅枯，船只缺乏，而待运之件过多，供不应求，结果必致秩序紊乱，交通阻滞，兹经本会统筹指定有关运输各机关，组织水道运输管理处，已派卢作孚兼该处主任，黄振兴、郭忏兼该处副主任，专任汉宜宜渝间水道运输事宜。并规定应行遵守的事项如左：

一、各机关应行疏散之人员公物器材，限 1938 年 1 月 10 日以前，另开详细清单，送交该处报运。二、一切报运之件，统由该处审核、支配、规定程序、指派船只承运，各机关不得有所争执，倘有扣留船只、拉用码头脚夫或占用轮栈延不起卸者，即严办其主管人员。三、运输前项公物器材之运费，均照规定运价五折，人员均照规定票费八折计算，一律付现；此项运费，如为各机关原列预算所限，无法支出时，得核实造具临时预算，向主管机关请领。四、公物器材运输时，均由报运机关派员押运照料。五、在疏运各机关人员期间内，伤兵运输暂行停止。六、各轮警护及武汉码头维持秩序，由武汉警备司令部派兵担任。七、宜昌重庆各码头栈房，由当地军事机关派兵警护。八、所有各部队及其直接军用品，仍向船舶司令部报运，其数量零星者，得由该部委托该处照第三项办法付费代运。

附发水道运输管理处组织大纲一份，仰即遵照办理并通饬所属一体遵照为要。

此令

蒋中正

1938 年 1 月 4 日[①]

这个训令显示，政府各部的公物器材运输已由水运处统制。这是长江战时运输体制的重大变化，对扭转当时运输的混乱局面，必将起重要作用。

两项任命接连正式发布，卢作孚集军、政、企领导职务于一身，古今少见。

① 湖北省档案馆，LS31 — 11 — 77。

训令的发出，自然会引起各方不同的反应。

招商局、三北公司等运输企业，见到这一训令，认为他们再也不必为联系公物运输而操心，按水运处分配的货物派船运送即可。

民生公司领导层从这一训令中，读到许多令人振奋的信息。卢作孚出任军职意义重大，依靠军政机关的支持，是企业发展的一条历史经验，是民生迅速发展的原因之一，现在汉渝线已全在总经理控制之下，民生的受益当然不会少的。特别是“不得扣船”的规定，解决了长期困扰民生被扣船打差的问题。

军事运输部门会对“不得扣船”的规定特别敏感，这不就是对付他们的吗？不过，他们也许是抱“不在乎”的态度：仗是要打下去的！大量军品调运还是要租船的。

一项规定的出台，会触动、调整各方利益。不同的反应是正常的。客观地说，训令本身无可挑剔，即使是“不得扣船”这一句，要求也是正确的。“不得扣船”并非“不得租船”，军方在川江要租船，去找民生商量就是。

卢作孚按照军委训令，根据水道运输管理处组织大纲，把水运处机构迅速成立了起来，并从各有关机关和招商、三北、民生派出的工作人员中遴选了组成人员，显示水运处系各运输机关联合组成的机构，符合训令精神。

卢作孚于 1 月 7 日召开水运处第一次会议，参加人员有黄振兴、船舶运输司令部副司令庄达以及有关方面的代表。会上，卢作孚报告了水运处成立经过，宣布了各组正副组长和组员名单。各组正副组长都是卢作孚在交通部、军委会农工贸调整委员会运输办事处、民生公司十分信任的骨干。民生有两人任副组长，招商局、三北公司榜上无名。船舶、运输两组的实权掌握在民生手中。水运处是按训令要求由各公司联合组成的，现在这样的架构，各公司心知肚明，渐渐地，其他公司的职员一个个都开溜了，只剩下民生的人。这未必不是民生所希望的。两块牌子一套班子的格局就此形成。

会议明确了各组职掌。

会上，卢作孚谈到水运处任务时，把军委会 174 号训令责成水运处疏运由京到汉的党政机关人员公物器材，扩大到迁厂器材。由于任务加重，卢作孚采取分段航行、增调船只等措施，使宜万、万渝两段每月均能上运 8000 吨。

会议确定了运费标准（见本章附录）。

兵工署重庆炼钢厂筹备处派驻武汉负责转运器材的宋履谦听到水运处成立，立即前往联系。宋履谦把联系情况报告厂长杨吉辉说，水运处提出一吨以上的兵工器材，汉渝每吨 80 元。而兵工署与民生签约运的兵工器材，汉渝每吨 52 元，水运处是比照公物运价确定兵工器材运价的，贵 30 元之多，“职与其接洽一次，以其昂贵，未敢洽办”。①

水运处机构成立后，卢作孚十分快捷地以水运处主任的名义下达通知，并下令重庆民生公司以及民生宜昌、万县分公司负责人，在各地设立分支机构。元月 7 日，卢作孚发函给万县分公司经理刘润生，请他将军委 174 号训令分发运给万县各轮船公司。

元月 9 日，卢作孚派袁子修任水运处宜昌分处主任，并令他立即由渝飞宜主持工作。

卢作孚签发水运处第十八号令，派童少生为重庆水运分处主任。当时童少生已由宜昌返渝任原职。

童少生立即向万县分公司发函：“少生遵命于本月 14 日，正式就职，并已择定华通公司二楼为办公处。”

当天，童少生确定招商局代理的协庆行驶宜万线，植丰公司之植丰与昌兴等轮改航万渝，接转协庆、富华轮之货。

随着宜昌转运运输的日益紧张，卢作孚决定再次调童少生去宜并主持工作。童少生为此向卢作孚提出建议：

① 1938 年元月 11 日，重庆市档。

顷奉电，调弟赴宜主持公司事务两月。经与师度兄及各主脑人商酌，认为肇基个性茁[倔]强，倘如是办理，恐渠将辞职。在此公司需人之际，忽失此若干年培养之人，似觉损失太大，经商得办法如此：（1）将子修调渝主持水运处事，弟到宜处任水运处工作外，决用力襄助肇基，如此或可使宜公司办法日益周密，日益彻底。（2）倘弟照上述办法赴宜，经过相当时间，肇基仍执己见，致宜公司事务仍如往昔，则可以将国光调宜任水运处事，（子修仍在渝任水运处职务）弟即调宜公司，肇基则调汉替国光任水运处事。如此，肇基能随时受吾兄指导，在其精神上当较过得去，办事能力上亦易上进……[1]

童少生对问题考虑得相当周密，卢作孚接受了童少生的建议。

童少生到宜负责水运分处工作。重庆水运分处由李邦典负责。袁子修调往万县任水运处万县转口办事处主任。

在宜昌、万县、重庆各分支机构的负责人，没有见到由水运处正、副主任协商确定的文字记载，均由卢作孚个人决定。卢作孚都是派民生公司的业务骨干、经理级人员担任，这对贯彻卢作孚的思想和经营主张就有了绝对保证。

为保证各公司对公物首先发运，早在1月6日，卢作孚以水运处主任名义，向各家轮船公司发出通知。他给重庆民生公司的亲笔信全文如下：

贵公司航轮舱位应先装敝处洽运政府各机关公物器材人员，如于分配此项载量以后尚有剩余吨位方可由贵公司自行承装客货。特此函达，请烦查照办理为荷。

此致民生公司。

水道运输管理处主任 卢作孚

二七，一，六[2]

① 《童少生致卢作孚函》1938年1月27日，长航档，民生，业671。（武大经济学抄件）
② 《水运处主任卢作孚致民生公司函》1938年1月6日，长航档，民生，业297。

民生公司代总经理宋师度在此通知上批："元、本、权、风、贵、俗有兵工署约，只族、泰两轮由汉上驶时当先尽水道运输处之货配装，然后再装自洽之货。"宋的意思是，参加装运政府公物的仅族、泰两轮。其实，汉宜线与兵工署签约的六大轮运力远远超过宜渝线接运的运力，因此，卢作孚一定会抽调汉宜大轮运送政府公物，以获取更大利益。宋还没有想到这一点。

水运处在机构成立后即配运货物，民生公司深受其益。

1938 年元月，招商局根据水运处分配的公物，先后派快利、江靖、江大等轮驳接运。元月 9 日快利首先运出 200 吨后勤部物资。15 日，江靖、江大相继出航，运出 210 吨公物 437 位客人。快利开出 10 天后顺利返航，于 21 日又装了 125 吨物资、363 位客人开往宜昌。江靖、江大在返航后分别在 25 日、30 日再次驶向宜昌。

三北公司派出海轮明兴、龙安及鸿元、鸿贞、小三北等轮装运水运处分配的公物。

水运处于 1938 年元月和 2 月分别把当月的"水运处运出公物器材人员统计表"及"民生公司承运兵工器材及人员统计表"共 4 份交民生公司"密存备查"。从水运处的两份统计表看，在汉各公司两个月只运出 8000 余吨。属于行政院、军委会各部会机关的货少得出奇，仅后勤部、航空委员会和最高法院三家，后勤部的货较多，运出了 1500 余吨，其他有党史编委会、中央通讯社、军医署、参谋本部航测队，以及医疗、出版、印刷等各行各业的少量物资。运出物资并未控制在西迁公物范围之内，而是按卢作孚在水运处会上公布的迁厂器材、铁路运来的货都运，有什么货运什么货。裕华纱厂、震寰纱厂、中华铁工厂、新亚药厂、华光电化厂等许多民营工厂迁厂器材都分派运出。当时商货是禁运的，但在元月 15 日，民族轮就运出民生机器厂物资 100 吨（属商货）。

承担武汉公物撤运的，还有达兴、协大以及中国联运社的 10 余艘木船。

1—2 月份各公司承运公物情况见表 6—1。

表 6—1　各公司承运公物运量比较表（1938 年 1—2 月）

公司名称	民生	招商	三北	其他	总计
运出量（吨）	3024.53	1419.6	1920	1677.48	8041.61
占总量的百分比（%）	37.61	17.65	23.87	20.87	100%

资料来源：长航档，民生，业 277。根据水运处 1938 年 1、2 月份“运出公物器材及人员统计表”综合整理。

招商局在武汉有 15 艘客货轮，总吨位达 31683 吨。三北公司进入长江的有江海轮船 21 艘，总吨位 35800 吨。民生公司在中游仅民族、民泰两轮，总吨位共 1350 吨。其他民本等六大轮都是订约运兵工器材的。招商吨位超过民生 20 多倍，而承运量还不到民生的 1/2。招商、三北是民生在中下游的竞争对手，水运处为民生的利益多加照顾理所当然。它为了使民生多运公物增加经济收益，改变了原来只派民族、民泰运送公物的初衷，调动专运兵工器材的运力去运送价格较高的公物。民生 1 月公物运量为 1655.2 吨，其中 30.6％是由专运兵工器材的民俗、民贵等大轮运送的。这是一个方面的情况。

统计表反映，汉宜线民生中游各轮在 1 月份是满负荷运行，发航密度高。2 月间，民生各轮发航密度比 1 月份明显下降。统计表上，民生的船少了 8 个航次。这 8 个航次运什么去了？

从水运处 2 月份运输表上发现，民风轮 22 日运出蒙藏委员会一名客人，无货运记录。民风轮不可能只装一人发航。该表还记录有民俗轮 21 日发航，装出货 243 件，也就是二三十吨吧，民生公司不可能这样浪费吨位调度船只的。结果在另一案卷中发现，民风轮于 19 日装上了 300 吨，民俗轮于 20 日装上 110 吨，都是香港北上的成渝铁路筑路器材，都是开往宜昌。这就说明成渝铁路局筑路器材，水运处未统筹分配给招商局、三北各家运出，而由民生独家运出了。铁路局这批器材共 1700 吨，全由民生运出。统计表上民生 2 月比 1 月少发的八九个航次，就是用来运铁路器材和迁厂器材，甚至商货。民本 1 月份发航 4 次，2 月份表上未见踪影。它的载重定额为 500 吨，航行 3 次也有 1500 吨。8 个航次的运量当在

3000 吨以上。

民生公司能在 2 月份抽出 8 个航次，是因为 1 万吨兵工器材已近尾声，运力有余。这些船只枯水不能进川，参与中游运输理所当然。问题在于，作为国家机关的水运处，不把这批物资分派各家，而由民生独家运出。因此，表中没有反映这一情况而把它隐瞒了。民生 1、2 两个月的运量加上这 3000 吨，就达 6000 余吨，超过招商 4 倍。[①] 这就是水运处对民生的价值，这就是卢作孚处心积虑、精心策划成立水运处的真正原因。但是，这还只是水运处开张时的一个小小的动作。

张群等官员对行政院各部西迁，除了这 1500 箱辎重还有多少货，心里并不清楚，这不足为奇。从水运处统计表看，能归之于公物的，就是两三千吨。而两三千吨政府公物，这么一点运输量，英平轮一次就可运完。现在竟不由交通部而要兴师动众在军委会下另立一个水运处来管这一点点事，岂非怪事？至于卢作孚，他不在乎运量大小，他要的是军委会所属的这个机构。可能卢作孚就是看清楚了这帮官老爷都是稀里糊涂的，于是小施机巧，四两拨千斤，把一个军委会直属机构轻轻揽在怀里，和顾祝同在一条板凳上平起平坐了。那些船舶司令部的司令们，只好仰着脑袋远远望着卢作孚。这时卢作孚一心想着如何调度他的船舶，获取最大化利润，还没有空闲时间去思考这帮司令们在想些什么。

二、民生利用水运处职权处理同业竞争关系

水运处初创时，万县只设一办事员。宜渝航线分为两段后，万县转运任务加重，卢作孚 2 月 7 日发出通知“……特将万县设立之办事员改为万县转口办事处，并调本处宜昌转口办事处袁主任子修改充万县转口办事处主任，除另电呈报军事委员会请予备案外，此后凡川江华轮由万县开往何地均由本处万县转口办事处确定。所有载运人员及公物均由该办事处分

① 参见水运处 1938 年 1、2 月份“运出公物器材及人员统计表”及民生公司 1938 年 1、2 月份“运出兵工器材及人员统计表”综合整理。

配。每次各轮结关起讫地点，亦均由该办事处通知海关办理。”[1] 按原军委会174号训令及水运处元月6日给各轮船公司的通知，只限于公物的分配、运输，并未涉及商运及其航线的确定，更未统制结关。这一通知把水运处的职权扩大了。通知只提袁子修的任职呈报军委会备案。至于水运处职权与统治范围的扩大，通知未表示要报军委会。

民生总公司就利用水运处扩大了的职权，处理同业竞争中的问题。3月底，一万吨兵工器材运输完成，招商局协庆、三北公司富华将与行驶万渝的重庆合众公司长虹以及昌兴在万县衔接，互相转运上下水货物。这就影响民生在万渝线的收益，总公司对此不满。但这三家公司联合经营转运运输，并不违背任何规定，民生无权作从中阻止。现在水运处有统制航线之权，于是民生总公司就通过水运处出面处置。总公司告诉万县公司说，他们已与重庆水运处商量好，长虹、昌兴两轮从4月1日开到万县返回重庆后，不再派他们到万县来转运公物了；万县积存的公物，由总公司另派民宪、民运、民治三轮陆续转运。

之后，总公司得悉，长虹、昌兴两轮仍自愿下驶万渝，接运协庆、富华运到万县的物资。于是总公司又生一计，请重庆水运处电告宜昌、万县两地水运分处，要求不再安排协庆、富华两轮开宜万，而是直开重庆，使长虹、昌兴两轮无法转运货物。如果长虹、昌兴仍到万县，总公司要万县水运处不分配公物，也不再代办昌兴、长虹的一切报关手续。[2] 民生的最终目的就是让合众等公司的船在万渝线的生意做不成，而由民生独家包揽。

事情如何发展，民生档案未再有任何记载。如果协庆、富华奉命改航宜渝，则长虹、昌兴开到万县来，无货可装，合众公司就得另谋生路。如果长虹、昌兴在万另有货源并另辟报关渠道，水运处虽有统制航线之权，也无法强行阻止这几家公司的正常经营。

---

① 《卢作孚致民生公司》1938年2月7日，长航档，民生，业277。

② 《民生总公司致万县分公司》1938年3月31日，长航档，民生，业547。（武大经济系抄件）

水运处在行使它职权的过程中，有时感到自己很难使其他公司“就范”，难以控制其航线，就借用海关的实权，来阻挠其他公司的船出航。袁子修就曾从宜昌通过万县分公司刘润生经理向万县海关提出要求，但遭万县海关拒绝，下面是万县海关谢永钦给刘经理的信：

刘经理台鉴：迭准

贵公司转来宜昌袁主任电报三件，嘱为制止协庆、富华两轮开渝等由。查海关章程，凡船只按照手续报关而与关章未有抵触者，海关实无权制止其行动。如该轮船等不听水道运输管理处之指挥，可请地方当局勒令遵行，相应函请贵公司经理查照，希即转电袁主任为荷。

曰祉

谢永钦启①

以上种种情况，说明了水运处和民生公司的关系。

三、顾祝同告状，卢作孚适时放弃提高兵工器材运价

3 月中旬，船舶运输司令部副司令庄达，已向重庆行营交通处告了水运处的状，说该处“全抱营业主义”，要求在宜渝线多租差船运送军品。行营交通处对庄达所提颇有同感，他们都明显感到卢作孚当了水运处头头后，联系打差船舶较为困难。民生拒绝租船，军方毫无办法。但军品运输受阻，行营不能听之任之。

在这个骨节眼上，重庆民生总公司的职员在与重庆行营交往中，敏锐地觉得似有什么意外事在滋生，于是派人到处刺探信息，始知大事不妙，乃急电汉口分公司经理陈国光，转请卢作孚以谋对策。这时（3 月 17 日）重庆行营主任顾祝同将军已密电武昌军委会，提出军品、部队统交船舶司令部“租船接运”，“不受水运处牵制”。

---

① 《万县海关谢永钦致民生万县公司刘润生经理》1938 年 1 月 21 日，长航档，民生，业 332。（武大经济系抄件）

顾祝同的电报送到军委会办公厅，办公厅秘书处处长罗君强首先见到电文，其矛头直指卢作孚。罗君强不顾工作纪律，当即把这个重要消息悄悄透露给了民生公司汉口分公司经理陈国光和交通部航政司科长伍极中。

据台湾传记文学记载，罗原是共产党人，因不愿在机关里做文秘工作，升职无望，就投靠了国民党。国民党以他善于文牍，仍然安排他做秘书工作。他心头不悦，埋怨“总是秘来秘去”，到汪精卫叛国投敌，他就跟随周佛海当官去了。抗战胜利后他被判无期徒刑，这是后话。

在南京期间，在筹办水运处的过程中，卢作孚与罗君强交往甚密。

陈国光收到总公司急电的同时，又听到罗君强面告的消息，当即与伍极中和农工贸运输联合办公室的邹明初联名报告了卢作孚。

3 月 19 日，罗君强又将顾祝同的电报全文抄出交给民生公司“密存”。这两份要件，先后放在了卢作孚面前。现全文照录如下。

国光、极中、明初致卢作孚：

急密卢作孚主任钧鉴：准渝处巧电开：完电悉，分洽各方，始悉元日由庄司令电行营，谓宜存军品 14000 吨，续到万吨，应加强差运力量。行营已向何、俞两部长[1]请示。本日下午晤顾主任[2]后再达等语。顷君强兄面告：军委会已接行营卢专电，谓水运处全抱营业主义；并嘱疏解各方，加强运量。而行营不查，遽查系实情，殊为遗恨。现除根据运量及运费确实数字，向各方解说，并努力加运。如何？迄速示遵。

重庆顾祝同给军委会电（3 月 17 日）

武昌军事委员会密口据交通处转，庄司令达直西总电略称：查存宜军品器材尚有一万二千余吨及十四万件，续到又有万余吨。水道运输处全抱营业主义，贻误军运，均难卸责。宜渝段差轮非加强不为功。又对于汉渝运输，务求得一贯彻办法，以防疏虞等情。查所称确属实情，惟川江船只，均由水道运输处统筹支配，此间仅苏、享乙

---

① 系指何应钦、俞飞鹏。

② 系指顾祝同。

丙级差轮。叠电拨轮交用，未许允拨。尔后宜渝段运输，若照该电规定办法办理，由船舶司令部负责办理之规定，遇有重要或急需起运之军品，宜渝段得由交通处随时租船接运，免受该处牵制，影响军运；并祈饬兵工署迅（向）交通处租船，不得藉口承运机件，横加干涉。当否，乞电示，顾祝同。未，莼，运印。

（军委会办公厅罗君强处长密存。1938 年 3 月 19 日）[①]

当时民生在宜渝承运 1 万吨兵工器材确实太慢，从 1937 年 12 月 25 日民苏运出 150 吨器材开始，到 1938 年 3 月 17 日顾祝同发电止，共运出了 8571.6 吨，[②] 一个月只能从宜昌上运 3000 余吨。而民生公布的计划是每月可运 6200 吨，卢作孚在水运处第一次会议上向蒋介石报的计划是每月可运 8000 吨。计划与实绩相差一半以上。但兵工署的态度是与民生共谋多运，并未改弦更张。

顾祝同、庄达不满意的主要原因，是电文所说的“叠电拨轮交用，未许允拨”。而军委 174 号文件又规定不得强行扣留船只，这就使管理军运的船舶部门束手无策了，于是不得不上书军委。

顾祝同要求随时租船给重庆行营，这就影响民生公司的生计。顾祝同的电报无疑对卢作孚产生压力，但卢作孚绝非等闲之辈。罗君强抄出的密件，使卢作孚及早了解内情，早为筹划应对之策。

顾祝同的电报到达军委办公厅后，兵工署署长俞大维很快获悉。俞大维当然理解，按顾祝同的意见要兵工署与民生脱钩而向行营交通处租船运输，担心运力无法落实，兵工器材西撤的速度无法保证。

现在俞大维急须处理的是另一个问题。俞大维接到民生公司通知，认为兵工器材系公物，根据军委会 174 号训令，理应由水运处分配运送。今后民生将不再继续签约包运兵工器材，而改由水运处分配船只运送。

民生提出改变办法的目的是提高运价，但这不能明说。民生公司策划

① 两份电报均系长航档，民生，业 671。（武大经济系抄件）
② 长航档，民生，业 1333。（武大经济系抄件）

提价的经过如下：

1938 年 3 月初，1 万吨兵工器材已完成大半，民生总公司业务处襄理李若兰在 3 月 2 日给卢作孚的信上说，和兵工署订合约承运器材受束缚，“弟意以不订约为宜。至水脚亦须另议，最低亦当照水运处规定”。[①] 兵工器材运价，宜渝枯水每吨 37 元，洪水 30 元。而水运处是参照公物运价承运兵工器材的。按照李若兰的办法，平均每吨兵工器材提高 25 元，下一阶段运 8 万吨兵工器材，民生就将增加收益 200 万。这实在是一个鼓舞人心的数字。

卢作孚接到建议后觉得，由民生出面商议提价困难较多，由水运处出面，统制兵工器材运输，按该处定价计，提价的计划可顺利实现。于是，他立即批示：“不再与兵工署订约，全由水运处为其配轮运输。”

民生汉口分公司根据卢作孚指示，立即通知了兵工署。

俞大维担心由水运处派运，不签约，运出量将无法保证。他并不了解，通过水运处是个形式，走个过场，民生这样做的真正目的在于提高价格。兵工署于 3 月 20 日向军委会水道运输处发出代电给予答复：

> ……自抗战以来，本署与民生公司，便已发生密切之关系，所有迁川各厂器材，统交该公司承运，其数量原共贰万吨，叠经本署呈报在案，嗣以该公司当时运输力量难于供应，先订立一万吨合约……查本署运输器材，俱系供应军实急需之用，自政府统制运输办法实行之后，本署因有特殊情形，向不在统筹支配之列。兹以囤积宜万器材为数甚多，断非一万吨所可限制，所余未运完之数，仍应由该公司驾轻就熟，继续承运，以免影响全局，抗战前途实多利赖。除电复该公司请予照办外，相应电请贵处转饬该公司遵照。

从上面这封信看，俞大维承认水运处对疏运公物有统制之责，但他强调的是，该署器材“向不在统筹支配之列”，要求继续由民生公司签约承运。

民生公司密谋提高运价时，顾祝同告状的事尚未发生。兵工署这一代

① 《李若兰致卢作孚函》1938 年 3 月 2 日，长航档，民生，业 337。

电到水运处时，顾祝同的告状电报已到达，指责他“全抱营业主义”，现在把兵工器材先在水运处拐个弯，再交民生，并在此时与兵工署展开运价的谈判，为外界所知，那不就印证了民生“全抱营业主义”的指责吗？客观形势变了，卢作孚审时度势，不得不放弃提高运价的主张，当然也就无须再坚持由水运处支配。卢作孚的批复是：

> 民生公司与贵署所订合同，系在本处成立之前，在该项合同期满之后，所有贵署器材，自当照章由本处支配，以资统一，现贵署既有特殊情形，拟仍交该公司承运，自无不可，惟所运器材应饬该公司向我处登记，以备查考。

卢作孚的回电很高明，既说明了民生公司要兵工署向水运处洽运是按章办事，又说考虑到兵工署的“特殊情形”，仍交民生承运。这使俞大维感受到卢作孚对他特别照应。当然俞大维无法了解问题得以迅速解决的深层原因，是顾祝同的那封电报。顾祝同本想使兵工署求助于行营，不料他的电报竟促使兵工署与民生公司的关系更加紧密，而且还无意中帮俞大维省了一大笔运费。

顾祝同的电报一开始就给民生公司造成了重大经济损失，这是民生公司没料到的。如果没有那封告状电报，卢作孚完全可能实现他提高兵工器材运价的计划。他可照章把兵工器材纳入水运处统制的范围，再把器材按俞大维的要求，全部分配给民生继续承运，俞大维是可以接受的。

民生公司没有成功加价。兵工厂迁运重建经费达数十亿元，多开支 200 万元也是按公物计价的，合情合理。这笔费用，对兵工署是小事，而对民生就是大事。卢作孚开支十分节省，毫厘必较。宜昌民生两辆自行车坏了，要求买新的，卢作孚批复再买两辆二手车，同时还特地叮嘱，那两辆坏了的要保管好，以后修好了再用。那么，这 200 万元对民生来说是个什么概念！

四、民俗轮全装商货被揭露，民生公司改进工作挽回影响

真是应了“福无双至，祸不单行”这句老话。

就在民生公司因减少 200 万元收益而痛心不已之时，突然民俗轮偷运商货又被揭发，在长江上闹得沸沸扬扬。

民俗轮

还在 3 月 2 日，民生总公司业务处李若兰向卢作孚反映：“顷据确息，招商局已租定协庆行驶宜渝，专作疏散彼存宜商货用。……国营之招商局可疏散商货，民营之民生商货反滞留于途，不特引起客户烦言，以招商局立场，绝不应有此举。”

卢作孚当即批示：“关于招商用协庆问题，不能影响现在办法，严令停止各轮商货运输，招商绝难例外。”

民生制止招商局商货运输，而自己却在悄悄地进行商货运输。当时，顾祝同已告了卢作孚。在此矛盾斗争尖锐的时刻，民生汉口分公司的领导人，偷偷地给民俗轮全部配装商货，于 3 月 25 日由汉口直开重庆。[①] 此事虽甚保密，但当时民生公司已是众矢之的，这项活动终于暴露。当时汉口同业“啧有烦言”；后勤部和船舶司令部为此向军委会提出责问，民生处境尴尬。这件事正说明了民生不顾军运紧张，“全抱营业主义”。顾祝同告状，确系事实。

① 《汉口分公司致万县分公司》，长航档，民生，业 806。（武大经济系抄件）

卢作孚得悉此事时，船尚未到宜昌，于是决定："俗轮所装各货，一律在宜提出，另装存宜之公物或迁厂机器开渝。"他还命令水运处宜昌分处通知宜昌民生分公司处理民俗提货问题，且要求宜分公司将水运处通知原文及宜昌分公司执行经过，专函报告汉口分公司，汉分公司再将此两文件转知有关各方，使各方面明了真相。①

卢作孚认为如果民俗轮开到了重庆，对外界真还难以解释。经过这一系列手续，无非想说明水运处办事公正，以挽回影响。但造成的不良印象，一时也难以挽回，外界认为民生公司说一套，做一套。

民生公司接受什么教训呢？汉口分公司在 3 月 28 日给宜昌分公司的信上说："民俗直渝问题，虽汉处事前极其秘密，但，若要人不知，除非无此事，且我公司尤为众目之的，终不免为人探悉，初由同业之妒忌，继转引起政府方面之烦言，为避免责难起见，乃决定在宜提货……"函中所说"公司尤为众目之的"，受"同业之妒忌"，这种局面是怎么造成的？水运处和民生公司在处理同业关系时，不仅不考虑业界各方的利益，还扼制其获利。不像胡雪岩那样，采取有钱大家赚的办法。看来，这次偷运是上海航商揭发的。上海滩上的这帮航商不是好惹的。

在民俗轮直航重庆之前三天，3 月 21 日，民生、招商局、三北等轮船公司已经联名向政府报告，要求恢复商货运输。江水上涨，上级必然会重开商运，民生如果稍稍忍耐几天，事件就不致发生。这一事件既损民生的声誉，又增加了卢作孚应对局势的困难。

军方由于调拨商轮困难，而民生又偷运商货，必然有"撤销水运处"的议论。

4 月初，民生公司也听到水运处有被撤销的传闻。从顾祝同发出告状电报后，重庆总公司的高层职员积极与行营疏通关系。4 月 1 日，李邦典将了解的情况报告卢作孚：水运处的撤销，是庄达副司令创导于先，何应钦、俞飞鹏赞同于后。水运处撤销后，船舶之调配，由船舶司令部主持。

① 《汉口分公司致总公司》1938 年 3 月 28 日，长航档，民生，业 806。(武大经济系抄件)

对汉口方面，要避免与庄为敌。李邦典还说，从行营陈组长谈话中看，“不仅庄仍在捣乱中，且将反对范围有日将扩大之势。此事关系至巨，有闻不敢不报也”。[1] 民生的职员都已认识到，只有更好地完成物资运送任务，才能争取到舆论支持和上级的信赖，以保水运处的存在。

早在2月间，蒋介石已手令将汉阳铁厂和9月间迁到汉阳的上海炼钢厂迁川。资源委员会与兵工署随即联合签名，将此两厂组建成钢铁厂迁移建设委员会，于3月1日成立。兵工署制造司长杨继曾为主任。需要迁运的器材约32600吨，加上粤、湘等省兵工厂器材经汉迁川，共有8万吨器材上运。

面对此项任务，后勤部船舶管理所积极活动，急谋实现以差轮方式运输。

对于用差轮方式运8万吨兵工器材，民生总公司函宜昌公司表示“决反对到底”。理由是：过去差轮收入虽少，但舱面装兵，舱底可装货，足以抵偿损失，过去多系下水应差，上水尚可营业，今装兵工署货即上水亦系应差，则公司势必完全失去营业机会，将来应差损失激增，营业收入全无，公司势必陷于破产之境地。总公司的信最后表示：将来行营如提出此问题，“当抵死力争”[2]。可见民生反对差运之坚决态度。

民生公司以积极主动运输兵工器材的实际行动，争取宜渝段运送8万吨兵工器材。汉口分公司于4月7日函宜昌分公司：

> 际兹军政部八万吨货运输问题正在酝酿之中，汉意对于兵工署各厂货，虽万吨已运完，现并未指令船只，似更应为其速运，使彼等知我虽不受约束，亦仍能始终如一，甚至不指定船只反增加效率，而生信任与同情之心。俾我与各方交涉运输问题亦得有所凭借。[3]

顾祝同的告状使民生公司对军方各种运输任务的承办也更加主动。宜

---

① 《李邦典致卢作孚》，长航档，民生，总461。（武大经济系抄件）

② 《总公司致宜昌公司》1938年4月19日，长航档，民生，船431。

③ 《汉口分公司致宜昌分公司》1938年4月7日，长航档，民生。（武大经济系抄件）

昌分公司承运航委会汽油，该会以协庆轮热度太高不愿交运，宜昌分公司改派民福轮接装汽油 2000 桶，于 4 月 12 日晨驶渝。承装汽油的富华须进厂修理，水运处决定由民生另行派轮填缺。[1]

汉口分公司还建议卢作孚：拨出差轮，装运弹药；其他军工物资，则完全由水运处负责运输。“如此让步，船舶所如欲主办运输，亦无所藉口，彼有固定差轮，当亦不致再与水运处作对。”[2] 从这一系列的活动中，可以看到民生公司在困难时刻兢兢业业主动改进工作，以保护公司的信誉，保持水运处的存在。

回想到 2 月间，宜渝间六轮无力接运汉宜六轮上运之兵工器材，卢作孚决定增派民安、民福等三轮航行宜渝。一次民安上行，未装兵工器材受到兵工署杨继曾指责，民生的回函气势汹汹，言辞锋利，以水运处为挡箭牌反驳杨继曾，认为所运公物是水运处支配，“敝公司岂能自由审择”。这种高调，这种气势之存在，导致民生无所顾忌地偷运商货。如果早日像现时这般谨慎积极处理军事物资运输，事情也不致发展到这一步。

五、把交通部职权揽过来，把顾祝同电报顶回去

上报文件，这是很小的一件公事。这类小事也可显示卢作孚的智慧。顾祝同报告军委，宜昌积有 12000 吨货，要求向民生公司租船运输，卢作孚当然要认真对付。但是，如果正面回应，那批评卢作孚“全抱营业主义”等问题是绕不过的。因为那些问题不好解释。他必须找到一个合适的口子进入这个问题的核心，把顾祝同的要求顶回去。

时间已到了春江水涨、重开商运的季节。

3 月 21 日，顾祝同电报到武昌的第四天，卢作孚授意民生汉口公司联络汉口九家航商集会，向上级提出恢复商货运输的报告。这是卢作孚的第一步棋。

---

① 《宜昌分公司函总公司》1938 年 4 月 11 日，长航档，民生，业 431。

② 《汉口分公司致宜昌、万县分公司》1938 年 4 月 8 日，长航档，民生，业 205。

报告内容是恢复商运，并不是对付顾祝同要求租船问题的。对付顾祝同，要由水运处出面，而解决问题又必须由军委会批复，卢作孚设计的程序就是从上报恢复商运开始，最后达到军委会批准水运处疏运宜昌军品计划的目的，从而否定顾祝同的要求。这就首先要考虑恢复商运的报告往哪里送的问题。

恢复商运的职权在交通部，报告送到交通部，恢复商运问题立即可以批复，但是对付顾祝同租船问题的戏就不好唱了。因此，报告不能仅送交通部，但也不能送水运处，因为军委会并未明确水运处有恢复商运的行政权力。

卢作孚办法奇妙：凡是上级，都送。于是这份各轮船公司报告的报送机关，列出了交通部、水运处、军委会、后勤部、船舶运输司令部、军委会重庆行营等等。各部见到报送机关有军委会，也就都未予批复，而军委会的文秘部门不可能把几家轮船公司的报告直接送蒋介石批的，必须转到主管行政部门签署意见。为了防止军委会秘书厅把报告批转交通部，卢作孚就事先和掌管军委会文秘大权的罗君强联络好，要他批转到水运处。

报告很快批到了水运处。军委会第 1771 号文批示，要求水运处“拟定原则及办法”再上报。卢作孚的计谋实现了。他即拟定代电，首先谈商运问题。代电称：“一、川江洪水期间暂定搭配公物七成，商品三成；二、万一军运紧张，由职处酌减搭配商运成数或竟会全部停运；三、万一军运松散，得由职处随时酌加搭配商运成数。”

在这里，卢作孚把今后停运与开运商货的权力由交通部揽到了水运处，扩大了水运处的职权。这样他可以根据民生公司的需要，随时处置商运问题，不必受制于部长张嘉璈。

谈完重开商运之后，随即谈疏运宜昌物资。代电称：在宜待运军、公物资 14 万余件，共约 2 万吨。此外，待运之商货万余吨。“在此川江洪水期间，职处除促使各轮加入航行藉增运量外，复促使宜渝枯水分段航行各轮恢复宜渝直航，并另择定适宜分航宜万及万渝轮互相卸接藉增运量，预计本年 5、6 两月内将现在存宜待运之公物商货运完。”代电还特地要求军委："另电重庆行营，请在目前军运状况下仍暂以民生公司之民苏、民享两轮及现已复航之同心、同德两运输舰继续承运军品往返宜渝。"

对于积压在宜昌的军、公物资，卢作孚已安排了十分充足的运力，于是顺理成章要求军委会另电行营仍以民苏、民享两轮参与打差。换句话说，你顾祝同不就是为这 2 万多吨货告了水运处吗？现在，民生将这 2 万吨在 5、6 两个月运完。你行营也就没有必要再租我民生的船了。

卢作孚这样处置的最终目的，就是表明民生公司有能力完成川江军、公运输，彻底否定由行营随时租船接运，免受牵制。卢作孚的办法与顾祝同针锋相对，看蒋介石支持谁！

蒋介石于 4 月 6 日批示："除复准照办并分电知照外，合行批示知照。"[①]

蒋介石的批示给了卢作孚一个明确的信息，他不支持顾祝同，支持卢作孚。顾祝同的梦想破灭了。当时，航业界正因民俗轮偷运商货一事闹得沸沸扬扬，而且已反映到了军委会，在此关键时刻，民生公司管理层一直担心水运处可能会被撤销，现在看到这个批示，感到民俗轮事件并未对水运处造成影响，蒋介石仍然支持卢作孚，当然个个都深受鼓舞。

六、何应钦等多名将领反对卢作孚，伍极中提出应对建议

顾祝同致军委会的电，军委会并未仓促处理。在军运问题上，船舶管理所与水运处时有倾轧，两种军事运输方式的斗争依然存在。军委会内部除了张群从中斡旋、蒋介石未见表态之外，军政部部长何应钦、后勤部部长俞飞鹏都站在顾祝同一边，卢作孚承受的压力是显而易见的。而卢作孚对运输方式坚持原意，仍未退让，为此，卢作孚的军内、军外好友对他的处境颇多关注和担忧。

航政司科长伍极中，颇为卢作孚所信任。伍极中对水运处问题做了调查思考后向卢作孚写了一封信，对问题之分析和解决意见提得比较具体。现录其全文：

① 《蒋介石对水运处报告的批示》1938 年 4 月 6 日，长航档，民生，业 277。

作公次长钧鉴：密。日前璧成先生等来汉，始知某事之严重化，因留意探查症结之所在，乃归纳各方面之意见，不外“对人”两字而已。其所以发生此“对人”问题者，则又“妒人”两字足以尽之。造端虽大，解决尚无如何困难。此□是非久矣，似不能不稍示退让，以了一场风波。就管见所及，其办法如下：

（一）必须确守军队，及直接军品与有关军品，及公物现行运输之界限。

（二）结束水道运输管理处，另一最大原因，则以八万吨之公物，一旦起运，误水运处待运之公物，势不能运出，与其将来感受困难，不如早日结束。

（三）以长江航业联合办事处，向迁建委员会承包负责运输。现该处主任中之已正式呈辞，前次各航会组织合作机关，中即劝以维持航联处之存在，较诸自动组织之团体更有力量，已为各航商所赞同。现部中已准中之辞此一职，拟准沈仲毅任主任委员，如此办理，其利有三。一、航联处为俞前部长□时所成立，仲毅与俞私交尚好，可以得后方勤务部之谅解；二、沈为人胸无城府，极从众意，航商得以实行共同之主张；三、沈为招商职员，本部指挥便利。

（四）由本部出面主张航商利益，提出上项办法，以取得各方之同意。

中素蒙优遇，偶有所见、不敢不汇诚以贡献于钧座之前，藉备将来解决此事之参考。所有语焉不详，或辞多愚直之处，乞原谅。肃此，敬叩。

锡安

伍极中 4 月 19 日[①]

伍极中的信，言辞中肯，办法具体，既支持了卢作孚一贯坚守的包运兵工器材的主张，又提出了矛盾解决的途径，可谓审时度势之佳作。至于信中所谈 8 万吨问题，实际上水运处不可能“感受困难”。不论是水运处还是航联处包运，都是一种格局，即招商局、三北负责汉宜线，民生负责宜渝线。水运处能量高于航联处，何致以“势不能运出”。伍极中提出撤销水运处的根本原因，是该信开头所谈的卢作孚的人际关系。所谓“造端虽大”，也就是指何应钦、俞飞鹏、顾祝同等一批将军与卢作孚对立。风波未息，蒋介石在 4 月 6 日同意卢作孚要求军方不再租船的批示，仍然支

① 民生档，业 155，长航档案中心藏。

持卢作孚，有可能使他们更加嫉妒。

七、蒋介石批准卢作孚包运计划，军委会下令撤销水运处

兵工署 8 万吨器材西撤已提上日程。

矛盾斗争也处于关键时刻。4 月初以来，卢作孚集中精力考虑处置 8 万吨运输方式问题。考虑到军政部部长何应钦是赞成撤销水运处的，卢作孚首先撰写了系统的书面材料，向何应钦“检讨水运处过去工作，及借此比较两种方式运输之得失”，① 以争取水运处的存在。

同时，卢作孚与张群、俞飞鹏又多次磋商。俞飞鹏向张群提出了运送 8 万吨器材之新主张。他既不同意卢作孚的包运主张，也不赞成顾祝同的全部打差接运，而提了一个折中方案，即：急运军品仍租船打差，基本保持现有规模，差轮以外之运输船，全部交船舶运输司令部调度指挥，运送 8 万吨器材。这个办法经济收益较打差多，但轮船公司失去了船舶经营指挥权。

张群将此主张函告了卢作孚。

卢作孚给张群的回信中明确表示：俞部长的主张，最大问题在“……（二）差轮平时不能限于一二只，多量使用亦不能限于一二星期；（三）差轮以外之轮船，亦全交船舶运输司令部支配，其间盖含有器材运输及航业生存最大之危机。”② 这就表明，卢作孚既确守包运原则，更不放弃船舶指挥大权。

在高层人士商讨兵工器材运输方式的同时，卢作孚指示民生汉口分公司于 4 月 7 日约集在汉同业，会商运输 8 万吨的合作办法。③

在上述涉外工作办妥之后，一天晚上，他约民生业务襄理蔡金先、王

① 《汉口分公司致宜昌分公司函》1938 年 4 月 6 日，长航档，民生，船 502。

② 《卢作孚复张群函》1938 年，长航档，民生，业 671。（武大经济系抄件）

③ 《汉口分公司致宜昌分公司函》1938 年 4 月 6 日，长航档，民生，船 502。

德润拟出8万吨详细承运计划。[①]

蔡金先、王德润等所拟的计划就是以军委会水运处出面提出的《迁建委员会器材运输办法》。这项办法有九条，主要内容为：①运输总量最低6万吨，最高为8万吨；②用商运办法，照实装吨数，按低廉运费，责成轮船公司负责承运，以提高运输效能；③全部华轮参加运输；④分汉宜、宜渝两段运输，川江船集中航行宜渝线，长江轮船及部分海轮担任汉宜线；⑤宜渝军品，以同心、同德、民苏、民享专运，军品增多时，可加派轮船赶运，但运出后立即恢复原状；⑥宜渝公物、迁厂器材及商品运输，以宜渝数30％为限；⑦运价：汉宜段，枯水（自11月1日起，至4月30日止），每公吨15元（合商品运价60％），洪水，（自5月1日起至10月31日止）每公吨12.5元（合商品运价50％）；⑧宜渝段，枯水，每公吨37元（合商品运价23％），洪水，每公吨30元（合商品运价19%），共计运费360.02万元；⑨宜渝段，民生公司拟派出14只船于5月1日开始起运，预计7个月内运完6万吨，12个月运完8万吨。[②]

计划订妥后，卢作孚将差运改为托运的意见，详述理由，分析利弊，书写成文。[③] 卢作孚完全清楚，现在只有说服蒋介石，才能实施最佳运输方式，维持民生的生存。因此，他将报告连同运输办法一并呈送蒋介石。

蒋介石看了这个办法后，向卢作孚发出代电。全文如下：

汉口三教街57号运输处卢主任作孚兄勋鉴：

四月十四日函暨迁建委员会器材运输办法均悉。准予照办。惟所拟第六项，宜渝其它公物迁厂器材及商品之运输，以宜渝轮载量为30%为限一节，应增至40%为要。办法存。

四月十八日[④]

① 黄绍洲：《抗战时期的民生公司及其与招商局之斗争》。

② 《迁建委员会器材运输办法》，长航档，民生，业249。（武大经济系抄件）

③ 黄绍洲：《抗战时期的民生公司及其与招商局之斗争》。

④ 军委会共字第1691号代电，长航档，民生，业1019。（武大经济系抄件）

卢作孚的计划，得到蒋介石批准，一场风波即告结束。

在蒋介石批示下达后没几天，陕西兵工一厂有 570 吨器材与火药到达宜昌，汉口庄达副司令电宜昌船舶所装差轮上运重庆。总公司获悉后，郑璧成约同童少生、李邦典，一起去找行营副主任贺国光。贺国光答允不交差船运，当即电话告知行营交通处处长胡玉川。三人又去拜访胡玉川，胡玉川出示宜昌船所要求拨差轮的电报。接到贺国光电话后，他即批示交民生公司运。①

蒋介石批准商运兵工器材计划，无疑是对卢作孚的支持。那么将军们的意见如何对待？水运处的命运又如何？

在顾祝同向军委发出电报后，民生总公司的领导对行营进行了多次走访，“上至顾、贺两主任，下至交通处船舶股长惠民，均已解释，并能谅解”。②

在这场争斗中，兵工署署长俞大维的态度是倾向民生公司的，其主要原因是民生按合同运送兵工器材，运力有保障。俞大维从武汉到达重庆后，即于 4 月 6 日接见了郑璧成。俞告诉郑，他在汉口和重庆都听到“运输有恢复旧日办法说”，行营贺主任也向俞大维讲过“水运处 4 月 1 日撤销”。俞对水运处成绩极表满意，愿继续订约。③ 俞大维也只能做到这一点。

卢作孚除了向何应钦检讨水运处的工作外，还嘱咐汉口分公司，对兵工署的其他一切公物、商货，尽量介绍给其他公司装运，“俾以疏解同业对我之仇视”。④ 对商战中的货源争夺，民生历来是使出各种招式争夺，寸步不让。水运处统制公物后，民生在货源上受到不少照顾，现在民生如

---

① 《郑璧成致卢作孚》1938 年 4 月 25 日，长航档，民生，总 1694。（武大经济系抄件）

② 《李邦典致卢作孚函》1938 年 4 月 1 日，长航档，民生，总 461。（武汉大经济系抄件）

③ 《郑璧成致卢作孚函》1938 年 4 月 6 日，长航档，民生，船 1694。（武汉大经济系抄件）

④ 《汉口分公司致宜昌分公司》1938 年 4 月 12 日，长航档，民生，业 1019。（武汉大经济系抄件）

此让步，可见招商局、三北公司等对民生意见之深，也可见卢作孚对疏解行业关系之重视。然而以此挽救水运处之命运，可能为时已晚。

在运输上蒋介石支持了卢作孚而得以稳定，而打仗是要靠将军们去指挥的。如果水运处继续存在，势必造成水运处与军方的对峙局面，于是军委会于4月27日发出“交运字第1542号训令”，撤销了水道运输管理处。训令全文如下：

查前因政府西迁，各机关人员公物器材由京到达汉宜等处数量綦钜，经设立水道运输管理处统筹汉渝间船运事务，迅予疏散，以安秩序，现悉待运物品四月底均可由宜运毕。此项统制船舶机关自应即予撤销，以符原案。其新到而应向上游运输之军品应即另办理。兹决定办法（一）水道运输处着于四月底撤销，速即如期办理结束具报；（二）该处撤销后商轮应即恢复营业；（三）自五月一日起一切军运除兵工厂迁厂机器外仍由船舶运输司令部负责办理；（四）各兵工厂机器共有数万吨，必需多数船只及较长时间，如概由船舶运输司令部筹运，确有困难，应准特交商轮承运，其运输计划及所需经费由兵工署预筹办理，除分令军政部及后勤部外合行令仰该处遵照办理具报此令。

卢作孚于4月28日向各轮船公司及有关单位发文转述了这一训令。[①]

从文件内容看，撤销水运处的原因是政府机关人员公物已运毕。那么8万吨兵工器材起运，其运量超过政府公物，为什么不可由水运处接办呢？水运处的成立具有体制创新的价值，意义深远，可惜蒋介石未能力排众议，维持它的存在，而使其成为他协调内部关系的牺牲品。

水运处从提出、筹备成立，到展开工作，卢作孚费尽心机。

如果不出意外，而又对各轮船公司与社会各方都有利，这个机构可能会长期存在，不会有人提出撤销的。民生公司事业的发展证明，军、政当局的支持，是一条重要经验。现在军、政权力都在卢作孚手里，他当然知道维持这一局面的重要性。

① 三北公司档案，全宗3。顺序号214，第72、73页。

汉口公司陈国光也知道要小心谨慎。他曾给宜昌、万县公司去信说，凡是水运分处发汉口的电报，需要给其他单位看的，今后不要写“转总经理”，要写“转卢主任”字样，否则“易引起民生公司即水运处，水运处即民生公司之印象”。① 但想以此消除“两个单位实际是一家”的印象，也不可能。

水运处开始筹备时，请有各大轮船公司派人参加。如果利益分配得当，处理商务公平合理，大家还是可以相容的。在顾祝同发难之后，陈国光对形势不察，逆势而行，仍然有恃无恐，违反部规，整船发运商货，引起军方和航商的不满，矛盾激化，使事情走向反面。

军委会水运处撤销了，卢作孚失去了这一受蒋介石直接领导、由自己完全掌控的对民生公司利益至关重要的军事机构，是一大损失，而将军们想独揽船舶指挥权，“随时租船接运”的目的也未能达到。尽管旧日矛盾未能妥善解决，但民生公司的船队仍在卢作孚紧紧掌握之中。

附录：军委会水运处运费标准（按吨计）

（一）汉宜段

公物：

（甲）普通辎重，15 元

（乙）危险品（如汽油之类），18 元

（丙）重件（重一吨以上），20 元

（丁）食米，7.88 元

迁厂器材：

（甲）机器，25 元

（乙）普通器材，18 元

（丙）火砖，15 元

（二）宜渝段

① 《汉口分公司致宜昌分公司》1938 年 3 月 18 日，长航档，民生，业 806；《汉口分公司致万县分公司》1938 年 3 月 20 日。（武汉大经济系抄件）

公物：

（甲）普通辎重，45 元

（乙）危险品（如汽油之类），54 元

（丙）重件（重一吨以上），60 元

（丁）食米，积宜器材甚多，暂不运米，可由木船运输

迁厂器材：

（甲）机器，75 元

（乙）普通器材，54 元

（丙）火砖，45 元[①]

① 湖北省档案馆，I S 31 — 11 — 77

第 7 章　王洸临危受命，执掌汉口航政局

国民政府迁汉后，武汉成为政治、军事中心，也是水运业的中心。南京失陷后，江海轮船退集武汉，连同湖北省原有轮船，达 143000 余吨，如此可观的运力，如由政府予以妥善组织，以供军民运输，大有可为。但当时汉口航政局局长董仲修，在此局势面前无所作为，态度很消极。张嘉璈对此政务停滞现象十分敏感，决定调整人事。

一、张嘉璈的考核

谁当汉口航政局局长？

王洸

战时长江运输繁忙，汉口局的任务艰难，必须要有一位敢于挑重担、有能力和熟悉业务的官员承担。部长、司长商议后选中王洸，但王洸毕竟只有 33 岁，这么年轻的官员接掌任重事繁的汉口局，总有点让人不放心。张嘉璈表示，他要亲自考核。

王洸 1905 年出生于江苏武进，1926 年考入北平交通大学读管理，当时他父亲王倬在北洋政府交通部航政司任航业科长、交通史航政篇主笔。1927 年 12 月 8 日王倬猝死，交通部吸收王洸为航政司核算员，半工半读，月薪 60 元，以维持家庭生活。

1928 年，南京国民党政府交通部派员接收北洋政府交通部，王洸以

他丰富的专业和历史知识被提为办事员选调到南京。他是从 60 余名航政司职员中选出的两名中的一名，月薪提高到 120 元。

当时，部长王伯群为准备从海关手中接管航政权而组织专家成立法规委员会，起草各种航政法规。1929 年元月，王伯群正式任命王洸为兼职法规委员会委员。他的工作效率使委员们啧啧称奇，受到部长特别奖励，一年连提三级。

交通部于 1930 年 7 月 1 日成立了上海、天津、汉口三个地区航政局，收回由海关兼管的行政权。任命王洸为汉口航政局第二科长，负责航政事务，施行新法规。

1932 年 5 月，交通部大换班，王洸被迫辞职。

回京后，王洸创办《交通杂志》月刊，取得成功，文名日盛，得到政府高层关注。

1933 年 4 月，受钱昌照邀请，王洸到国防设计委员会任航政组长。一年半以后，因成绩卓越，奉派赴美研究航政。1936 年 11 月，王洸圆满完成研究课程后绕道欧洲回国。

1937 年初，交通部部长俞飞鹏以中日关系紧张，随时有爆发战争之可能，须加强航运骨干力量为由，把王洸调回交通部，出任船舶科科长兼海事科科长。“八一三”之前，王洸参与了组织海轮进江、转移船籍、构筑江阴封锁线等政务。

南京危急。国民党中央命令交通部控制一条船于最后一刻撤退留守南京的最后一批人员，俞飞鹏派江汉轮担任此项任务，并派王洸随船指挥。

当时，江汉轮上人员和公物、行李挤得水泄不通，岸边逃难的人纷纷涌向江汉轮。为防止意外，江汉轮不得已先移泊江心，深夜由南京启航上行，于 12 月 10 日午间安全到达汉口。

王洸奉召到了张嘉璈的办公室，张嘉璈就当前时局和长江航运面临的问题询问王洸，王洸谈了他的看法。之后张嘉璈要他就如何维持长江航运的问题写一份意见书。王洸用了三天时间写了一份报告，张嘉璈阅后甚为满意，决定任命王洸为汉口航政局局长。

2 月 14 日，王洸穿着笔挺的西服，迈着轻快的步伐走马上任。汉口航政局，他六年前就在这里担任第二科长，主持江西、湖南、湖北、四川四省航政业务，推行新法规。斗转星移，人世沧桑，他熟悉的面孔已经不多了。

汉口局的干部了解王洸是航政界的老人，他的航政学术论文和专著为人们所熟知。在人们心目中，他是一位熟悉业务的官员。从 1931 年汉口航政局成立以来的六年半中，局长像走马灯似的调换，王洸已是第六任局长了。过往五任局长都不懂业务，也不钻研业务，使局务难以开展。在形势紧张时期来了一位有理论素养和业务经验的局长，全局上下自然都寄予了厚望。

二、重任在肩

王洸接任汉口航政局局长时，心情亢奋而激动。他深知国家正处于危难之际，他也深知日军主攻方向是沿江西进，长江流域已是抗击日军之主战场，也是政府、军队进退的主要通道。为保存国力，持久作战，沿海沿江军工和民营企业正源源不断经长江西迁，汉口航政局主管的鄂、赣、湘、川四省水上交通，任务极其复杂而繁重。王洸很清楚，他过去上有司长，遇事可随时请示，今天他独自负责一个局，肩上担子是沉重的。但是这里也是一个广阔的空间，他乐于在这里抒发他爱国之志，挥洒他一腔豪情。王洸在 1947 年的一篇专文中，反映了他当时的工作思路：

> 已往之消极管理，不能适应于战时，势非改弦更张，采取积极之政策不可。
>
> 交通困难，航业凋敝之情形，实为前所未有，主管航政者，苟无整个之政策，作紧急之处置，则岂能适应时机，完善管理乎。[①]

王洸按预定的思路展开工作。之后，他对当时自己的工作有一段记载：

① 王洸：《我的公教写作生活》，台湾海运出版社 1977 年版，第 19 页。

我自接任局长后，立即办理之重要工作为：一，发展内河航运，增加航线与班次；二，督导停滞在武汉的长江下游轮船驳船，组织联合营业所，参加营运；三，督促各埠成立内河航业联合办事处，以维持民运，并供应军差；四，积极督修船舶，充实水运工具；五，救济失业船员及引水人，以维人力资源。

为了适应军事需要，支援前线和后撤军、公物资，必须首先整好各级航政组织。王洸到职后的第一个星期，汉口局就公布了《汉口航政局分科职掌简则》，明确了各科及所属股、室的职掌与编制，并加强组织，充实技术人才，在内部增设技术室。王洸罗致的人才，分别来自吴淞商船学校、交通大学、军事交通研究所，他们分别担任船舶检查、丈量、船员考核、海事处理、航业监督等职，其中出任航政局科长的陈荣祀、宜昌办事处主任曾白光，都是王洸在军事交通研究所的学生。军事交通研究所就是培养训练储备军事运输的高级技术和管理人才的。这些人正是用之得当，用得其所。

汉口局所辖之九江、长沙办事处，在南京陷落之前即已停办，紧接着常德办事处又停办，其停办原因不明。之后，1938 年 3 月、6 月、9 月长沙、九江、常德办事处先后恢复。这是王洸为推进航政、配合军事而主动呈部后奉准恢复的。九江办事处恢复之前，王洸已于 2 月 25 日派员前往办理船舶检验与丈量事项。南京陷落后，下游航轮陆续撤离到汉。汉口，作为船籍港，它在战前有 450 艘、42682 吨轮船。1938 年 2 月，汉口轮船增至 645 艘，143790 吨。当时，汉口航业界出现了一部分航商因人地生疏，找不到货运，船员生计困难。汉口航政局呈准设立航务咨询处，任命军事交通研究所毕业的杨和基为主任，于 3 月 21 日开始免费办理货运及船舶买卖、租赁、修理等中介业务，对维持战时运输起了一定作用。

作战部队的调遣，工厂企业和人员的西撤，使武汉水运繁忙，因而形成超载运行，港航秩序混乱，海事时有发生。汉口航政局为加强安全监督，推行各项有关规则，于 3 月间制定了《汉口航政局巡回视察员视察规则》，4 月初即派出视察员深入船舶，检查了解有碍船舶安全航行与港口秩序的各项问题。巡视员分秘密、公开两种，视察结束，须上交视察报告。对于应予改进的问题，须提出解决办法。这项制度，对机关掌握基层贯彻安全航行规程、制度以及各项航政方面的方针政策的情况，切实解决问题，具有良好效果。因此，汉口局将此制度推向各办事处。

船员考试是维护航行安全的重要措施之一，交通部施行多年，上海、南京沦陷后一度停办。在大部分商轮撤至汉口后，船员纷纷要求交通部恢复办理。王洸遵循事实之需要，呈部批准由汉口局每周办理一次。此事抗战时期一直坚持办理。

吴淞商船专科学校在上海沦陷后再度停办。40 名应届毕业生辗转到汉，请求交通部救济。当时王洸仍兼任交通部科长，主管其事，他签报张嘉璈部长，组织考试委员会，对这批学生进行毕业考试，由交通部发给文凭，商请教育部加印。这帮流亡学生终于完成学业，分别领得甲等二副、二管轮执照，由此得以有机会在抗战期间服务航运界。①

这六个月的工作，显示了王洸的业务水平和组织指挥才能。

在王洸到任前的六个月，据《长江航政大事记》记载，董仲修仅主持办了四件事：一是奉交通部令，成立了汉口内河航业联合会，另三件是 11 月底和 12 月中，停办了汉口局所属的九江、长沙、常德办事处。

同样是六个月，两位局长的业绩如此悬殊，可见人才之价值和选才之重要。

三、建造水泥船封锁田家镇航道

（一）军方拟沉船封江，卢作孚持异议

1938 年夏，武汉大会战已经开始。

为延缓日军的推进，军方正拟定计划在湖北广济田家镇江面构建长江第三条封锁线。

---

① 据长江航政史编辑室编《长江航政史》稿、《长江航政大事记》（未刊稿，1991 年 4 月版）、王洸著《我的公教写作生活》及各方史料编写。

田家镇，是保卫大武汉的最后一道门户。早在1937年9月间，军方就对堵塞田家镇航道有过商讨，做过决定。10月4日，武汉警备司令部司令郭忏急电蒋介石：

查田家镇江面阻塞工事所需船只，经调查有滞留长江以内之我国海轮庆宁、永亨、长泰、英平、北晋、华强、华顺、华腾、宏顺、裕平、峄兴、黄石公等13艘可以应用，除已商得汉口航政局先转电南京航业联合办事处征集调汉备用外，诚恐迟误戎机，拟恳钧座转饬该处迅予办理为祷。

职　郭忏　支午

电文转到交通部长俞飞鹏处。10月7日，俞飞鹏呈报白崇禧代总参谋长转呈蒋介石：

此事先决问题，田家镇江面是否需要堵塞，对于军运民运关系甚巨，如决定如此，则拨船一事自当遵办。

10月14日，执行部向交通部发出快邮代电：

田家镇、马当、镇江等处堵塞因材料征集困难，已签呈委座核准改用巨石填堵，船只供辅助之用。已令除镇江均先事准备，于必要时施行。①

事隔半年以后，武汉警备司令和交通部长均已易人，田家镇守备已归九战区司令陈诚管辖。1938年5月，在武昌召开的最高统帅部军事会议，有一项议程是研究田家镇阻塞方案。会上，经办人提出要用16条江海大轮阻塞田家镇航道。代表交通部出席会议的是卢作孚。卢作孚当即声明：当前水运十分紧张，人口疏散、民营工厂和军工企业西迁任务繁重，请考虑封锁田家镇航道不用沉船办法。当局考虑了卢作孚的意见，议定由交通部拿出具体办法来，与九战区商定后再实行。

卢作孚回部向张嘉璈汇报了会议情况后，两位部长对用什么办法来代

① 以上电文均见二史馆档案，全宗602。

替沉船，一时苦无良策。于是，张嘉璈电召汉口航政局长王洸到部。

（二）王洸提议并建造水泥船封江

1938 年 5 月的一天下午，王洸正在汉口四明大楼航政局内办公，忽然接到部长室的电话，要他立即到部。王洸赶到时，张嘉璈和卢作孚都在座。

张嘉璈向王洸介绍最高统帅部军事会议说，上午卢次长参加最高军事会议，决定要用 12 条海轮和招商局的 4 大江轮，在田家镇航道赶筑长江第三道封锁线，卢次长提出不用沉船办法，但我们交通部要拿出个具体办法来，使军方能够接受，这样才能保存这一批海轮和江轮。请你过来，想听听你的意见。①

王洸很赞同卢作孚的主张。

王洸丰富的水运历史知识发挥了作用。当时他已出版了四本水运历史和业务专著。在他的记忆中，第一次世界大战时美国为减少钢材消耗，在旧金山造过一艘长 113 公尺的水泥船。他还记得，上海南洋烟草公司在浦东新厂置有水泥趸船，英美烟草公司也在浦东造过钢骨水泥船壳的蒸汽拖轮。因此王洸建议建造钢骨水泥船来代替 16 条江海大轮。

卢作孚支持王洸的意见。

张嘉璈对王洸说："你赶快回去，以交通部的名义办个公文，说明这一观点和办法，明天就去武昌，面交陈诚。"

王洸办妥公文，去面谒陈诚。但陈诚已去前线督战，于是就会见了九战区参谋长施北衡。

施北衡对王洸说："交通部一定要留用这 16 艘轮船，我们同意，但是钢骨水泥船的制造工作，要你们交通部负责，而且它的效力应和 16 艘轮船一样，请你转报张部长。这项办法，我再呈报最高统帅部。决定一经作

① 王洸的《武汉会战造船记》一文，刊《我与航运》，台湾航运学会 1938 年版。文中提到要沉 4 大江轮一说，可能有误。该 4 轮系当时长江载客量最大的客货轮，而武汉进江大轮除招商局、三北、大达，还有 20 多条，没必要沉 4 大江轮。1937 年 10 月郭忏的方案符合实际。

出，就会立即通知你们。”并说，“这是一项军事工程，希望交通部能完成任务，不能耽误。”

王洸回到交通部将情况报告了张嘉璈和卢作孚。几天后，最高统帅部批准了交通部的请求，下令免征16艘商船，并责成交通部赶快建造4艘水泥船，交给武汉卫戍司令部田家镇工程处使用，限期三个月完成。所需的建筑材料由军政部城塞局供给；另拨20万法币给交通部，作为建造水泥船的经费。

交通部为完成这项紧急军事工程，组织成立了钢骨水泥船试验委员会，聘请军政部、军令部、城塞局、湖北省政府和田家镇工程处代表为委员，共同研究设计。交通部派技监韦以黻为主任委员，王洸为副主任委员兼“钢骨水泥船试验所”主任。这个试验所实际上就是建造水泥船的工程处，称之为试验所，目的是保密，避免外界注意。

这项军事工程的具体任务就落在王洸头上。按常理，这项城塞工程，即使由交通部提供钢筋水泥船，也不应由航政局来建造，但王洸二话没说，接受了任务。

抗战初期王洸与妻子钱懿英、长子王炜合影

王洸认识到，要完成此项任务，非请有经验有学术水平的专家参加不可。他随即提出名单，请派造船专家叶在馥、杨青藜为试验所设计组正副组长，桥梁专家钱昌淦、唐文悌为工程组的正副组长。当时在城塞局负责工务材料的就是王洸的胞弟王治。为了及时取得军方的材料供应，王洸也举贤不避亲，要求派王治兼任总务组组长（材料供应属总务组管）。这样的阵容和人员搭配，为迅速完成设计和施工取得了组织保证。

设计组很快提出了设计方案，提请委员会讨论。会上，军政部代表、炮兵少将周宏沼曾负责过镇海口的阻塞工程，有一定实际经验，他在会上发表了很好的意见，他认为田家镇封锁线要在江阴、马当封锁线的基础上加以改良。设计钢骨水泥船阻塞航道，要具备两点功用：其一，使吃水较深的敌舰不能通过，而敌人的小型兵舰和扫雷艇则可以通过，但要使这些兵舰通过后触雷自沉；敌人的扫雷艇在其作业时要使其扫雷索被毁坏。其二，钢骨水泥船除堵塞航道外，尚需具备保护封锁线后水雷的功能。

专家们研究了上述设计原则，确定水泥船的长度 24 米，宽 7.2 米，深 3.6 米，舱面建立四角形钢架两座，每个高 9 米多，有 1 万公斤应力。

造船地点在工程设计研究过程中即已开始勘察。王洸带了一批试验所工作人员首先去了武昌鲇鱼套和汉口下游谌家矶，最后视察武昌下新河一带，发现裕华纱厂下端造民船的地方可以改为干船坞，只要在下新河口加筑 2.4 米高的一条土坝，水涨时水泥船即可自行浮起。这是一个比较理想的地方。事情就这样定了下来。

6 月间工程开始，过往武昌汉口间的乘客，先是见到许多工人在下新河挖泥筑坝，沿江岸壁旁又围起篱笆，以后在坝内突现出钢铁构架，最后 4 幢没有门窗的高楼大厦还在顶上分别立起两个好像无线电天线架似的铁塔。谁也想不到此物是抗击日寇侵略的秘密武器。

8 月间的一天，王洸正在参加交通部技监韦以黻大公子的婚礼，一位监工气喘吁吁满头大汗跑来找他，悄悄对他说："江水暴涨，已经漫过水坝，完工的三艘船浮了起来，最后一艘上层没封顶，被水淹了。"

王洸急了，他感到事关重大，也没向韦老先生告辞，急忙回到办公室，召集钱昌淦等工程人员，他对钱先生说："少平，这件事严重，现在武汉会战已很紧张，田家镇工程处催船很急，如果不能很快救出这条船，继续完成，延误了封锁线工程，我们可能都要受军事审判。"当时王洸已兼任了船舶运输司令部征调处少将处长，不能分担工地督工，因此对钱昌淦说："务必请你驻在工地，替我完成此抢救任务。"

钱昌淦听了王洸的话，当即带了工程人员赶往下新河，并调集大批抽水机，漏夜抽水。王洸整夜焦虑不能入睡。幸而江水未再续涨，到第二天上午，船又露出水面。又经过十天的赶工，第四条船也大功告成。4 条钢骨水泥船如期交给了田家镇工程处。

钢骨水泥船的制造，田家镇航道的阻塞，王洸尽到了职责。事后，他在《武汉会战造船记》一文中说：

> 钢筋水泥船的制造，在当时阻塞航道的功用上，虽尽了些贡献，但最重要的意义，还在保全了16艘大商船的命运。若没有这些船只，当时华中的水上交通，势将陷于瘫痪，八万吨机器绝不可能及时运达宜昌，而重庆大渡口等几个新设兵工厂，恐怕也难如期建立，这些在当时都是社会上和军事当局所焦急的事。因此我相信负责决策的人，不能没有远见，而执行的人，更要抱定果敢无畏的精神，才能完成未可必成的事功。①

这些话都是符合实际的。

水泥船于8月底前后沉江。海军划田家镇为武汉前卫，并布置雷区，与陆军守备部队构成田家镇要塞。9月初海军越过雷区于武穴附近击沉敌舰两艘。9月18—23日，敌舰10余艘连续向我军进犯，被我军击伤击沉者达16艘以上。陆上守备部队经过一周的血战，肉搏10余次，终因日军海陆空协同进攻，渐渐不支。日军于9月28日，以78架飞机和百余门火炮协同步兵围攻要塞，我要塞阵地全成弹痕。海军于28日夜奉命撤退，29日11时30分，日军攻占田家镇。

田家镇被日军攻占数日后，英文报《楚报》报道：田家镇江面的水雷已被日军扫除，唯封锁线构造奇特，军舰尚难通过。由此可见，钢筋水泥船的沉江，有效地阻碍了日海军的溯江进犯，延缓了武汉的陷落，为武汉撤退赢得了时间。

---

① 王洸：《我与航运》，台湾航运学会1938年版，第37—38页。

第 8 章　香港油物料的购买与内运

民生公司船用燃料柴油和修船、造轮船用的五金器材，战前全由上海供应。抗日战争开始，江阴航道封锁，柴油和五金器材来源断绝，民生即派员赴香港，组成民生香港办事处，由顾问韦焕章代表民生公司办理内外一切事务，物产部副经理王世均具体负责香港与广州的柴油购买与内运。

一、外汇的购买

在香港购物需要外汇。民生公司解决外汇问题，首先是以自有资金通过香港办事处购买。之后，政府有规定，民生购买柴油、五金器材等重要物资，可以向政府申请购买外汇，这一政策对民生非常有利。但在执行过程中，民生遇到不少波折和磨难，凭借卢作孚和在港人员的智慧和努力，把问题一个个解决了。外汇的解决，使购油得以实现。

（一）在港自购外汇

这项工作由卢作孚亲自谋划和组织实施。1938 年 4 月 24 日财务处经理彭瑞成向卢作孚报告，已由武汉、上海、重庆向香港汇出法币 440642.42（连汇水），以购买外汇。[①] 六月间外汇上涨，卢作孚于 11 日函在港的民生董事胡筠庄“此刻外汇已涨，港币计可足用，拟暂缓购买”。并指示，六月份已买 2000 英镑，今后“暂缓再买”。卢还要胡注意外汇

---

① 长航档，民生，财 328。

市场动态。[1] 随着行情变化，7 月 13 日卢作孚要重庆彭瑞成再准备好 30 万元，以备再行“购买外汇”。[2] 由于资金不足，卢作孚决定向四行（中、中、交、农四家银行）借买款，获批准，并取得工矿调整处担保。七月中旬民生在港储存港币已达 60 万元。卢作孚函韦焕章“除购油所需交付外，需保存港币三十万以上在港，以应未来需要。”[3]

卢作孚还筹划向香港出口桐油以换取外汇。他函告彭瑞成：收买桐油 2000 吨。如不能买此数，则搭买猪鬃或其他外销货均可。[4]

后经香港王世均调查，政府对此种物资进行了统制，商家即使交易成功，外汇也得不到手。此事就此搁置。[5]

申请外汇的理由，主要抓住需要购买燃料。卢作孚准备申请购进柴油 3000 吨，机油千余桶。当时港处已商定向三家油公司按比例交给外汇，并在港收油。其比例为美孚 50%，亚细亚 30%，德士古 20%。但外汇不能全部交给这三家油公司。[6]

为处理香港事务，卢作孚于 7 月 20 日派陆仲雄飞港。韦焕章从陆处得悉卢作孚又已请得国币 50 万之外汇，甚为欣慰。他向卢建议：“吾公司得多储外汇，以备日后急需，未知能否再申请若干。”[7]

（二）奉令购储三千吨柴油要求政府售予外汇

在筹款自购外汇过程中，政府出了新政策。卢作孚于 7 月 12 日函彭瑞成：“凡公司近三月在港申所买之材料燃料所需之外汇，可向财部申请购买，但须呈验订货单。此事关系公司支付甚大，计每万元可节省千元。”[8] 卢作孚要彭瑞成和韦焕章速将购物单据寄汉口。韦焕章当即将订单

---

① 长航档，民生，总 375。
② 长航档，民生，总 712。
③ 长航档，民生，总 1837。
④ 《卢作孚致彭瑞成》1938 年 7 月。
⑤ 长航档，民生，总 2152。
⑥ 《韦焕章致卢作孚》1938 年 7 月 15 日，长航档，民生，总 1837。
⑦ 《韦焕章致卢作孚》1938 年 7 月 23 日，长航档，民生，总 1113。
⑧ 《卢作孚致彭瑞成》1938 年 7 月 12 日，长航档，民生，总 712。

分寄汉、渝。

各种单据到达汉口，汉口分公司经理陈国光即呈函行政院液体燃料委员会和军委后勤部船舶运输司令部，恳切陈述了公司历尽艰难困苦所准备之油料，价值在百万以上，今已用尽。陈国光接着提出请购 3000 吨油的外汇问题。7 月 3 日，后勤部船舶司令部决议，令民生储存燃油 3000 吨。民生不惜高价，在港设法向美孚洋行购得柴油 2000 吨，机油 1000 桶。向亚细亚购进柴油 700 吨，机油 570 桶，向德士古购得柴油 300 吨，机油 443 桶。全部费用为 121318.02 美元。陈国光请求“提前令知国家银行迅售予外汇，俾得即刻汇港，完结一切购买手续。”以便设法提前运输。①

陈国光的报告上呈十日，燃委会与船舶司令部没有动静。于是卢作孚要陈国光拿了他的信找侣琴先生去疏通。

两天以后，即 7 月 30 日，船舶运输司令部和燃委会在同一天都给了肯定答复。船舶司令部代电是“准予转请财政部核办。”燃委会来函说“准予分批结购，每一个月订购柴油 500 吨，机油 300 桶。该项油料应托香港中央信托局订购。所需外汇，可按月由贵公司拨款委托该局于每批油料起运时代为结购拨付。”②

（三）突破每月购买 500 吨的限额

卢作孚和宋师度等都为每月限购 500 吨一事感到忧虑。8 月 5 日民生汉口公司杨成质面谒燃委会主任秦汾商谈在港购油外汇问题。秦主任同意“慨允帮助于每月柴油 500 吨，机油 300 桶外，公司如能在港多购多运，……格外批准外汇。”③ 第二天公司函秦主任表示“实深感谢”。④ 紧接着第二天，8 月 7 日，民生的“说帖”送到财政部。

① 《陈国光致液燃会、船舶运输司令部》1938 年 7 月 19 日，长航档，民生，财 450。

② 《行政院燃委会致民生公司》1938 年 7 月 30 日，长航档，民生，财 450。

③ 《公司致燃委会秦主任》1938 年 8 月 6 日，长航档，民生，财 490。

④ 《公司致燃委会秦主任》1938 年 8 月 6 日，长航档，民生，财 490。

"说帖"认为"每月购柴油500吨，机油300桶，尚不够一月的消耗。"要求批准订购柴油3000吨，机油2000桶。"不必加以每月只拨若干之限制"最低限制，[①] 亦应如秦主任的主张，即：除每月指定数目之外，民生多运之数"亦可准予拨给外汇。"[②] 这实际上就是取消限制。

根据秦主任的谈话精神，卢作孚8月17日发出卢字61号函称："粤汉、广九觅车运汉，能运若干即购若干，每月能运1000吨，即购1000吨，即可照数向中信局取得外汇。"这就表明，捆绑民生购油手脚的绳索终于解开。港财政部于8月23日代电民生："为兼顾该公司现用与储备起见，应先合计总数，得由该公司就运输能力斟酌配运。即照运入油料拨给外汇。"问题得以解决。

（四）民生自备两万美元购油应急，燃委会未予补结外汇

民生在6月17日到7月28日，曾以自己的外汇购运一批油料到汉。后公司把它算作购储3000吨先行运出的部分，请求结购22909.9美元。"财政部表示已由部另行函请审核。"结果燃委会未予核准。陈国光又呈燃委会，说明公司急于为政府运送兵工器材，而柴油已将尽，故特派员去港采购并赶速运进。"若等待外汇请准，再行购运，则公司全部轮船势将陷于停航之境。事实俱在，当可鉴察。"[③] 函件都是卢作孚阅后才发出的。这封信的实质，是把民生7月4日前运进燃油说成顺应形势所需，及时解决了抗战运输之困难，而国家核准请购外汇的时间，实际是落后于形势，所以这批油仍应由政府付外汇是理所当然。陈国光挖空心思想出的理由不可谓不充足。可惜，这言辞铿锵、苦口婆心之说，未被当局所采纳。燃委会的答复仍然是"事先既未经核准，自未便补给外汇"。[④] 民生在艰难困苦中

① 《民生请购外汇说帖》（代总经理宋师度致财政部长孔祥熙）1938年8月7日，长航档，民生，财490。

② 《民生请购外汇说帖》（代总经理宋师度致财政部长孔祥熙）1938年8月7日，长航档，民生，财490。

③ 《陈国光致行政院燃委会》1938年8月24日，长航档，民生，财450。

④ 《行政院燃委会复民生汉口分公司》1938年8月29日，长航档，民生，财450。

筹谋的外汇，最终未能结算回来。

（五）解决购进五金器材的外汇

事隔一个月以后，民生所购锅炉二只，为财部孔祥熙部长批准购外汇。而所需钢材，财政部认为国内各公司机关或有储存，可先在国内洽商。[①] 民生公司按孔祥熙电与有关机关商洽时，未获成果。于是，公司在 10 月 14 日致电孔祥熙所需外汇。这一批器材共计 21551.31 美元。代电上呈时，附去了单据，合同副本五十余件。[②]

代电发出后，如石沉大海。民生公司一不做二不休，于 12 月 1 日又发“说帖”，内容还加列了柴油、机油后两个月的储备量之款额。财部对“说帖”亦未即答。公司 12 月 7 日再上呈文，这才有了结果。12 月 8 日，孔祥熙部长签发了“准购外汇通知书”，核准了除柴油与油桶以外的三项器材的全部金额。即 9920.31 美元。（与代电所列款数小有出入）至于油桶，将“交中央信托局查明确数报部，再行核给外汇”。[③] 到 1939 年 3 月 8 日，孔祥熙部长签发了这批油桶的外汇，计 11100 美元，先结付半数，汇交香港中信局。

（六）三千吨柴油等外汇完满结购

关于柴油和机油，民生先按每月柴油 500 吨，机油 300 桶之数分月结购外汇，以后即取消数量限制，“先给三个月以资储存”。当时粤汉路尚畅通，但武汉形势已十分紧张。民生于 10 月间考虑到运输机会之难，故一面商请油行先行提运。“一面呈请财部解决后三个月油量的外汇续发领购问题。”[④] 财部批示“须先向香港中信局查询实运油量，应俟复到核办，并饬运输方呈复。”民生对此后三个月油料运输问题又在 12 月 3 日“说帖”中详陈。除大部分已由粤汉路运出外，其余部分拟由海防运至昆明，再以

① 《财政部致民生公司准购外汇通知书》1938 年 9 月 19 日，长航档，民生，财 490。
② 《民生致财部代电》1938 年 10 月 14 日，长航档，民生，财 490。
③ 《财政部致民生准购外汇通知书》1939 年 1 月 10 日，长航档，民生，财 490。
④ 《民生致财政部说帖》1938 年 12 月 1 日，长航档，民生，财 490。

自购汽车运渝。”[1] 而香港中信局之调查到达财政部，略谓“该公司前因需油至急，除奉准结购之美金已全数转付外，并已暂向各油厂赊购一部分柴油。”财政部给民生批发了《准购外汇通知书》，称：“前准该公司购油外汇，系自 27 年 8 月起至 10 月止，兹据前情应准之去年 12 月起至本年 2 月止，每月结购外汇 16875 美元，共结购 50625 美元，由重庆中央银行照结，汇交香港中信局核付。”[2] 大事就此一一解决。

二、粤、港两地油物料内运

战时油物料从广州、香港运到武汉非常困难。民生公司向亚细亚、美孚、德士古等三家油行买油，历来如此。而由香港运油到武汉，则完全靠相关单位。当时从广州、香港等地向北运货，军事物资处于首要地位，至于其他单位比民生牌子更硬的，还不计其数。故民生油物料北运困难可想而知。但是，民生油物料仍能源源内运。其间，卢作孚可谓殚精竭虑。他周密策划，与上层各处妥为联络。而香港办事处的人员，特别是精通英语的原民生物产部副经理、年轻职员王世均，充分发挥了他的公关和组织才能，起了极其显著的作用。

（1）依靠铁路内运

早在 1938 年初，民生即已在香港商谈购买柴油、机油、五金器材。到 3 月初已顺利购进柴油 2000 吨，数量甚为可观。香港油料内运最便捷的当然是通过粤汉铁路。当时卢作孚已出任军委农工贸调整委员会运输联合办事处主任。他以主任的名义，于 3 月 5 日签署了该处致粤汉铁路管理局的函，要求提前装运民生油料。铁路局于 3 月 19 日复称“贵处 3 月 5 日农字第 751 号函，以民生公司在港购有柴油 2000 吨运汉，担保运费到付，嘱饬提前装运等由，准此，除电饬运输第五段遵办，并着由该段与贵粤分处洽商利用南下桐油回空车辆予以装运”。卢作孚即将此复函内容

① 《民生致财政部说帖》1938 年 12 月 1 日，长航档，民生，财 490。
② 《财政部致民生准购外汇通知书》1939 年 1 月 10 日，长航档，民生，财 490。

告知了民生，[①] 民生的油料顺利起运。到 3 月 28 日尚有 1080 吨在港待运。民生公司杨成质又去找卢作孚，要求“指定油车若干辆接应此项需求”，[②] 卢作孚签署了公函，答复民生汉口分公司“……兹特指定油车 6 辆（第 18017，36002、36006、30008、840、6301 号），除 18017 号可装油 20 吨外，其余各可装油 30 吨，共计一次可装油 170 吨，专供贵公司北上装油之用。”卢作孚还将此计划通知了农工贸运输联办驻港工作的陈国叕课长办此事。[③]

民生公司鉴于战时修船、造船任务必将增大，因而决定建造旱船坞，需用钢材数百吨已在香港购得。经代总经理宋师度上书蒋介石和交通部长，终于得到准许拨车先行。以后又买进修船用五金材料 300 吨左右以及柴油等，宋师度又向蒋、张嘉璈发出代电，恳求“饬知粤汉路局尽先分拨车辆将上次柴油及五金材料运汉。”[④] 到五月上旬，王世均经手的第一批材料 234 吨已运抵汉口，其余第二批 228 吨正以每日 20 — 60 吨的速度由港运粤，候车北上。[⑤]

鉴于大批军政机关、工矿、学校西迁重庆，四川内河运输将更趋繁忙，民生投资速造 4 艘浅水轮已列入计划。到 5 月 9 日，已在港购得造船用的钢材 1382 吨。交通部为支持民生造船，将其中 400 吨提前运汉。其余钢材，要求民生公司待货物由港运至广州后，到部属水陆运输联合办事处广州分处登记。到 5 月 14 日已运到广州并已登记待运的有 470 吨，在办理登记及完税的有 293 吨。其他正陆续由港运粤。

关于油料，在港购得供三个月用量的柴油 2000 吨及机油 800 桶，除已运汉柴油 240 吨，另有 200 余吨柴油、1430 桶机油也已到达广州。民生汉口公司经理陈国光又向张嘉璈要求“对这批材料核拨专车提前运汉”，

① 《军委农工贸运输联合办事处致民生公司函》1938 年 3 月 22 日。
② 《军委农工贸运输联合办事处致汉口分公司》，发字 980 号。
③ 《军委农工贸运输联合办事处致汉口分公司》，发字 980 号。
④ 《宋师度分致蒋中正、张嘉璈代电》，1938 年 4 月 14 日，长航档，民生，业 885。
⑤ 《彭瑞成代致卢作孚》，1938 年 5 月 6 日，长航档，民生，总 1871。

“如货交专车实感不敷，万望钧部视同铁路材料，特于设法令知港粤两地借用钧部材料专车为之提运”。[1] 同一天，重庆民生公司也将柴油候车情况报告行政院液体燃料委员会，并称此200余吨柴油已在广州留滞一月之久，要求“近日内装车起运，以济燃眉。至所余之1000余吨亦盼尽先提前装运。”对此，交通部于5月20日复陈国光，肯定了各种物料十分重要，且与运输部队有关。“该项钢材，特准分批提前装运200吨，每列车以一车皮为度，其余钢料仍依登记秩序候车装运。”至于柴油、机油两项，张嘉璈认为应向液燃会洽协。

（2）谋取西南运输公司内运油物料，宋子良、卢作孚互相支持

民生除了通过交通部外，还请西南运输公司宋子良协助疏运。宋子良因有其兄宋子文的撑腰，他的西南运输公司汽车队实力雄厚。当时宋在香港，五月间，军委农工贸运输联合办事处发函西南运输公司，希其提前起运民生油物料，而且民生董事胡筠庄拿了卢作孚的亲笔信去找宋子良。宋子良当然要考虑卢作孚系军委农工贸联合办事处主任，而且宋搞物资运输，也有求于民生，所以同意提前起运民生燃物料。宋子良首先将此意答复了军委农工贸联办之后，即于5月16日又复卢作孚代电：

作孚吾兄，次长勋鉴。

（1）查民生实业公司托由本处代运柴油、五金修理材料至汉一节，屡承筠庄兄转示兄意，自当尽力设法，惟到达站岔道有限，直达联运车辆也不甚多，输运力量一时不易骤增，可否将嘱运物资先运衡阳、长沙等处，再行往水道转运汉口，运价较廉，安全亦胜，恳先电示，以便统筹。

（2）对本处经济方面素感困难，财部拨款悉以法币，近日外汇甚紧，不易购得，且恐大量购买影响法币信用，而此间运输，又非付港币不可。所有运费税饷等款，敢烦先赐汇拨，以免临时周折。至于报关装卸等手续，弟既承尊嘱，自当勉效微劳，至希释念。

（3）本处为消费机关，百事均从节省。而重庆分处需要汽油多且急，倘由公路运

[1] 《陈国光呈交通部长张嘉璈》1938年5月14日，长航档，民生，业885。

渝，似不合经济原则。故由汉至渝，拟托民生实业公司代运。惟运价及输运程序，务请特予优待。事关军用，想荷赞同汉渝特价，如何规定，并希赐示为荷。[1]

宋子良提出的在衡阳转运问题，卢作孚感到这对民生增加了困难，但他不能执意要求全部运到汉口，于是就实事求是地按货件吨位分别确定运送地点。对宋子良要求民生运油，卢作孚概为允纳。他于 5 月 19 日发出复函代电，全文如下：

子良吾兄勋鉴，代电敬悉。民生柴油及五金材料，蒙兄设法代运，深为感荷。所示三点谨复如下:（1）将增疏运力量，尊意将物资运衡阳、长沙。经水道转汉，办法至善。但民生材料类多重件，衡阳转汉，困难万状，仍盼运达武昌，其余运达长沙，乃便派轮前往接转。（2）需用运费税饷等款，已电筠庄兄转达吾兄。港、粤费用均可先付。应用港币者付港币，应用法币者付法币。（3）贵重庆分处所需汽油，当命民生竭力承运。惟在酷暑天气，轮运危险太大，盼能于六月十日前或九月一日后运输较为安全。运费照公物特价，汉、渝每吨四十八元五角。特此奉复，即希亮鉴。

弟

作孚叩皓[2]

在宋子良同意拨车提前起运民生物料后，有 200 吨的物料顺利运到汉口。

（3）民生恳请兵工署及迁建会协助疏通购运油料

卢作孚在汉口谋请宋子良协助运输之时，郑璧成也在重庆积极活动。当时迁建会杨继曾主任适在重庆，郑与他谈及公司船舶燃料困难问题时，杨诚恳表示，愿意与西运公司联系起运。郑将此情况向卢汇报后，卢于 5 月 28 日答复郑璧成，因已与宋子良谈妥由港粤两地分别拨车起运，“不宜再由公司致电杨司长请其代为致电‘西南’催促，而宜由杨司长根据到渝所见，民生急切的情形，致电‘西南’证明，请其将民生所有港粤两地

① 《宋子良致卢作孚》1938 年 5 月 16 日，长航档，民生，业 885。

② 《卢作孚致电宋子良》1938 年 5 月 19 日，长航档，民生，业 885。

材料燃料尽量提前运输，乃是办法。”[①] 于此一事，亦可见卢作孚的公关艺术了。

此前两天，5 月 26 日，民生函恳兵工署转恳燃委会准许民生自行购油三个月用量。函件称：

现以行政院液体燃料管理委员会成立，拟令敝公司停止自购置，每月允分配给敝公司四百吨，但不能担保交足此数，即使交足四百吨之数，而差额已属不少，似此，敝公司一部分油轮船多有被逼停航之虞。窃敝公司一面担负运输川军及壮丁出川抗战，一面担负运输钧署及迁建委员会之器材入川从事国防生产与建设工作，万一因燃料缺乏之故而船舶迫于停航，影响抗战及建设前途何等重大。不得已仍函恳钧署鼎力援助。代向液体燃料管理委员会要求。除将每月分给敝公司油量按月交足外，并特许敝公司另外自行设法运油，以冀补足每月之需要量，且因恐运输随时发生障碍，故再须储存至少足备三个月之油量。拟恳钧署出面代电请西南公司拨车补助运输，俾不至以燃料缺乏而影响及钧署之器材运川。兹特附上敝公司船舶每月平均耗油数量表乙纸。即希查阅。[②]

（4）争取“西南”承运，也不放弃水陆三段联运

民生除依靠汽车及粤汉铁路车皮外，还利用由交通部水陆联运处于六月一日议定的广州汉口之间的水陆三段联运线路运送货物。这条线路为：第一段，由广州水运至曲江（韶关），约一周；第二段由曲江车运至衡阳，约 36 小时；第三段由衡阳水运至长沙或汉口，约 5 日，上水 6 日。公司考虑到由长沙衡阳转运之货物将直驶宜昌转川，故汉口分公司将此动向及时函告宜昌分公司。来广州办理运输的王世均在交涉车皮遇到重重困难之际，即组织了 440 桶柴油经此三段联运线路顺利北上。[③]

运输略见顺利，购买当更需加紧进行。卢作孚要香港汤伟康购进船厂使用的工作机，如车床与滚筒机等。汤伟康付出定洋买进了四部机器后，

---

① 《卢作孚致郑璧成》1938 年 5 月 28 日，长航档，民生，总 1709。
② 《民生公司致兵工署》1938 年 5 月 26 日，长航档，民生，供 298。
③ 《王世均致卢作孚》1938 年 7 月 5 日。

除过重的 5.7 吨、16 吨等部件外，其余均拆件装箱。汤伟康满怀信心地函告卢作孚“如卡车无阻，30 日即能起运矣。现托焕韦兄商‘西南’拨车，最好同时运出，否则如命先将滚筒机（运出）可也。”[①] 卢作孚看到这封信当然十分高兴，但是西南运输公司车辆到发情况变化无常，实际上在宋子良于 5 月 16 日运出了 200 吨后，转运已趋缓慢。广州一地到 6 月 29 日剩下的 150 吨一直未能运出。由王世均负责的民生广州料运处又致函西南运输公司说明这批材料“泰半皆系建造船坞材料、船用五金，……在渝所建的船坞正待此材料运渝济用。此项材料体份笨重，兼之需用迫切。如交水陆三段联运，非特转运不便，且勿能济急用。特予两周前呈请贵处，恳予将此 15 吨余料仍拨军用车提前装运。”王世均等考虑到拨用军车之困难，故具体只要求“先拨 30 吨两辆以资装运一部最急切需要之材料，至于其余 90 吨，一俟军用稍松动时再请予以拨运。”[②]

王世均还请示：由于“西南”车一时不能到手，拟将 54 吨的余料改为三段联运。[③]

（5）广州柴油北运波澜迭起

关于柴油运输，联系中几经波折，无法配车装运。王世均的函件、电报连连发往卢作孚处。当时民生待运柴油共有 2400 桶，除 440 桶通过三段联运运出、液燃会运出 72 吨外，尚有 1240 桶，共计需装六车。负责派车的刘专员果然同意：如有军用车到，即派车六辆提前起运。但刘专员必须等待汉口液燃会通知。所以，王世均要卢作孚速与液燃会交涉此事。[④]

卢作孚想到龚学遂先生正在广州协助宋子良处置西运公司业务，即去

① 《汤伟康致卢作孚》1938 年 6 月 29 日，长航档，民生，业 1837。

② 《民生公司广州材料运输处致军委西南进出口物资运输总经理处》1938 年 6 月 29 日，长航档，民生，业 1837。

③ 《王世均致卢作孚》1938 年 7 月 1 日，长航档，民生，业 1837。

④ 《王世均致卢作孚》1938 年 7 月 5 日，长航档，民生，业 1837。

电与龚，同时复王世均，要他去龚处接洽。[1]6 日早晨，王世均收到卢作孚电报并附致龚学遂电报。当天王世均前往龚处，王世均详述民生物料重要性与军品无异，谁知龚的一句话即使王处于尴尬地位。龚学遂说："近日有不肖之徒向军委控诉'西南'包运民生商货，军委会已派员来敝处彻查，个人对此处境困难，无法协助，务须转致孚次长鉴宥。"王世均除尽量加以解释、表示歉意和谢情外，仍托其代为设法。[2]

对此突发问题，王世均函告卢作孚，王在函中提出："仍盼总座呈请军委会，电令'西南'对拨车装运问题亦予筹划。"[3]

（6）驻港代表韦焕章雄心勃勃

王世均唯恐在港物资北运受同一影响，就在第二天（7 日）匆匆返回香港，与韦焕章商讨对策。[4]

在港工作人员，由于王世均去广州办理运务，人员更少，但工作仍正常进行，在西南拨车时，即运出了 759 件（箱）。在王世均返回香港时，港处材料均已准备妥当，等待装运。一直到 7 月 5 日韦焕章向卢作孚报告在港物资尚有五金钢板 233 吨，柴油 1200 桶，而汤伟康买的四部共 25 吨的工作机，仍在待运之列。韦焕章认为："运输畅通，民生物资在香港断无脱销之虞。"如柴油，韦焕章胸有成竹，信心十足对卢作孚说："如上项 2400 桶油均能如期运完，而车辆装运，油桶购买仍有办法时，自当继续购运也。"[5] 此时，军委后勤部、船舶运输司令部从战争需要出发，于 7 月 3 日举行会议议定民生公司除经常耗用外，至少必须存储 3000 吨柴油，[6] 公司乐于接受这一议定。购进 3000 吨柴油不存在困难，困难在于内运。不过这是上级决定存储的，对联系运输当是一有利条件，韦焕章更是

---

① 《卢作孚致王世均》1938 年 7 月，长航档，民生，业 1837。

② 《王世均致卢作孚》1938 年 7 月 6 日，长航档，民生，业 1837。

③ 《王世均致卢作孚》1938 年 7 月 6 日，长航档，民生，业 1837。

④ 《王世均致卢作孚》1938 年 7 月 6 日，长航档，民生，业 1837。

⑤ 《韦焕章致卢作孚》1938 年 7 月 5 日，长航档，民生，业 1837。

⑥ 《民生致军委、后勤部船舶运输司令部代电》1938 年 8 月 8 日，长航档，民生，供 426。

雄心勃勃。

（7）各方支持卢作孚，广州物资全部北运

王世均 7 日返港，即请韦催促宋子良和“西南”邝处长拨车运民生港料，并研究探听龚学遂说的“控告”。事后再次来到广州，于 11 日继续与西运处联系。出乎意外，西运处负责派车的练之先生十分爽快，当时就拨下两辆卡车给王。王世均从练之的行为感到，龚七日前之语，恐非事实，想系用以谢绝也。[①] 练之拨的两辆车，王世均立即组织赶装剩下的材料，以确保第二天能够开出。[②]

卢作孚对港粤两地市场与运输形势了然于心，他始终在汉口关注着铁路和汽车运输的进展。交通部何墨林司长和后勤部俞飞鹏部长都允卢作孚之邀请，分别出面与宋子良和铁道运输司令部钱慕霖司令联系，为民生运货物帮忙。在港的胡筠庄也与他们两人洽商赶运材料。凡此种种努力，都起了积极作用，使广州物资陆续北运。

没有事先打通各方面的关卡，王世均在广州组织运输不会如此顺利。王世均于 7 月 17 日向卢作孚报告广州的物资已全部运完，这确是个振奋人心的消息。王告诉卢作物孚：拨给民生的三辆车，两辆装运新购买柴油 70 吨，一辆装沙市油 30 吨，17 日午后可望开出。广州的工作结束，王世均于 19 日返港。返港前，王世均“访谒对我买粤料装运曾予以帮助的各方，籍申谢忱。”[③]

卢作孚写信给王，对其辛劳与成绩表示慰藉与感激。

卢作孚乘胜前进，事情就转到香港。卢作孚即写信催促香港胡筠庄“粤存材料，于最近运完，惟港方尚存有二三百吨材料尚未起运，务请我兄便与宋子良兄商洽提前运汉，至盼至感。”[④]

---

① 《王世均致卢作孚》1938 年 7 月 11 日，长航档，民生，业 1837。

② 《王世均致卢作孚》1938 年 7 月 11 日，长航档，民生，业 1837。

③ 《王世均致卢作孚》1938 年 7 月 11 日，长航档，民生，总 1837。

④ 《卢作孚致胡筠庄》1938 年 7 月，长航档，民生，总 1837。

卢作孚、韦焕章、王世均紧密联络，谋取在港油物料迅速内运。

香港工作人员对在港物料始终未有疏怠，他们密切注视车辆动向，决不错过装运机会。如液燃会有车辆时，即先运柴油；如“西南”有车辆而属无篷高边形的，即先运工作机；如属平板型的，即先运合兴钢板。[①]有一次向液燃会托运之油车一列因故被延，更有不能到达汉口之说。韦焕章深以为忧，即函请宋子良鼎力予以援手，代为设法疏通，并请转钱司令方面，情恳设法。[②]王世均在广州期间也及时向香港传递车辆信息。7月13日得悉贸委会运茶出口的车辆有22辆即将过轨进入九龙，交“西南”支配，他除函知韦焕章外并报卢作孚。[③]卢作孚得此报告，即电宋子良，要求拨车运民生油物料。[④]

王世均于7月19日回到香港后，再度具体负责在港物料的转运。他到港第二天，在20日下午和21日上午，两次访晤宋子良手下的两名股长卢铭溥和何啸萍。晤谈后的当天，王世均将情况报告了卢作孚。王世均说，据“西南”两位股长介绍，近来株洲至武昌间军车拥塞，“西南”的军车仅能到达株洲，而且事实上也没有车，是以民生材料迄未运出。等到有车到达九龙，即拨车于民生装运；民生如有多余材料，尚可交来，以便一次运出。如果民生想提前拨数车装运，也只能运到长沙。但此事须由主任（指宋子良）批下，始能办到。[⑤]档案中还记述了以下情况：

二十日上午，王世均同韦焕章去见胡筠庄。胡说昨日午后钱司令曾来电话，“民生料专运事，以作孚先生关系，不能不予相助，已转托关振民主任，一俟有车辆到达，即通知西南指定转运民生材料。你们可以去访问关振民，并拿了我的信访晤钱司令。”王世均即与韦焕章往晤关振民。关说“最近数日内恐无车辆。俟有时，即分别通知西南与民生。”嗣后王世均即持胡筠庄亲笔信访谒钱司令。胡在信中，叙述

① 《韦焕章致卢作孚》1938年7月12日，长航档，民生，总1837。
② 《韦焕章致卢作孚》1938年7月12日，长航档，民生，总1837。
③ 《王世均致民生公司》1938年7月13日，长航档，民生，总1881。
④ 《王世均致卢作孚》1938年7月21日，长航档，民生，总1837。
⑤ 《王世均致卢作孚》1938年7月21日，长航档，民生，总1837。

民生现存港物料尚有钢铁材料 230 吨，工作机 4 部 30 吨，船用五金 150 吨，柴油 2000 吨。

信中还说“……曾累次奉托子良兄拨车运汉，均承慨诺。据云车辆之派拨，须由吾兄主持。用特函达，务希提前拨车……”结果，因钱外出，没有晤到。根据车辆变化情况，王世均向卢作孚提出：“如请交部电令指定一列过轨车，并电西南拨我装运，是否可能，盼示。如能有一列车，除装运材料外，拟搭运柴油。（现已灌妥约 800 桶待运）”民生在香港联络物资内运的工作已作得相当细致和深入。

（8）经卢作孚多方联络，港料内运遂有进展

疏通交通行政和运输部门负责人的工作，汉港两地紧密配合。胡筠庄于 21 日午后乘机飞昆明。卢作孚在同日致函筠庄：

存港材料，承兄先后洽商子良、慕霖两兄起运，至感。所有材料及工作机器皆系渝方急切需要者。此间亦由墨林兄电子良、樵峰部长矣，至盼三数日内即可拨车运汉，以便接运到渝也。

在卢作孚与各方联系托运的同时，香港办事处的内部工作也有所加强。办事处每周均按时开会讨论油物料运送问题，大致运输路线、款项解决办法、各方联络之负责人选，小至货物之包扎，工作完成之时间要求，均研究明确。甚至钢铁的装运，用多粗的铅丝捆扎都予以明确。①

经过积极联络，“西南”拨车七辆，于 7 月 29 日开始装料驶汉。计有合兴钢板 687 张，101 吨；铆钉 108 箱；康汀生钢板 31 张；工作机 4 部，总计装出 224 吨。尚余中华厂角铁 350 支，铁板 4 张，共 17 吨。这批货物均直驶汉口。至于运油车辆，仍在继续交涉。港办于 7 月 29 日报告卢作孚这方面的进展：“钱司令允拨西南之 960 吨车位，确未拨足。如拨足时，当分别通知民生与西南。”与此同时，香港办还得继续解决空油桶问

① 《讨论议程》1938 年 7 月 23、27、28、29 日，长航档，民生，总 1837。

题。民生向天祥洋行购进空桶600只后，即交给德士古洋行。在灌装油料过程中，民生职工严加检验，发现渗漏，即由天祥更换。此后，又向油厂订购到400只柴油桶，在灌油装车而未见渗漏之后才支付油桶款项。天祥洋行还从马尼剌为民生联系购进空油桶。[①]

（9）民生两次呈书军委会要求拨车内运港料

在筹集外汇购油以及油桶问题解决之后，运油问题更为突出。虽然香港方面有允诺，但付诸实施，甚为困难。

到8月上旬，民生根据船舶运输司令部储存三千吨柴油的要求，在港订购柴油已达三千吨。于是民生由汉口公司经理陈国光出面，向军委和船舶运输司令部发出代电，陈述公司船舶月耗柴油达六七百吨，而且近三个月中，燃委会仅配给民生430吨。由港粤运来汉口的，六个月内仅1062.23吨，公司不得已而向后勤部挪借。陈国光继续陈述：

敝公司为抗战前途计，后方运输责任极重，在港地已订购柴油三千吨，一则适符钧部7月3日会议，敝公司油料除经常耗用外，至少必须存储三千吨之决议案。一则以尽本身之职责。惟以粤汉路军运频繁，车辆分配困难，敝公司深恐有误。钧部之议决案，购办之油，迄无车辆装运，兹抄奉购油证明单，恳请钧会核审。电令香港西南运输公司及铁道运输司令部迅即拨车六列装运，俾敝公司轮船得有油料接济，而尽报命国家之能事。[②]

公司同时也向液燃会报告，液燃会以自身无力满足民生需要，即于8月17日电请驻香港代表史密斯君予以协助：

因民生公司奉令必须在渝储备柴油三千吨，曾于6月18日函达台端，请予协助在卷。惟据该公司称，运输迄今，运到数量有限，距三千吨之数尚远。因该公司系政府限令储备者，特函达。请尽最大力量帮助，使能运满该数。后倘有派给本会之车开

① 《驻港办事处致卢作孚》1938年7月29日，长航档，民生，总1837。
② 《民生公司致军委、船舶运输司令部代电》1938年8月8日，长航档，民生，供426。

抵九龙时，请与该公司接洽，优先装运该公司柴油为盼。[①]

时间过了近一个月，到 9 月 2 日运输仍无眉目，军委对解决民生油运问题也无动作。陈国光乃重申前由，再呈军委：

粤汉路军运频繁，车辆分配困难，购办之油，迄无车辆装运，敝公司匪特深恐有误船舶运输司令部之议决案，同时虑及万一油源断绝，而迁川之公物及各厂器材即无法转运。兹转抄奉购油证明单据四份，恳请钧会审核，电令香港西南运输公司及铁道运输公司司令部，迅即拨车六列，装运柴油三千吨，俾敝公司轮船得有油料接济，而尽报命国家之能事。[②]

（10）军委会下令拨车，民生油料全部到达武汉、宜昌

事情终于有了结果，国民政府军事委员会于 9 月 9 日发出批文，全文如下：

国民政府军事委员会批　　　办事字第 6054 号

具呈人民生实业公司经理陈国光

冬代电一件，为已在港购得柴油三千吨请饬拨车六列装运，俾敝公司轮船得有油料接济川江航运，不至中断由。呈悉，所请应准照办，除电西南运输处及铁道运输司令部拨车装运外，仰即知照。此令。[③]

军委会命令下达以后，情况即有好转。军委会办公厅秘书处转告民生："经由本会饬据钱司令代电称，已饬九龙办事处遵办矣。"[④]

批文指令虽然下到了调拨车辆的机关，但民生始终不放弃一切机会，在关键时刻，抓紧落实运力。

---

① 《液体燃料委员会致香港史密斯电》，长航档，民生，供 426。

② 《民生致军委代电》1938 年 9 月 2 日，长航档，民生，供 426。

③ 《国民政府军事委员会致公司批文》1938 年 9 月 7 日，长航档，民生，供 426。

④ 《军委办公厅致公司快邮代电》民国 27 年 9 月，长航档，民生，供 426。

当公司得悉行政院液燃会已将中信局的十辆油罐车全部接受，即于9月24日函液燃会，要求“拨给公司装运柴油来汉，俾运川济急。”[①] 两天后，液燃会即予答复：

此项油罐车，本会现正函知驻港代表史密斯及专员周大钢，向中央信托局接收应用。兹特准予酌拨三、四车共约百吨，交由贵公司专运。除函知该代表等外，相应函复，即希查照。迳与本会港方代表商决办理。[②]

此后，民生运油情况即有明显改善，在一份内部信函中反映：

……

三、寄来油表说明颇有错误，兹提要将港粤汉购油情况分告如下：

1. 截至现在为止

A．港购柴油约计2492吨

B．粤购柴油700吨（计前次70吨，9月630吨）

C．汉购538吨

D．总计3730吨

2. 全部除已到汉，今日定会运清外，余约850吨。均已确定在长沙起卸，分装民族、民泰及十二号驳完全运清。

民国27年10月7日[③]

装运这850吨柴油的列车离开广州后没几天，日军即占领了广州。当时武汉也很危急。公司当即匆匆派人到长沙，将途中之油均改至长沙装船运宜。此时，长沙亦颇危急。且空袭频繁，终日警报声长鸣，秩序混乱。“我油系在南湖港车站提卸，南湖海关未派人监视。这批油料运宜后，又连日空袭，除被炸损失一部分外，即连夜抢运至巫山、奉节、万县等

① 《民生公司致液燃委会》1938年9月24日，长航档，民生，供426。

② 《液燃会致公司》1938年9月26日，长航档，民生，供426。

③ 内部函件（似为民生汉口公司致总公司）1938年10月17日，船527。

地。”[①]（当时，卢作孚指挥的40天宜昌抢运已经开始）

港粤三千多吨柴油，从抗战开始到武汉失守，从筹备外汇购油到运输，经过卢作孚与驻香港人员和民生职工的共同努力，终于全部运回，其中的曲折、磨难，实笔墨难以尽言。至于奉令存储的三千吨油料中的1500吨，在1939年1月奉准结购外汇买进后，因武汉已失，只好运越南海防转昆明再转重庆。这是王世均等导演的另一场大戏。

① 《总公司致香港办事处》1938年12月6日，长航档，民生，船743。

第9章 武汉西迁

1938年5月19日日军占领徐州后，随着军事形势的演变，我军准备武汉会战。沿海工业集中在武汉的工厂已达700多家，武汉已成为中国政府控制的门类最齐全的工业生产中心和最重要的经济中心。而根据政府的指令，为了长期抗战，筹建以川、黔、湘为主的战时工业，于是武汉就成为这场西迁运动的中心。我军实行次第抵抗，组织武汉会战，阻滞日军攻势，以空间换时间，就是为了掩护由各地集中到武汉的人力物力以及武汉本地厂矿向川湘和西安方向转移，建立长期抗战的基础。在武汉大会战时

招商局汉口分局

期，撤进长江的招商局、三北等上海各家航业公司的船只，全力以赴参与武汉西撤。它们是主力。

武汉西撤是交通部领导下由长江航业联合办事处组织实施的，参运船舶有招商局、三北、大达、大通等各公司以及一批进江海轮。民生公司的民族、民泰轮也在这条航线。

武汉撤迁比上海撤迁的条件远为优越，军工、省办企业、民营企业等各个系统都有对口部门负责，因而工作有序进行。

航联处是 1937 年 8 月 24 日遵交通部令在南京成立的，军委会水运处成立后，卢作孚全面管理汉渝运输，航联处无形中停止了活动。

水运处于 1938 年 4 月底撤销，5 月 1 日，在汉航商 15 家代表集会研究认为，军委水运处撤销后，有另成立一航业机关之必要，遂决定将航联处恢复活动。当即推举招商局为主任委员，三北公司担任总务，民生公司担任航务。

沈仲毅根据会议精神报告交通部，要求修订简章，并要求“由交通部指定一人为主任委员，其余由国营招商局及民营公司推举，由交通部委任之”。交通部于 5 月 13 日发出指令，同意委任招商局副总沈仲毅兼主任委员。航联处另于宜昌组织分处，方便衔接。宜昌民生公司经理李肇基为分处主任。5 月中旬以后，武汉工业器材包括兵工署 8 万吨的物资西撤，即由航联处主委、招商局副总沈仲毅具体指挥、组织进行。

一、招商局领衔在汉宜线承运 8 万吨兵工器材

武汉西撤最艰难的任务是迁运 8 万吨兵工器材去重庆。8 万吨兵工器材，即系汉阳铁厂和上海钢厂联合组建的钢铁迁建会 5 万吨，以及兵工署直属厂矿 3 万吨。1938 年 2 月 7 日，经济部长翁文灏和军政部兵工署长俞大维同时接到蒋介石手令：“汉阳钢铁厂应择要迁移。”之后，“翁部长与俞署长于 2 月 14 日会衔签呈委员长蒋介石，拟由兵工署及资源委员会合组钢铁厂迁建委员会，以兵工署制造司司长杨继曾兼任该会主任委

员。”[1] 杨继曾于3月4日“就职视事、暂停移地汉阳之上海炼钢厂内办公”，[2] 开始部署其所属汉阳铁厂、上海钢厂、大冶铁矿等企业进行撤迁，迁往重庆创办新厂，为后方各兵工厂提供钢铁原材料。

招商局汉口分局码头

8万吨兵工器材的迁运，由航联处组织招商局、三北公司等多家航运企业的江海巨轮，从武汉运往宜昌。

（一）沈仲毅提出包运8万吨器材，何应钦支持

8万吨器材汉口宜昌间的运输，原定航联处承运迁建会的5万吨（实为32600吨），兵工署直属厂的3万吨由军政部船舶运输司令部租船承运。后来沈仲毅考虑，宜渝间8万吨全部由民生承运，汉宜8万吨也可全部由航联处承运。于是在5月16日，致函军政部交通司，要求将汉宜线“八万吨统交商轮承运”，不久，交通司以快邮代电通知航联处：“……业经转奉本部批准，并令行兵工署知照矣。”[3] 俞大维署长于6月24

① 《抗战后方冶金工业史料》第63、64页。
② 《抗战后方冶金工业史料》第63、64页。
③ 《军政部交通司复长联处代电》，长航档，民生。

日向所属单位发布训令："准予照 8 万吨订立合同；嗣后各厂库汉宜段器材，在 3 万吨原定计划以内者，均须交长江航业联合办事处承运。"①

招商局汉口分局第 11 号线仓库

运送 8 万吨器材，船舶运输司令部不再参与。

沈仲毅对承担汉宜线大宗运输任务早有准备，他考虑到敌军沿长江西侵，汉宜一线运输任务必将由招商局、三北等公司大轮承担，因此早在 1937 年 12 月初，即派出驾引人员实地调查汉宜线航道状况，研究大轮西上之可能。沈仲毅听取汇报后决定派出总吨均为 4300 吨的两艘最大的江轮——江安、江顺试航。试航前又经过缜密研究，并派拖轮利济随行，以便出现异常随时协助。12 月 22 日两轮由汉口出航，27 日安抵宜昌。此次试航成功，为江海大轮在汉宜线承担兵工器材西撤取得了经验。

5 月下旬开始，汉阳铁厂器材开始西撤。沈仲毅每天主持会议，配置货物，安排船只，把武汉各类器材运往宜昌。

（二）招商局、三北巨轮源源不断向宜昌进发

迁建委员会所属的汉阳铁厂和上海钢厂于 3 月 1 日决定西撤后即开始拆卸机器与装箱备运。汉阳铁厂原炼铁炉太大，无法搬迁，于是购得六河沟铁厂日产百吨的炼铁炉迁往重庆大渡口。迁建会负责运输的是汉阳铁厂运输股长黄显淇。

5 月间，航联处与兵工署签订了运输合同。5 月 20 日开始，沈仲毅

① 兵工署训令，汉造（二七）印字第 4419 号令，1938 年 6 月 24 日，重庆市档。

1906 年汉阳钢铁厂全景

每天在航联处“根据各公司到船之性能，物件之大小，分配装运”。[①]

5 月 25 日，是迁建会器材在汉口装船的第一天，航联处派三北公司之三兴轮在汉口三码头接装。由于货件都是重件，搬运工人经验不足，不得法，装卸设施也不很完备，第一天只装了 6 吨，第二天装了 16 吨，第三天装了 129 吨。黄显淇于 28 日向迁建会第 12 次谈话会汇报认为：装卸进度慢与码头设备不完善有关，汉口三码头尚无电灯，不能做夜工；趸船也在借调中。[②]

隶属兵工署的大冶汉冶萍铁厂的迁运同步开始，黄显淇于 5 月 28 日派船前往装了 300 余吨，再回汉添装后驶宜。

汉宜间的运费在合同中已有规定，汉口与大冶间运费未定。航联处于 5 月 23 日函迁建会：“贵会机材有须自大冶起运者，本处对于此项水脚不欲增加变更原率。惟前往装船及开返汉口之煤炭、机油、人工、领港等费应即核实开账，请由贵会照付。”迁建会杨继曾于 5 月 30 日复：“煤炭、机油费由贵处开账，交由本处照付，惟人工一项除领港外并非意外开支，未便承认。人工挑运到舱面一节，自当尽量照办。”[③]

6 月 14 日，航联处对运送迁建会器材的船舶作出了安排，并通知迁建会：“经本处设法配合，定以三兴、英平、凤浦、清浦、美德、裕平六轮长供贵会装载。其他各轮应俟军运及其他公物输送完毕再行加拨。”迁建会于 18 日复函，认为三兴、英平、裕平三条轮船航速太慢，要求增派

① 沈仲毅：《抗战期中本局对于国家之贡献》，二史馆，招商档。
② 《迁建委第 12 次谈话会记录》1938 年 5 月 28 日，重庆市档，全宗钢迁会，卷 3。
③ 《杨继曾复航联处》1938 年 5 月 30 日，长航档，民生，业 932。

海瑞、海祥、新浦三轮加入。[①] 之后，航联处又增派善渡（即华顺）、玉隆（即永亨）、通城三轮参与运送兵工器材。

汉宜线运输力量相当雄厚。但是，从 6 月 17 日杨继曾召开的会议上反映的情况看，航联处运输进展太慢，从 5 月 25 日开始装船，至 6 月 17 日的 23 天中，仅有三兴轮装了 1500 吨开往宜昌，另两艘能装 1500 吨的伏龙与凤浦还在汉口码头装货。杨继曾催拟提高运输效率计划。过去，兵工器材等公物都系民生负责运送，工作中出了点问题，兵工署即责问民生，现在航联处遭批评，民生汉口分公司给宜昌分公司的函件中，不无得意地说："从此，其他轮船公司亦悉装运政府货物之困难；兵工署亦知我装其器材确为努力也。"[②]

之后，情况有了改变，进展逐日加快。

沈仲毅每天与各商轮公司代表碰头，研究处理运输中的问题。在汉各航业公司无不在沈仲毅领导下，集中全力，转运器材。

6 月 27 日，凤浦轮装了 1450 吨器材开往宜昌。

三天以后，7 月 1 日晨 4 时，英平轮装了重庆炼钢厂筹备处各类器材 2973 吨 474 公斤 [③] 驶宜。同日离汉西上的还有满载 3000 吨货的海轮华顺号。

7 月 12 日，货轮新顺轮又装 300 吨火砖离汉上行。

7 月 22 日，龙兴轮和鸿贞轮相继启航；三兴轮由宜昌返武汉后又在 7 月 22 日与鸿利轮同时开始装货。

伏龙轮第一次由宜昌回到武汉后，又装了谌家矶六河沟等厂重要机件共 1800 吨于 7 月 30 日上驶，8 月 3 日抵宜昌；而三北公司的新浦、凤浦两轮回汉后随即又在汉阳装运上钢和汉铁的器材了。

各江海大轮在汉宜间不停地穿梭往来，其运输量必然稳步上升。从航

① 《迁建会致航联处函》1938 年 6 月 18 日，重庆市档。
② 《民生汉口分公司致宜昌分公司函》1938 年 6 月 18 日，业 434。
③ 《英平轮截至 7 月 1 日止实载数量表》，重庆市档。

联处5月开始起运兵工器材到7月22日龙兴启航止，仅两个月，运往宜昌的货达29324吨。[①]

三北轮船公司武汉旧址（位于汉口沿江大道洞庭小路附近）

民生对航联处的工作进展颇有感慨："工作并不紧张，而其运量不小，乃因装载一次辄以千吨计也。"民生所言，确是事实。虽然汉口航联处船只装舱速度确实较慢，其在宜昌停泊时间也因种种原因而过长，但终因船只多、载量大而使迁建会及各家工厂器材仍源源不断向西撤运。

运输量稳步上升的另一个重要原因是：迁建会内部组织工作比较严谨科学。汉阳铁厂已停工十余年，机件已陈旧腐坏，缺损严重，当年参与建厂的技术人员均已不在人世。为了做好这一拆卸工作，迁建会想方设法邀集国内外有关专家参与，使拆卸工作能紧张有序进行。因此之故，汉阳铁厂各股的拆卸、装箱等工作都比较顺利，就在7月22日龙兴轮开出的当天，汉铁除建筑股、钢铁股外，已完成装箱待运的器材达7000吨。该厂认为按当时的进度，这些物资月底可以运完。钢铁股完成器材拆装后，在8月8日也已将物资交运手续办理完毕，仅剩622吨尚待办理。该股除留下负责运输人员以外，其余全部搭轮前往重庆大渡口，准备建

① 《民生汉公司致宜公司函》7月22日，长航档，民生，业434。（武大经济系抄件）

造新厂了。

由上海迁到汉阳铁厂内办公的上海钢厂，它的一万多吨器材也在待运中。1938 年 3 月迁建会成立时，六河沟煤矿公司的湛家矶炼铁厂不在其列。该厂有 100 吨（130 立方米）高炉的全套设备。在 1938 年 5 月汉阳铁厂开始西迁后，迁建会驻厂委员严恩棫总工程师 5 月到六河沟铁厂考察，认为此百吨高炉对建设新厂颇为适用。6 月，迁建会即以 120 万元购买铁厂的整套设备，要求六河沟铁厂包拆包装包运到汉阳铁厂码头。该厂的拆卸于 6 月开工，7 月拆完，8 月中旬所有设备全部运到汉阳。计机铁件 1400 吨，火砖 2000 吨。运川船货由迁建会运输股统一调配所有散装器材，如火砖、零件、材料等都由招商局的客货轮装运，器材可以由客轮边门进入货舱。所有大件，则调动有起重设备之三北公司海轮伏龙、凤浦等轮运往宜昌。①

有部分兵工器材是由湘江北上，经长江去宜昌的。迁建会在岳阳仓库有材料 1 万吨，在株洲有存料 3100 吨。杨继曾于 6 月中旬的安排是，株洲存料先由帆船或火车运往岳阳，再与岳阳库存材料一起由长江航业联合办事处派轮运往宜昌，40 天运完。岳阳、株洲存有大件，航联处为完成此项任务，拨出清浦、鸿贞两轮专供兵工署直接指挥调度。清浦有起重 3 吨的机械，这就满足了岳阳仓库重件装运之需要。于是，岳阳、株洲库料源源不断由湘江北上经长江而去宜昌。

8 万吨器材迁运过程中，航联处还为各轮解决了许多意料不到的具体问题。三兴轮开出后，电告航联处，燃煤质量太差，烧不起气泵。航联处为它调换了煤炭。英平轮所在公司就这一条船，经济困难，没有钱买燃料。航联处为它联系到裕华纱厂一批花、纱上运宜昌，解决了开航经费问题。有一艘海轮，押运员是个军人，不听劝告，坚持要该轮停泊在深水航道。结果，一只铁锚抛失。该轮又电告航联处，要求解决铁锚问题。这个

① 原六河沟铁厂工程师马彩佼 1986 年 4 月回忆文《抗战后方冶金工作史料》第 91—92 页。

问题就不容易解决了。

汉宜线兵工器材陆续上运之际，7 月间先后有万德古、新浦、三星、永亨 4 艘海轮在沙市附近搁浅。宜昌航联处不得不调出构建五龙码头的趸船前往过驳施救。

7 月 29 日，航联处又召开会议，听取施救情况汇报后，认为在宜都搁浅的万德古轮因江水大退，形势趋于严重，可能所载货物卸空后船身仍无法活动，且搁浅之处河床不平，船身恐有倾覆的危险。宜昌航联处议定，于 7 月 30 日派出交通艇拖带两艘汽船装煤 50 吨开往出事地点，同时聘请鸿江机器厂工程师与航联处港务股、迁建会人员同乘该艇前往研究施救办法。计划先用铅丝将船身拴稳，而后设法提货，提完货后再设法救活船身。至 8 月 6 日，万德古已卸出货物 800 吨，仍在继续施救中。杨继曾对轮船搁浅束手无策，只好与童少生联系，认为搁浅各轮装有贵重器材很多，“重托民生公司设法救助”。童少生自感救货尚可尽力，而对于救船，非有经验丰富的专业人才不可。由于受到兵工署重托，童少生就在 8 月 6 日电重庆商调民生公司驾驶顾问金月石即日乘机飞宜，参与筹划施救搁浅各轮。

之后，随着施救工作之进展与江水上涨，万德古等搁浅各轮先后脱浅上驶。

（三）木船队历尽波折进入宜昌

1. 迁建会租用木船运送器材

兵工器材除了由航联处江海巨轮运送外，一开始就注意雇用木船运送。迁建会运输股在武汉雇有 30 多艘木船，满载锅炉等各种机件，因租不到拖轮而搁置了近两个月，后才设法拖宜昌。

随着武汉形势变化，疏散人口、抢运工矿器材、学校搬迁，运输极度紧张，迁建会只能大批采用木船运送。参加汉宜运输的木船先有 80 艘，之后有 140 艘。木船队配备有足够拖轮，如利济、北平、铁狮、铁龙、楚利、福泰等轮。一部分拖轮由武汉拖木船至塔市驿，一部分拖轮在塔市驿接拖至宜昌。10 月间，日机在宜昌一带加紧轰炸，以阻我战略物资撤退，但润泰仍顺利将木船拖进了宜昌。

2. 湘江木船经受长江激流之险

位于广东清远湛江口的广东第二兵工厂，按兵工署的部署需迁往重庆，在郭家沱建厂。该厂大部分器材经粤汉铁路北运武昌，由航联处派轮转运宜昌。另有 1600 吨机材由清远经铁路运往株洲，再转装木船由湘江北上，经长江由宜昌转往重庆。该厂第一批机材于 1938 年 4 月 28 日到达株洲，共装了 30 艘木船，5 月 3 日 12 点启程北上，由该厂警卫队第二中队长蔡琳率两个排押运。由于未雇到拖轮，木船队全靠人力前行，一小时航行里程不足 10 里。5 月 4 日晚 6 时抵长沙后，停了两夜，终于雇好拖轮，于 6 日继续前行。8 日晚抵岳阳后，30 艘木船分成三组，于 9 日、10 日分别由新雇得的荆通、武通、安宁三轮拖带，进入长江。安宁船队于 13 日下午 6 时抵调关，与先行开航的荆通、武通会合。

蔡琳率领的安宁船队抵调关前经历了一场风险。在调关下游 20 里处，水流湍急，安宁驶过激流时，拖缆中断，各木船失去控制，横直相撞，无法止遏。船户黄田勋见势危急就抛锚，不使互相碰撞。谁知水势过急，锚绳断掉，锚也丢失了。在此危急之际，安宁轮设法将各船分别拖泊，再逐条拖过急流河段，然后再编组在一起，继续向调关前进。

在调关会师后的第二天——5 月 14 日晨 5 时，三个船队继续向宜昌驶进。才走了一里多路，武通轮为避激流，傍河边上行，该轮急转弯时，船队不能前进而后退，各木船纷纷采取救护措施，不使互相碰撞。唯独船户罗传裕船上的水手文胜保伸出双臂用力将邻船推开时，因水势太急，身子被上下两船首尾相夹，当即毙命，尸体落水后亦无法找获。这是西撤运输中牺牲的第一名长江水手。

安宁轮首先抵达二圣寺，武通轮因事故而耽误了航行，安宁轮见武通久无踪影，乃折返寻找，两轮相遇后，安宁协助武通将船队上拖，三个船队一起在二圣寺过夜。这一天，他们只走了 60 里。

湘江的船工们进入长江后，经受了长江激流之险。当晚，蔡琳召集大家研究安全问题。一致认为，水流太急，拖轮马力不足，应减少拖带木船的数量。于是决定对 30 艘木船分两批逐站上拖。

15 日晨，三轮开始实行分批拖带，拖带量减少了一半。第一批木船队由二圣寺出发抵藕池对岸，而后三拖轮折返二圣寺拖第二批木船。结果两批木船于下午 4 时全部安全抵达藕池对岸，行程 80 里。之后即按此办法，经郝穴、沙市、毛家场等逐站前行。中间曾因拖轮缺煤，耽误了三天航程。第一批船队于 5 月 24 日安抵宜昌。

第二批船队 27 日由关洲上行时，在宜都上游 10 里处，荆通轮所拖鲁先春的木船因拖缆断掉，船身倾斜，船头大箱倒下，撞穿船底木板，江水涌入，船队立即停驶，进行抢救。船工们以棉被塞住破洞，将水吸尽，该船就地解下，由士兵协助把守，暂停上驶。荆通船队当天下午到宜。

当时兵工二厂负责宜昌转运的何家俊科长已到职。经研究决定，由荆通于 28 日晨拖两艘木驳率小工数十名下行。荆通轮将破船夹在两木驳中间，拖带上行，下午 3 点 30 分安全到达宜昌。全部机材安全无损。[1]

保育院老师率难童由武汉登轮去宜昌

广东第二兵工厂的木船队一批接一批到宜昌。8 月间，长江已是大水，水流更为湍急。木船上行太慢，而且汉口船舶管理总所又派不出那么多小拖轮到岳阳接拖。各木船队即改变航线，不由岳阳进长江，而是由岳阳进洞庭湖，经藕池河到石首县之藕池口停泊，再由驻宜转运人员派小拖轮分批在藕池口与宜昌间来回拖运。

① 广东第二兵工厂警卫队第二中队长蔡琳《报告》，1938 年 6 月 1 日于宜昌，重庆市档。

8月8日，何家俊接到报告，第四、五批木船队因小轮无煤全部积压在藕池口。

宜昌派人前往接济时，在株洲长沙转运的郑科长已派富阳、衡昌两轮拖煤 100 吨抵达藕池口，木船队随即陆续驶向宜昌。

8 月下旬有 4 名船户带领 14 条木船，装货 400 余吨及 160 名职工与眷属，到达藕池口待拖，后续船队尚在前来藕池口途中。万源、新富湘、衡昌等拖轮不停地在宜昌、藕池口之间穿梭往来，奔波拖运。8 月底，何家俊向炮技处借得双富号小拖轮，31 日即由宜驶藕，将刘天威的 5 艘木船拖进了宜昌。木船队运到宜昌的货，由民生公司民元等轮转往重庆。

10 月中，武汉形势已十分紧张，广东第二兵工厂到达长沙、株洲的器材急需疏运。国元轮奉命于 18 日赶赴株洲装载，一直到 28 日完成 140 吨货的装载任务后，启航离株。

当时武汉已经失守，敌军进攻矛头直指岳阳，国元轮按计划于 11 月 6 日抵达长沙后无法续开岳阳，即进入洞庭湖，经藕池河后于 12 日抵达藕池口。宜昌方面得悉后立即派了海明轮前往接运，18 日抵达宜昌，随国元轮的转运干部何志栋在他给上级的报告中说：

> 押运员兵及拖轮工匠概激于民族义愤，舍死工作，星夜开驶，达旦不休，经八、九日之艰苦撑持，虽途径（经）石首河面时，遭遇敌机追袭，情势危险万分，尚幸人船无恙。……该轮全体工匠（15 人）似此深明大义，冒险奋进，事（实）属难能，忠义可嘉，为此，据实呈报，可否酌给奖励金分发各工匠。

报告转给广东第二兵工厂厂长江杓，江杓于 12 月 10 日批“准给奖金 100 元整”。事情有了完满结果。

3. 铁狮轮勇敢前行，木船队通过封锁线

武汉失守前夕，迁建会有 80 艘木驳装有 3000 吨物资正由北平等五艘小火轮拖带，从武汉西运，撤至湖北塔市驿以上时，突然接命令，军方已在石首的调关一带布雷而封锁，船队不得通过。经多次上下奔波交涉无效，于是 11 月 30 日，船队魏宗相奔赴宜昌，报告船队被阻情况。

宜昌黄显淇当即将情况呈报重庆迁建会，同时嘱咐魏宗相火速东下，将船队拖到石首张家湾江防线附近待命。

在王大明等人驳船上的六河沟炼铁炉及汉阳厂配件十分重要，黄显淇在上级支持下，将这几条驳船由海关 20 号标杆处驶入内河，拉纤绕越防线。内河水急滩凶，涸浅处深不没胫，各驳相继搁浅。于是将笨大急要之件转提浅水划，雇由民夫绞拉出口。至干涸处，尚需修路重提上岸，几经周折后，终于绕行越过封锁线。如此绕行，困难太大，其余驳船不得不俟春水上涨后再图上运。

12 月 21 日，宜昌接到迁建会电报："海军总司令部业由署商准允我通过，已饬知曾司令以鼎照办，可即派员速洽。"黄显淇随即驰往下游，面洽海军曾司令。黄显淇向曾司令详述木船所装器材之重要：现各兵工厂需铁急如燃眉，川中已告铁荒。最高当局限令短期内先建小型化铁炉一座，以为补救。而六河沟炼铁炉及汉阳厂配件都在木驳上，若下游木驳因封锁线之关系不得通过，今日出铁一二十吨的低限度计划都无法实现，更无论百吨、五百吨之炼铁计划。木驳之通过与否，实关系抗战大局。

曾司令听了颇为动容，立即电饬所属予以通过，并通知陆军方面勿再为难。曾亦告知黄显淇，通过时的一切危险责任由迁建会自负。黄显淇自知，军方同意通过封锁线，这是过了第一道关。说服船员通过封锁线将是另一道难关。

果不出所料，轮驳船员，无一愿意前行。原因是河道布雷已达两月之久，江水涨落无常，水雷所布地点必然有变化，难以掌控，万一碰上，必将粉身碎骨。黄显淇是海军出身，他对大家讲述水雷构成原理，并指示摸索前进。避免碰触的机宜。认为"若肯照淇的办法小心做去，安全可保十之八九，其余则要求诸君之勇气完成之。""似此千辛万苦运至半途之珍贵抗战物资，我人苟具心肝，断无坐视不救之理。"黄显淇的肺腑之言感动了大家。铁狮轮大副钱安益（小火轮大副就是船长）最为勇敢，表示愿意出航，各轮首脑共同议决，由铁狮轮首先试航。

2 月 1 日，黄显淇去调关，同日接到铁狮轮试探航路成功之电，于是，大家又经过一番研究，确定了路线，从 2 月 5 日起，迄 18 日止，半个月中，全部 80 艘轮驳三千吨器材安全通过封锁线。[①] 铁狮轮船长钱安益呈奉特颁陆海空军乙种二等奖章。黄显淇办完这件事回到宜昌，已是 1939 年 2 月 20 日。对拖运到宜的木船，黄显淇请翁德銮总工程师对货种进行核查，除了需要在宜昌起卸的以外，其余都安排拖轮拖往宜昌上游的黄陵庙。[②] 迁建会翁德銮总工程师于 1939 年 2 月 25 日向迁建会报告："塔市驿、调关器材木驳已陆续抵沙市来宜昌，观音洲以下之器材招木驳 29 艘，惜未能悉数上拖。"对观音洲以下之木驳之损失，黄显淇的回忆录中有如下记载："……最后 30 只，载次要器材约 900 吨，亦已拖抵观音洲。而各小轮将重返营拖之际，霹雳一声，敌之舰艇，若封豕长蛇，蹑踵而至，以为本股运输过程中，最无可补价之损失，然各轮员工无不努力奋斗，迄于航线阻断之最后一刹那，其忠勇良足多也。"

二、民用企业的西撤

（一）沿海迁汉工厂继续西撤

从沿海地区迁到武汉的民营工厂共 170 多家，其中属上海的有 146 家，其余系从济南、郑州、无锡等地迁来。这些工厂中，有 64 家曾在武汉复工。他们为部队生产了大量手榴弹、迫击炮弹、圆锹、十字镐、甲雷、机枪

武昌徐家棚是西撤器材的重要转运点。图为 1938 年 7 月 19 日日机狂炸徐家棚车站

① 黄显淇《迁建会运输工作回忆录》，重钢集团档案处提供。

② 《黄显淇致迁建会电》（迁建会 1938 年 3 月 10 日收到），重庆市档，全宗：钢迁会，1678 卷。

零件、炸弹引信、弹尾等军用品；此外，冠生园生产了一批军用食品罐头，华生、华成电器厂生产了700余只马达。合作马达厂继续为军需署制造被服、干粮袋及背包上的铜质配件外，还承制了大批炸弹引信和炸弹尾翼。

这64家复工的工厂，一直工作到1938年6月武汉形势紧张时又开始拆迁。上海迁汉的工厂，有的并未在汉停留多久。工矿调整委员会对于机件笨重、装卸困难、复工条件复杂、不宜留汉的即劝其速运宜转渝。据统计，从1937年11月底至1938年2月底，继续他迁的有66家，其中52家沿长江上行，除一家迁宜昌，一家迁恩施，其他50家全部入川设厂。这52家工厂运出货物总计为7349.9吨。其中有3779.2吨从武汉由帆船运出，占51.42%，轮船运出的3570.7吨（其中包括与民生合作由民生包运的大成纺织厂与大鑫钢铁厂的1018.8吨），占运出总吨位的48.58%。①

翁文灏

1938年春，国民政府有关建设的机构合并成立经济部，翁文灏任部长。军委工矿调整委员会及厂矿迁移监督委员会于3月初合并改组为工矿调整处，翁兼处长，张兹闿任副处长，下设总务、业务、财务三组。林继庸、李景潞任业务组正副组长。

3月10日，林继庸由渝返汉。3月22日，工矿调整处即召集迁汉工厂开会，正式通知各厂做好继续西迁准备，由于轮船吨位不易配得，这些民营工厂再次陆续西迁，大部分雇用大帆船。顺昌铁工厂的100余吨物资，用5艘帆船分3批运出；工商谊记橡胶厂的140余吨物资用6艘帆船分2批西迁。

对于南京失守，吴蕴初已感到武汉局势不稳，于是在1937年底即飞

① 《民族工业大迁徙》图表测算（见《民族工业大迁徙》第109页），该图表是根据海关资料及各厂送工矿调整处清单制成。

渝考察，随即决定各厂迁川。1938 年 1 月 3 日，天原厂的第一批迁川物资从武汉起运，共 1690 吨分装 4 条大帆船。同一天，天盛厂的物资亦装一条帆船起运。加上无利厂的，就有 6 艘大帆船离汉上行。历时半月，顺利到达宜昌。3 月在工矿调整处的支持下，雇得七艘柏木船装上物资开始内迁重庆。

5 月中旬，船只行至万县冷水溪处时，七艘船断缆触礁沉没了三艘，又有两艘在继续上运途中触礁沉没，损失惨重。天原厂的机件陆续到达重庆，1939 年初即在嘉陵江岸猫儿石设厂，到 1940 年 10 月，从宜昌最后起运的一艘船还在青滩，47 件零部件在巴东，而此时，距天原厂在猫儿石开工生产已一年月余。

天字号企业从上海迁到重庆，历时三年，损失机件数十箱，天利厂的设备全部损失。天盛机器设备较完整，重建工作顺利，但不是独立设厂，而是作为天原厂的一部分，生产耐火砖和高压电瓷。

吴蕴初在迁厂和建厂间历尽磨难，但也始终斗志昂扬。在重庆建厂之后，又在宜宾设立天原分厂，并远赴新疆建立天山分厂，为发展国家的化工事业做更大贡献。

也是在 3 月间，河南焦作的中福煤矿公司大批机件已踏上了南下的征途。

物资到达黄河北岸时，当地驻军已下令炸毁平汉路黄河铁桥，突闻该矿南迁已抵河岸，特将炸桥时间延期一日。中福煤矿的物资刚过黄河，中福的职工陡闻震耳的大爆炸声，有名的黄河铁桥即被炸毁。

中福 4 月迁抵汉口，早有打算的民生公司总经理卢作孚即与中福经理孙越崎商妥由民生属下的天府煤矿与中福煤矿合作办矿。民生遂将中福的机件、人员逐步用轮船运往重庆。

彼时，济南陆大铁工厂，在经理陆之顺率领下，60 余名员工，携带 100 多吨机器，经津浦、陇海、平汉三路辗转到达汉口。工矿调整处闻讯立即派人前往抚慰，并劝其进川。这班齐鲁子弟得到领导机关的关怀，面对抗日洪流，更是热情满腔。他们联系到运输工具，即转向西行，陆经理手持《圣经》，沿途为大家讲解，以慰员工悲愤抑郁之情绪。

到 1938 年 9 月，上海及沿海地区民营厂矿经工矿调整处协助全部离汉西进。

（二）南浔路轨迁往长沙

1938 年 6 月 12 日，安庆失守。日军沿江西进，直指马当、九江。

南昌至九江间交通，原有南浔铁路贯通。军方为了防止日军利用南浔铁路快速进入江西腹地，乃下令于 6 月 15 日起拆迁南浔路，令招商局将路轨运到长沙，交湘黔铁路局，以便利用这批路轨建造衡阳到贵州间的铁路，加强后方交通。

招商局奉令拆运路轨前，奉交通部令开辟南昌至九江间水运，以代替铁道。招商局沈仲毅接获命令后，先在南昌和吴城设办事处，租借码头，同时调动船只，组织船员熟悉南浔间的航道。6 月 13 日，出航的轮船、拖驳试航成功。之后，有镇昌、三星、江魁、升大、新升隆等五轮行驶，并有客驳拖船随行。每天早晨南昌和九江各有船舶对开，当天到达。这条航线的通航，使伤兵循水路退入安全地带，江苏、江西、安徽、浙江的物资也可顺利经南昌、九江而进入大后方。①

南浔路轨，须移交湘黔铁路接收，招商局又奉命抢运这批物资。铁轨又重又长，江安、江新等大客货轮不能装，只好派海轮海祥号前往。

6 月 30 日，海祥装了 2000 吨路轨离九江驶汉，准备由驳船接装拖湖南。但武汉船舶紧张，一时找不到合适驳子，又不能拖延时间，于是决定由海祥号直驶长沙。海祥轮细心驾驶，终于安抵长沙，安全起卸，开创了湘江行驶海轮的新纪录。

海祥轮离九江后，三北公司之长兴轮到九江接装，该轮可装 3000 吨，但因安徽战事失利，九江形势紧张，才装了 1050 吨，即奉令随军撤退。

长兴轮到汉，并未将路轨卸下，该轮船长吸取海祥轮的经验，也直驶

① 沈仲毅《抗战期中本局对于国家的贡献》，二史馆，全宗 468，590 卷。

长沙，结果安全到达，交湘黔铁路接收。[①]

（三）大冶厂矿向川、湘撤退

6 月下旬，马当防线告急，蒋介石手谕撤迁大冶各厂矿。

为撤迁大冶厂矿，经济部、交通部等有关单位于 6 月 28 日举行会议进行研究，30 日再次开会，并组织成立了联合办事处，推经济部代表为主任委员，交通部代表为副主任。计划撤迁的厂矿计有利华公司、源华公司、启新水泥厂、官矿四个单位。这四家厂矿需拆迁的机件物料共 13000 吨（后经核实为 8500 吨），须迁运之煤炭约 68000 吨。迁往地点，利华迁川，其他分水陆两路，迁汉转湘。

大冶物资的迁送运输，由交通部承办。关于运输工具，利华、源华、启新自备拖轮共 7 艘，每艘拖量约从 200 吨至 500 吨不等，民船共 65 艘，载重每艘 50 吨至 100 吨。此外，交通部令长江航业联合办事处派招商局海瑞、三北的新浦轮参加转运。办事处要求各厂矿于 7 月 7 日前将机件运至江边码头，以备装船。[②]

由武汉去大冶的撤迁各方代表，于 7 月 4 日由汉口出发，5 日开始在大冶华厂办公。

工矿调整处派执行组副组长李景潞及组员柯俊前往督促，他们与驻军及武汉卫戍司令部所派之爆破队取得密切合作配合。各厂矿对技工事先宣布了善后办法。老幼者发资遣散，技术优良者可随船西行，留厂拆运者加倍发给工资，并保障其工作。因此各处工人均能安心工作。按拆迁计划，要求各厂 8 月 7 日完工。时间十分短促，由于办事处除派人随时督促外，李景潞还逐日依照计划、程序分别考察，故进展顺利。

各厂拆卸装箱之机料，陆续运往码头。由长江航业联合办事处派船装运。

招商局海瑞轮奉命前往装运，不意仅装至十分之六，约 1300 吨，敌

---

① 沈仲毅《抗战期中本局对于国家的贡献》，二史馆，全宗 468，590 卷。

② 《大冶各厂矿拆迁联合第一次谈话纪要》，重庆市档；全宗，航政局，卷 4；二史馆，全宗，819，卷号 1228。

机猝至，肆意投弹，并以机枪扫射，装卸工人避祸星散，装载无法进行，海瑞轮不得已开回汉口。航联处以海轮目标大，不宜派往距前线较近的大冶，决定改派拖轮、木驳前往续运。岂知木驳听说开往大冶，即要求解租，拒绝前往。7月19日，航联处又以重价租得木驳七只，派招商局利济小轮拖运。船东同意前往，而船民竟逃跑一空。航联处不得已又与海轮磋商，各海轮均认为："以有用之海轮装陈旧之机件，在事实上已非所宜。况海轮装船动须数日，一遇敌机，移避不易，其危险不堪设想。最虑者，机器不能装载，徒将船只牺牲，殊属得不偿失。"航联处认为"海轮所陈，极近情理"。于是，该处在7月22日向交通部汇报上述情况，并提出新的运输方案，要求各厂自备民船，装足货物，再通知航联处派拖轮于夜间驶往大冶，将机料拖运来汉。"倘试行无阻，即依此法积极运行。"交通部长张嘉璈于7月30日发出指令，同意此方案，并要求"加派拖轮驳船前往装运机件，并于可能范围内，酌派海轮，以赴事功"。①

大冶各厂矿待运之物，源源不断向码头输送，但疏运很困难。据李景潞向工矿调整处的报告称："仅海瑞前往大冶装载一次，运出机件500吨，当时以石灰窑空袭危险，未装满即起程返汉，嗣后仅有小拖轮2只，木驳6只总载量不及400吨到汉窑外。对于规定之运输工具计划之数量，函电催促不下百数十次，始终未能得相当解决办法，与该部原定计划相差甚远……"大冶各厂矿只好将自身运力充分利用，并在汉雇得大木驳数十艘，参加抢运。其时，敌人前锋将抵阳新，大冶地区已是风声鹤唳，草木皆兵。敌机飞经矿上，往来不绝，象鼻山矿已两次被炸。各矿厂白天在厂内拆卸，黄昏时将机件抬往江边，晚间装上船。机件置于船底，煤屑铺舱面，使迁运顺利进行。据7月29日拆迁办第七次谈话纪要反映：利华煤矿组织木船运输，已运出1200千瓦汽轮发电机及锅炉2座，250千瓦汽轮发电机已拆完并运出一部分，计划8月3日全矿机件拆运完毕；源华煤矿雇得拖轮1艘，自己的拖轮龙飞号也已修好，还雇得木驳4艘分为两组，

① 《交通部指令》1938年7月30日，重庆市档，全宗，航政局。

开始运输机器；华记启新水泥厂的第一制灰单位已拆至 95% 以上，月底拆完，运输工具尚在接洽中；矿山内机械已于 7 月 21 日全部运出，修理厂机械除锅炉外，也已全部装运完毕，轻便铁轨 2600 根、40 磅钢轨 400 根均已运出。

由于各厂矿自身的努力，运输形势尚较乐观，到 8 月 12 日撤离时止，华记启新水泥厂计划撤迁之 2300 吨（第一制灰单位）已全部运出，并将第二制灰单位之重要配件及一部分机器也予带出，以备补充；利华煤矿计划撤迁的 1100 吨重要机件和新式设备也全部运出，连江边的铁趸也拖到了汉口；源华煤矿计划撤迁 1350 吨，运出了 1300 吨，其中有轻钢轨及抽水机因水涨井淹无法抢运出来。象鼻山铁矿的撤迁系湖北省建设厅负责的，计划拆运 3600 吨，李景潞就近予以协助，共拆运出 1600 吨，其余钢轨、车头等因湖北省建设厅所拨船只太少，均存于江岸候运，后湖北航业局派来拖轮铁驳，并征雇木船多艘参与抢运。据不完全统计，计迁出 6300 吨。

在大冶厂矿撤迁时，敌机经常往来侦察，每见抬运机件，即用机枪扫射。后来，敌机来时，各船将舱面揭开，敌机见舱内是煤炭，即离去。有一天，一架敌机因飞行过低，坠于石灰窑码头江边，机上人员逃去，民众见状赶来，对敌怀恨异常，以石掷机，飞机体无完肤。李景潞即指挥工人将机内引擎取出，用起重机吊置岸上，覆盖了柳枝。不一会儿，敌机来找，未找到。至夜深人静时，敌机引擎被抬上了船，一路顺风运到武汉，第二天，送给武汉航空委员会。这是在抗战苦难中值得引为笑乐的一桩快事。

各厂机料运到武汉后，陆续由汉运出。华记水泥厂的机件经湘江、沅江运往辰溪设厂，计划 6 个月后复工，日产水泥 610 桶。源华煤矿亦拟前往该地开采烟煤。利华煤矿则谋求进川开采，部分机件已从武汉起运赴宜。

撤迁办主任李景潞在完成大冶各厂矿撤迁工作后向工矿调整处呈报了经过。8 月 14 日林继庸在该报告有如下一段批语："此次督拆迁大冶厂矿工作繁重，应付困难，本处所派李副组长景潞、柯组员俊两员，辛劳月余，处置有方，其劳可念，拟请传谕嘉勉。"

翁文灏批“即办文呈部”。以此看来，经济部的领导对这次大冶拆迁颇为满意。

（四）省属工厂加紧撤迁

汉阳兵工厂厂长郑家俊调任湖北建设厅长。

在武汉迁厂关键时刻的6月底，把完成汉阳兵工厂迁往湘西的郑厂长调到建设厅，目的就是快速撤迁省属大批工厂。

8月初，郑厂长开始外迁省属工厂，工矿调整处派人协助，青年技术员柯俊、孙东根、李文森、单喆端、钱人仰、陶守成等均不避繁劳，日夜努力，拆迁工作十分顺利。郑原任汉阳兵工、火药两厂厂长，他曾于极短期内即将该两兵器工业全部设备以及钢质屋架等全部迁往湘西。应该说，他对工矿西迁与坚持持久抗战之关系有深刻认识。他于6月29日接任厅长前，省属企业迁运十分迟缓，在武汉纱厂8000余吨机材开始大批量外迁时，原由张之洞创办的省属丝、布、纱、麻各局的迁移尚无计划。郑出任厅长后即大刀阔斧，排除万难，进行撤迁。他一面派人去宜昌上游的平善坝预建棚屋，为储存转运之所，一面亲赴各局厂巡视，鼓励大家于万难之中完成任务。当时敌机狂炸，船只缺乏，建设厅多方征雇，各厂员工日夜拆装抢运，省麻局的全部机件360吨，用木船运抵宜昌。白沙洲造纸厂机器原已残缺不全，停工已久，郑家俊为谋求生产设备的成龙配套，迁到后方即能投入生产，令省麻局拨予蒸汽引擎一套及全部附属设备，并与工矿调整处协商，自谌家矶造纸厂拨让零件不全的制钞票纸小机一套，连同建设厅新购之小型造纸机，合计160余吨，分装于大小木驳6艘，由武汉驶向宜昌。其中2艘大驳船行驶迟缓，抵调弦口，武以汉已很危急，适长江封锁，几经周折，终于绕道安乡县，冒险越过封锁线，6艘驳船全部安抵宜昌。

湖北修船厂原属鄂航局，因该局轮船均负军运及武汉水上交通重任，行驶频繁，常须修理，故该船厂迟迟未拆迁。10月，他们为适应临时修船需要，还保留部分设备于轮趸上，以作临时修理场所，一直到武汉撤退前数天，该厂全部机件共300余吨，方随轮船运抵宜昌。在宜昌觅地设厂开工后，又抢修了两条拖轮，使它能在宜万间载运客货。郑家俊厅长鉴于宜地空袭频繁，复令该厂迁川。这家修船厂的设备又被全部运到了重庆。

湖北官布、官纱两局的 3000 余吨机材运陕后，尚有麻局全部机件 36 吨，布局布机 80 余吨运到四川万县，建成湖北麻织厂，制造帆布、官布、麻布口袋等。之后，白沙洲造纸厂经补充蒸汽引擎及纸机配件，合计 160 余吨迁往万县，组设湖北造纸厂。①

郑家俊厅长在武汉极度紧张之时，未及 3 个月即撤迁省属各厂矿机械 6000 余吨，其中大部分机件的迁运得到工矿调整处之协助。中央、地方精诚合作，使迁运工作减少了许多困难。

（五）武汉纺织业艰难西撤

在工矿调整处部署沿海工厂继续西迁的同时，也曾多次召集武汉的机械、纺织业负责人筹划撤迁民营工厂的事。7月，撤迁工厂的选择标准确定。

从 1938 年 7 月到 8 月中旬，武汉撤迁的第一批民营工厂，计有周恒顺、吴尊记等机器厂，隆昌、亚东、和兴等染织厂和建华油漆厂、太平洋肥皂厂、南洋烟草厂、五丰面粉厂等共 150 家。②

对武汉地区工厂的拆迁，受到军政当局最为关注的是武汉纺织业。

1. 何应钦提出，武汉纱厂必须全部迁出

江汉平原是我国著名棉产区，丰富的棉产量，催生了武汉纺织、印染工业的发展，成为全国著名纺织业集中地。武汉撤迁的民营工厂最为重要和最为困难的是几家著名的大型纺织厂。当时武汉有 7 家纺织厂，纺机 30 万锭，布机 3500 台，各约占全国华商纺机、布机总数的 12% 与 13%。布匹十之八九供军用，可见其对抗战的重要性。

由于军事需要，早在 1937 年 12 月 25 日，军政部部长何应钦上书蒋介石，要求将武汉纱、布各厂全部迁入内地。何应钦认为：北战区之石家庄、安阳，东战区之上海、无锡、常州各地工厂因时间仓促，主持者未能充分考虑，或因厂商自相因循，以致十分之九未能迁出，国力因之减耗，

---

① 武汉市档案馆等合编《武汉抗战史料选编》，第 253 页。

② 郭其耀《抗战初期武汉工厂内迁》，载于武汉市档案馆等合编《武汉抗战史料选编》，第 248 页。

资源因之缺乏，影响抗战前途。武汉官营、民营各厂，已如仅存硕果，不容再遭意外。“所有武汉民营纱、布各厂以及手工织机，似宜一并迁移……以免重蹈东北两战区各厂之覆辙。”何应钦还强调：“商人重利，每易因循，尤非强制执行，不易收效，似宜明令规定。倘有不遵迁移，从严制裁，庶有所畏而不敢迟延。”①

林继庸吸取了苏、常一带纱厂迁移失误的教训，对武汉地区纱厂西迁早有准备。在何应钦的呈文尚未转到林继庸手中时，林已在 1937 年 12 月 29 日及 1938 年 1 月 2 日，两次召集武汉各纱厂开会讨论迁川事宜。当时武汉各纱厂面对的情况就像苏州、无锡、常州各纱厂失陷前一样，都由于有大量订货，布价上涨，为了赚钱，“利市十倍”而不肯立即搬迁。讨论迁移时，厂方只推说“恐怕运输没有办法！”因政府的态度坚决，搬迁势在必行，所以大家也只得唯唯答允。当时计划，第一步迁出纱锭 5 万枚，即震寰、裕华共 3 万锭，申新纱厂 2 万锭。裕华董事长苏汰馀在开会后的第三天，1 月 5 日，飞渝购买厂地，以为迁建准备。苏汰馀行动迅速之原因是，他是四川巴县人，早有将工厂作局部迁移到四川设厂的打算。

蒋介石将何应钦的呈文转到工矿调整处后，工矿调整处即命令武汉及邻近战区各厂，将较完备之纱锭、布机先迁出一批，前往重庆等地。②

翁文灏于 1 月 5 日向纱厂下达训令，在给震寰纱厂的训令中说：“迅将最新式完好之纱锭一万锭连同全部配件自即日起分批装箱运，限于 2 月 15 日前全部拆卸装箱完毕。”水运处运输组 1 月 30 日致函震寰，该厂 160 吨已装箱的货即可起运，其余务请赶紧拆装，以便有起重设备之船只大批装运。该厂于 1 月 25 日向工矿调整处贷款 34292 元，第一批纱锭约 200 吨在 2 月 13 日运抵宜昌。4 月 27 日水运处撤销后，招商局派快利轮运送震寰器材 182.466 吨于 4 月 30 日到宜。

裕华相继向长江中上游运出 3000 纺锭。

---

① 二史馆，全宗 819，卷号 1238。

② 参见武汉市档，震寰纱厂卷。

4 月间，郑州豫丰纱厂全部机材 8000 余吨运抵武汉。

郑州豫丰纱厂是华中地区最大的纱厂。该厂于 1938 年 2 月 19 日接到工矿处搬迁令后，即开始撤迁。当时敌人已占黄河北岸，距郑州仅十余里。由于行动迅速，不到两个月，工厂即将全厂纱机 56448 锭，并线机 5600 锭，布机 234 台以及 3500 千瓦发电设备，还有锅炉机件等共 8000 余吨 117000 余件，分装大小机箱，于 4 月底全数由平汉路南下到达武汉。在拆卸装箱过程中，该厂负责人霍宝树、潘世经等曾于 3 月 13 日到武汉与林继庸讨论迁移地点问题，该厂开始拟迁湖南常德，林继庸曾在四川做过考察，他向霍宝树等说明了四川的棉产、气象、运输、市场等状况，主张豫丰全部迁川。经过反复讨论，决定沿江西上。4 月间机料到武汉后，该厂分配到一小部分轮船吨位，此外，陆续雇得 360 艘木船，这家大厂的 8000 余吨、117000 余件机材极大部分依靠这批木船，依靠千名纤夫顶着川江激流拉向重庆。

1938 年 6 月间，军政部军需署催迁。工矿调整处于 6 月 18 日复军需署的公函中称："武汉纱厂第一批迁移者，除武昌裕华纱厂 3000 锭业已到达了重庆外，其余仍滞留于沙市、宜昌一带者，尚有 8000 余吨。"第二批准备迁移的有 5300 余吨，两批共计 13300 吨。工矿处在公函中提出，航联处西行各轮均经规定专运军政部所属各机关物资，工矿调整处在两次军政部召集的运输会议上仅得运力中的 5%，为数殊微，实不足以供应迁运全部纺织机料 13500 吨之什一。该项纱布厂既与军需有关，产量宏巨，唯有将各纱布工厂机件对贵署较为急需者，拟请选择装运，以期妥善办理。工矿调整处不仅把皮球踢向军需署，而且还要求军需署将"设备完美""关系军需粮食至为重要"的福新面粉厂一并迁到后方。[①] 军需署没有接受工矿调整处之建议。

各纱厂都得依靠自己的力量，寻找木船与轮船迁运。

工矿调整处向军需署发出公函的第二天——6 月 19 日，湖北省党部

---

① 《工矿调整处复军政部军需署公函》1938 年 6 月 18 日，二史馆，全宗 819,1238 卷。

与武汉市党部联合召开武汉工人遣散问题谈话会。会上，李景潞鼓励各厂做好迁移工作，他说，对于十余万纱锭机器决不可任其损失。李景潞的意见得到会议重视，会议主持人“重将此意，提请各代表注意”。[1]

2. 蒋介石又发手令，撤迁武汉纱厂

8 月 5 日，蒋介石手令撤迁武汉地区纱厂。武汉市长吴国桢立即召集各机关各纱厂代表讨论。汉口航政局长王洸及工矿调整处张兹闿、林继庸参加了会议。大成（与震寰合办）纱厂代表汇报：“本厂锭子共二万六千，在沙市有三千，在宜昌有四千，现在武昌者尚有一万九千，如何搬运容俟与震寰厂主商洽后方能答复。”裕华说：“一、锭子前已拆五千，有一部分已运到重庆，拟再拆一万五，继续运渝，其余二万二千尚在另行设法。”从纱厂代表汇报的情况看，6 月中旬至 8 月 5 日，情况无大变化，各厂都在忙着生产。吴国桢对各厂的迁移提了要求，张兹闿希望各厂迅即搬迁，持工矿处特种护照，可免缴转口税；费用困难，该处可酌情供给；搬迁至湘西的，可与该处沅陵办事处接洽。

8 月 7 日，工矿调整处再次召集各纱厂，宣布即日停止清花工作，立即开始撤迁，否则实施炸毁。10 日，工矿处派出技术员驻各纱厂督促协助，按照所完成的拆卸工作进度每日具报。当时指定裕华全部迁川，大成、申新两厂分迁川陕。申新纱厂撤迁尚未半，军队在硚口构筑工事，把铁路掘断，厂的四周被战壕围了起来，厂内机件运出大受影响。在工矿处派出的技术人员的督领下，裕华纱厂全部纱锭机件和发动机设备，以及由申新、震寰两纱厂的一部分纱锭布机 3000 余吨，由武汉运往宜昌。

3. 招商局、三北派九轮迁运裕华等纱厂机材

裕华纱厂共撤迁纱锭 3000 余吨、机料 3000 余吨，共约 7000 吨。1938 年 1 月已开始撤迁了一部分。

蒋介石于 8 月 5 日下达手令后，开始全厂总拆迁。

抗战开始后，裕华“红赛马”品牌机纱一直由怡和、太古、聚福等外

---

① 《李景路呈翁文灏、张兹闿的报告》，二史馆，全宗 819，卷号 1261。

轮公司运往重庆，每次 100 包左右，上运次数频繁(没有机件交运的记载)。

为了执行蒋介石的手令，招商局有江华等四大江轮及海祥、海瑞、快利共七轮，三北公司有龙兴、长兴，从 8 月 10 日到 10 月下旬，连续不断搭运裕华器材。进江海轮英平号在运送军事器材外，也多次装运裕华器材。

当时，沈仲毅主要指挥三北海轮配运 8 万吨兵工器材。其他各种货物配运，均由招商局科长施迺徵协助处置。

8 月开始，武汉撤迁已进入高峰。船舶司令部承办各种军事物资上调宜昌。招商局配运裕华的货物经常因临时差运而退关。8 月 6 日招商局交江新运出裕华 72 吨机料后，8 月 14 日派江华装棉纱 2000 包、机件等物 140 吨，结果江华只装出 1600 包纱，其余 400 包棉纱和 140 吨机件全部退关，改装江顺轮。派装江安轮的货也因拉差而改装江顺。

8 月 25 日，江安轮又因装军事物资，只装上棉纱 400 包、机件百吨，招商局施迺徵答允拨江新轮多装机件，附搭棉纱千包，共派装 1000 吨，26 日开始装货。裕华还担心又被拉差，他们给宜昌的信上说：如能顺利装出，则仅存 1400 吨了。结果，江新轮顺利开出。8 月 31 日，招商局派快利轮装棉纱 1034 件、机件 40 吨。到 9 月 3 日棉花全部装出，机件只装出 288 吨，百余吨退关。

中游的军差全系招商局承担。10 月 3 日，正在宜昌卸货的快利轮突然接到差运命令。当时，快利舱内还有机花 453 件、机器 207 件。军方不允许继续卸载，船就被拉走了，开往汉口转长沙。招商局当即采取措施，在快利轮开进汉口港时，由江新轮接装快利的货，继续运往宜昌。纱厂迁运因差运频繁而受影响，施迺徵又派海祥、海瑞两艘海轮直接到裕华码头装货，以弥补江轮载量的不足。

黄石的利华煤矿和裕华的董事长和总经理都是一个人。两家由汉迁宜由裕华统一安排。8 月 14 日，利华 800 余吨机件到汉。招商局分批派装，一周后全部离汉上行。利华还派出吊装工程技术人员和工人 12 名到汉协助，随船去宜。利华煤矿的一艘大趸船，也由江安轮于 8 月 25 日拖往宜昌。利华一批机油到汉后，由三北公司龙兴轮运宜。同时装出的还有裕华的1265件货物。

武汉的拖轮和木驳为裕华物资的迁运发挥了积极作用。

9月5日，裕华向汉口福记轮船局雇得的楚兴号拖轮，拖了251、267、208三艘驳船，装了锅炉及全套附件开往宜昌。

9月11日，总公司致宜办函中称："拖轮源源去宜……庆泰轮拖296、297号驳，厚德公司宝昌轮拖9艘装机木驳去宜。"

9月21日，招商局海瑞轮装出416.322吨的纱机、生铁、打包铁皮、铁柜等的同时，由宜返汉的楚兴轮，又拖了新租得的3艘木驳上驶宜昌，一艘装180吨，其余两艘各装110吨。

裕华拖驳船队的组成，对运输大件十分有利。有些车床装箱重达10吨，装大江轮困难。总司在9月24日给宜办的信上说，对这些大件"有非拖驳不可之势"，现在租到了大驳船，大件上运就很方便了。利华的驳船也在等待拖轮迁宜。

10月10日，义兴、楚星、飞鸥三支拖驳船队，由汉向宜进发。10月18日，裕华员工刘承志在沙市向总司报告，义兴、楚星两船队正从沙市顺利上行。义兴轮马力大，总公司准备安排义兴轮不在宜昌停留，直接把木驳拖进巫峡。①

裕华在汉口物资源源运宜之际，宜办一面忙于安排卸载，一面交涉、筹划入川运输事宜。②

武汉地区的大成、震寰在1936年冬开始合作。战争开始获利丰厚，但分歧日益严重，难以合作，以致对迁移工作未能积极准备。后经工矿调整处干预，撤迁了震寰所有的6000纱锭，大成的3000纱锭因故未能运出，只运出了230台布机。

武汉的49家小型纺织厂，全部迁入湘西常德。

总计，由湖北迁入川、湘的各类纺织厂有66家之多，计有纱锭17.23

① 武汉市档，全宗109，1卷。

② 郭其耀：《抗战初期武汉工厂内迁》，载武汉市档案馆等合编的《武汉抗战史料选编》，第248页。

万枚、布机 1412 台，为保证战时的军需民用作出了重大贡献。[①] 招商局发挥了决定性作用。

（六）历尽磨难的长江船民

在迁运过程中，船工们为了西迁工厂器材，经历了多重艰难。他们不仅日夜与风浪搏斗，经受海事的磨难，还要受到敌机轰炸，经济生活极度困顿。江苏船民贺福顺、杜尚荣在 1937 年“八一三”后，各驾木驳一艘，运送京沪撤退物资来汉。之后江苏、安徽相继沦陷。他们不愿以运输工具资敌而留在武汉，继续受雇于武汉厂家使用，为抗战尽力，亦以此维持生计。

贺福顺的船载重 90 吨，杜尚荣的船载 70 吨。1938 年 9 月，在武汉形势渐趋紧张的时刻，两驳由华成电气厂承租，运送电机往宜昌。当时言明由拖轮拖带。每月每吨租金 1.6 角，按船吨位推算。9 月 17 日开始装船，22 日装载完毕，但直至 26 日仍未租到拖轮，华成命船户多雇伙友自行驾驶航行。10 月 11 日，驶至城陵矶，当时有大批木船同行，12 日晨 8 时，敌机来袭，各船纷纷躲避。贺、杜两驳开至城陵矶下游北岸，仍被炸中。贺福顺船被炸中沉没，物资全部损失，杜尚荣船受损严重，舱面机件全部落水损失，两船各被炸死一人，两船驾驶伙友共 20 余人挤到一条船上。贺福顺全家落水均被救上了岸，并安置于杜尚荣船上。全家大难不死，尚能团聚，固属万幸，但赖以养家的驳船被炸坏沉没，今后生计就不堪设想了。

当天城陵矶被炸的木船共 30 余艘，损失了一批军火弹药、军需米面、机件等物。贺福顺、杜尚荣驾船继续上行，驶至石首境内的调关封锁线，由于没有通行证件，无法通过，贺福顺前往宜昌，办证后返至调关，被认为所取证明不是正式文件，无效。贺福顺再次赴宜，请求签得正式公文，经封锁线验明后放行了。

从调关上驶，贺杜两人满以为可以安全到宜了。不料途中又遇上匪徒，船上物资被劫去不少；行至沙市上游 60 里处又遇上一批兵痞鸣枪示威，以检查为名诈取财物，而且还将贺福顺的侄子打伤，子弹从后股进入，从腰

① 徐凯希：《武汉会战与战时中国工业的建立》，《江汉论坛》2005 年第 7 期。

部穿出，流血不止，不得已于4月22日到沙市上游60里处的袁氏保生医院就诊。经过一段时间医疗，船才上行，直到5月16日到达宜昌。船上货物虽所剩无几，但贺福顺、杜尚荣都知道电机是重要物资，贵重器材，所以始终设法保护妥善，未生意外。船到宜昌，电机等重件共6吨多，妥卸于安全地区，但全体船民生活又处于极为艰难的时刻，贺福顺在离汉时领得伙食费432元，杜尚荣领得336元。船舶在江上已停停走走七个半月，两船驾驶伙友20余人，到宜后已处于一天不能保证吃到两顿饭的艰难境地。他们从江苏远航来此，人地生疏，借贷无门。于是，他们不得已在5月20日呈文要求工矿调整处驻宜办事处给予赈济。

过了几天吃救济的日子，他们把水上运输的艰难困苦抛诸脑后，想着转运工作的需要，就又参与到物资运输的行列中去了。

表9—1　武汉地区主要工矿企业外迁概况表

厂　名	迁往地点	迁出机材数（吨）
周恒顺机器厂	重庆	485.5
六河沟炼铁厂	重庆	2300
华新水泥厂	湘西	2961.5
源华煤矿	重庆	500
裕华纱厂	重庆	7068.3
申新纱厂	宝鸡	6747.7
震寰纱厂	重庆	2000
沙市纱厂	重庆	2000
南洋烟草公司	重庆	1085
永耀电气公司	重庆	100
麻织工厂	万县	380
隆昌染织厂	重庆	108
中国植物油厂	湘西沅陵	1048
招商局机械厂	重庆	350
既济水电公司	重庆	500
福新面粉厂	宝鸡	448.5
成记米厂	不祥	5050

根据《抗战期间湖北省概况统计资料》，湖北省档，全宗39246卷。

表 9—2 武汉地区内迁工厂分布表[1]

业别 \ 内迁地点	四川	湘西湘南	陕西	广西	贵州及其他	合计
机械	46	53	3	3	5	110
轻工	26	2	1	3	4	36
化工	9	8				17
纺织	13	52	17	1		83
水电	4					4
总计	98	115	21	7	9	250

（七）经洞庭湖区迁往湘西

武汉地区迁到湖南的工厂有百余家。

西迁的拖驳船队由武汉西行，到城陵矶进入洞庭湖。从城陵矶到湘西常德，都是在洞庭湖区内纵横交错、干支相连的水网中航行。在洪水期，船队进入洞庭湖内相应的小河到茅草街南行，经澧水洪道到白沙，再向西进入沅水洪道直至常德。如在枯水期，进湖后就得由湘水洪道南行，在鲇鱼口向西入开湖航道到茅草街，再往常德前进。

进入湘西常德这一段航道还不是最难的，更为艰难的是由常德上行的沅水航道，它水流急、险滩多，其凶险比之川江毫不逊色。迁到桃源、沅陵、辰溪的工厂都分布在这条水道上。从常德到辰溪全程 317 公里。

工矿调整委员会对民营厂矿迁往湘西，早在 1938 年 1 月已派张传琦去湘西进行准备，在沅陵组建驻湘办事处。张传琦到沅陵后，经过考察，鉴于各地民房少，不适合于安置工厂，即在沅陵、常德、辰溪筹建厂房。沅陵建了三栋，辰溪建了一栋。

1938 年 7 月间，大冶厂矿开始拆迁时，工矿调整处又派员前往布置，拟在湘西容纳工厂 600 家。当时已有一批工厂迁到湘西。湘西行署主任陈渠珍原来就有开发湘西的计划，如兴办水电、纺织、造纸、化学等工业，及促成湘黔铁路建设等，对这些项目，他想同时进行。这次听说又有许多

① 郭其耀：《抗战初期武汉工厂内迁》。

工厂要迁湘西，极表欢迎，于是派了一名科长随时与工矿调整处联络协助。工矿调整处于是派出张传琦和袁子英长驻常德。

常德水陆交通四通八达，为湘西重要商业区域。当时人们认为在战争进行中，以常德形势不佳，不能作为迁厂重心。张、袁继续西进，前往桃源、沅陵、辰溪附近各地遍察形势。

由常德至桃源，大水时期可通轮船，再往上行，河道水浅滩多。由桃源至沅陵有 30 多个滩，其中以清浪滩为最险。桃源以上仅可行木船，大水时每艘木船可载 50 吨，枯水时仅载 2 吨。上水，常德至沅陵 173 公里，须行 30 余天；沅陵到辰溪 94 公里，须行五六天。下水，由辰溪一天可到沅陵，4 天可到常德。沅江“两岸均峭壁陡坡，渺无人烟，间有二三渔舟，几处茅屋，亦皆寥落荒远”。沅江水急，舟行危险，水面时见浮尸。乘船人唯有听船夫高唱苗歌，借此稍减恐惧情绪。张传琦于 8 月 15 日返长沙，劝各厂迁移；袁子英在桃源、沅陵一带交涉购地事宜。

沅江水道，自 1938 年初以后，由于兵器工业及民营工矿企业的迁入而繁忙起来，木船来往络绎不绝。9 月，武汉形势趋紧，运输又掀高潮。在此期间，有 40 余家工厂先后进入常德。随后各种原料源源进入，工矿调整处技术员陶守成押运生铁 600 吨，柳国泰押运硫黄 8000 担由武汉到达常德。之后，又有 154.14 吨废铁分装 10 艘木船先后进入常德。

9 月下旬，湖北水泥厂机件 2000 余吨运往沅陵，另有 4 万余吨公物需继续由常德西上。常德上驶水势凶险，需有特种结构的船舶千余艘。袁子英联络沅江帮的首领设法觅船，对于未能及时上运之机件，则分布于河洑镇附近数十里范围内暂时扎住。

寻觅木船工作取得进展。9 月 19 日，水泥厂第一批机件 200 余吨分装 19 艘木船开始西上。其他迁沅陵、辰溪的工厂随之陆续西进。

10 月中旬，武汉形势紧张至极。20 日，在武汉的工矿调整处技术员钱人仰押木船 7 艘，分批离汉赴湘西，并照料迁湘过程中滞留在途中的各家工厂的船只。10 月 25 日武汉失守时，钱人仰的船刚到簰洲湾，沿途屡遭敌人袭击，又遭土匪滋扰，随船的士兵有被枪杀的，当时各人情形都很狼狈。走了一阵，因这批湖北船老大对湖区航路不熟，钱人仰的船队竟走进了湖区南部的资江水道，被阻于资江甘绩港附近。最后找到方向，从甘绩港北行到白沙入沅江洪道，先到达常德的共 4 艘。有一掉队的船竟由资江向西到了益阳河下。[①] 掉队的终于都被找到，陆续由甘绩港经白沙抵常德。到达常德的部分机料，由杜懿英于 1939 年 1 月押运去沅陵。[②]

当敌军逼近长沙时，常德一夕数惊，人心惶惶。袁子英、陶守成、柳国泰督促在常各厂将物资尽量上驶避难；不能上运的，即疏散于乡间。常德、沅陵沿途，经常遭受敌机袭击，运输经常陷于停顿。之后，敌在长沙败退，常德形势稍定，物资继续起运。但时序已至枯水期，常德上游之清浪滩为最险之滩，水深只有一尺多。工矿处湘办的柳国泰首先押船上行就被阻于清浪，各木船队陆续上运，均滞留在清浪滩下。过清浪，要等开春水涨。但时不我待，工厂复工是首要的，于是靠人力拉纤奋力上行。如此，每天过滩的仅三四条船。张鸿兴机器厂的厂主押船过滩，不慎落水，清浪滩头的激流吞噬了这条鲜活的生命。在这条水道上行驶，其艰苦与困难程度不亚于川江。尽管自然条件如此恶劣，但各厂员工及木船工人们为了给抗日贡献一份力量，同心同德，百折不挠，继续驾船前行。由于工矿调整处驻湘办事处协助得力，终于将常德上运物资全部运到沅陵、辰溪等地，物资损失亦减至极微小的程度。

总计，迁往湘西的工厂共 80 家。

到达湘西的工厂，有的租用了驻湘办事处建成的厂房，有的自建厂房，有的租用民房，以恢复生产。迁到常德的 40 家工厂，除有 29 家又迁四川外，其余 11 家均在常德市大西门外租赁民房或自建工厂；迁到沅陵的 29 家工厂，除华中制药厂等 13 家租用民房外，其余也都租用驻湘办的厂房；迁到辰溪的 7 家工厂，华中水泥厂、亚洲制刀厂自己造了厂房，河

---

① 《钱人仰关于清查运输机件的报告》1940 年 2 月 23 日，二史馆，全宗 819,1268 卷。
② 《湘办致工矿处业务组报告》，二史馆，全宗 819，1268 卷。

南农工器械厂等都租了驻湘办在辰溪造的厂房。其他迁到浦市的有两家工厂，迁到泸溪、桃源各有 1 家工厂。总计除再度迁川的 29 家外，在湘西进行生产的还有 51 家。

迁湘工厂刚到的时候，有的即感经济枯竭，给养困难。工矿调整处驻湘办即介绍兵工署炮厂等单位的工程。但由于军工用品技术要求精细，各厂材料、器具又极缺乏，因而时作时辍。后来，又揽得为海军制造水雷触角 1000 个，机关板 500 个，使部分工厂得以恢复经济。

三、卢作孚设法解决宜昌转口能力不足问题

（一）从五个方面改进宜昌工作

8 万吨运输，以及集中在武汉的数百家民营工厂迁川，给转口港宜昌增加了极大的压力。特别是卸载问题，直接关系到汉宜线船舶的周转，关系到武汉撤迁的速度。这个问题早在水运处第一次会议上就由庄达副司令提了出来，现在又摆到卢作孚面前了。

为了使港口转运能力适应运输需要，卢作孚于 5 月 2 日上午 10 时，在宜昌召集招商局、三北、民生、兵工署等代表参加了联席会议。民生公司参加的人员最多，有李肇基、袁子修、童少生、陈国光、王德润等 9 人。童少生是民生统筹管理 8 万吨运输的，陈国光和李肇基是汉、宜两分公司的经理，其他都是重要业务航骨干，汉、渝两地干部是专程到宜参加会议的。可见卢作孚把宜昌的转运工作置于何等重要的位置。会议由卢作孚主持，议决了五个方面的工作：

第一，健全宜昌码头设备。以南岸的上五龙为主，筹建 3 个码头；下五龙为准备，也建 3 个；谭家河建 2 个。另配备一艘方船，装设 30 吨的起重机，以装卸大件。

第二，充实宜昌驳船。各公司都应通过购买或租借尽量增加驳船；另一方面，要健全码头设备，讲求起卸货方法，加速驳船周转，以减轻驳船不足的困难。

第三，充实小工。管理起重设备及码头之技术工人，除三北派来一部

分外，其他在汉、申两地调觅；普通小工以在宜寻觅为原则。

第四，装运原则。专船装运危险品，在谭家河起卸；上下游船只务求衔接，尽量组织船过船作业，万不得已时始行起岸。

第五，长江航业联合办事处宜昌分处未组织前，由三北公司每周定期召开会议，商讨解决运输方面的各项问题。[①]

会后，各公司即组织实施会议确定的各项工作。

在联席会议上，卢作孚特别重视起重机械的配备，其原因就是兵工厂器材重件特多，8 万吨兵工器材中，“最重可达 25 吨，20 至 25 吨者约有数十件，10 至 20 吨的约有四五百件，10 吨以内者约有 1 万吨，5 吨以内者约有 2 万吨，不满 1 吨者约 3 万吨”。[②] 这些重件在汉口装船尚无大问题，因参加运输的海轮一般均有起重设备，而在宜昌转运就是一项很艰难的工作。

几经研究，决定在民乐趸船上设一起重机。由民生组织设计施工，要求最大起重能力达 35 吨。

增加接载木驳问题，李肇基从三个渠道解决。一是请求重庆总公司下调，二是租赁，三是购买与自造。到 5 月 20 日，重庆已下放 13 艘驳船，另外还租得南京驳船 25 艘，订造宜都驳船 4 艘。在此基础上，李肇基还继续派人找厂家订造与商谈购买。[③]

关于增设五龙码头，到 5 月 28 日，已增至四处。当时，江汉轮已把一艘铁趸船从汉口拖到了五龙。联席会议决定的五龙建六个码头的计划可望实现。这六个码头，按李肇基的计划，以三个码头供川江船靠泊之用，另三个码头供下游江海大轮靠泊之用。

对增加港口设备的财务支出，卢作孚认为：“设备费用能全由兵工署付给最妥，最少亦彼方认一半，我认一半，经常费、租费全由彼津贴。”他要求李肇基将“宜昌五龙趸船码头一切设备均请速列预算表寄汉”。李

① 《招商、民生、三北三公司联合会议记录》，长航档，民生，总 479。

② 《民生汉口分公司致总公司函》1938 年 4 月 6 日，长航档，民生，业 806。

③ 《李肇基致卢作孚》1938 年 5 月 20 日，长航档，民生，总 946。

肇基列出了增加设备等 13 个项目的预算报卢作孚，并与兵工署宜办协商，确定了由兵工署承担全部经费或津贴一半的项目。

（二）海轮在宜昌严重积压

由于民生宜渝运力薄弱，上运船只吨位太少，形成大批货物积压在宜昌，这是战时西迁期间长期存在的问题。另一个问题是，港内趸船太少，装卸工人不足，汉宜线大轮在宜昌港等待靠码头和卸船的时间都太长，形成轮船积压在港。

宜昌积压汉宜线船舶比积压上运物资危害更大。汉宜线船舶长时期压在港内，不能迅速返回武汉，直接影响武汉物资的上运，有使重要战略物资陷于敌手之可能。

远在 1 月 7 日水运处第一次会议上，船舶司令部副司令庄达就提出过这个问题。他语重心长地说："欲加快运输效率，非注意解决宜昌栈房趸船不可。否则船到宜昌不能消化，纵再加船只，到宜后亦无办法。希望做到货到后从速卸载。……现在船到宜 20 天不能回汉，如解决上述困难，经返次 10 天，可增运输效率一倍。"会议决定增加码头和力夫。[①] 但由于未引起有关方足够重视，以致在八九月间，宜昌压船情况更加严重。

民生公司宜昌堆栈

7 月 1 日和 8 日，李肇基请病假时给卢作孚的两封信中，反映了汉宜线船舶卸船的各项问题，当时，主要还是趸船缺乏。

当年宜昌港口没有港务局的机构统一管理，都是港航一体。各家轮船公司设置自己的码头。如果这家公司没有码头，轮船进港靠泊就得事前租用其他公司的码头。民生公司过去在宜昌没有设置码头。他们是把货先装上驳船，

① 《水道运输管理处第一次会议记录》1938 年 1 月 7 日，湖北省档案馆，LS31-11-77。

而后货驳靠上轮船进行装卸作业。抗战爆发，上运物资激增。民生除了在北岸用十号驳设置了一座码头外，1937 年 12 月，又开始在南岸五龙增设码头。

汉口航联处，是多家轮船公司的联合组织，它不是一个经济实体，运输上的问题，只能在联合办事处内部进行协调、联络。1938 年 6 月下旬以后，到宜巨轮逐日增多，这些江海巨轮一次即装两三千吨，宜昌的卸船力量和趸船设施不足的问题开始暴露。招商局有它自己的码头栈房，民生也有它自己的设备，三北和其他几家公司都没有。汉口航联处的船到宜昌，航联处宜昌分处要组织卸载，分处所属公司的港口设备可以统一调度使用，但民生公司因负有器材上运重庆的任务，它的码头设备首先要满足本公司船只作业，否则影响器材进川，而招商局的靠泊设备又无法满足需要。

1. 在宜昌，民生与三北互相指责

李肇基预见到这个矛盾将很难解决。6 月间，李肇基多次与汉口航联处联系，请求增加趸船，所提建议没有得到采纳，李肇基感到似乎轮船从汉口开出后，就该宜昌负责，而宜昌设备如何就漠视不问了。趸船不能增加，设备残缺，就延误起卸，汉口兵工署为此责备汉口航联处，航联处就责备宜昌分处，宜昌迁建会也有责备。[①] 卸货被延误最多的是三北公司的船。迁建会责备三北，三北就推给航联处宜昌分处，兵工署认为民生要负起责任，但民生的力量仅能对付它本公司的轮船，很难兼顾其他。民生即使在转运兵工器材十分紧张的状况下，仍然给三北许多帮助，可惜三北“只知依赖，本身无法健全”。[②]

为了发挥各公司的主观能动性，李肇基领导的宜昌航联处曾规定，装卸“由各公司自理，建栈建库购置设备各项仍归各公司自行处理”等等，这条规定不仅难以贯彻，而且引来很多异议，三北公司就认为航联处宜昌

① 《李肇基致卢作孚函》1938 年 7 月 1 日、7 月 8 日，长航档，民生，总 762。

② 《李肇基致卢作孚函》1938 年 7 月 1 日、7 月 8 日，长航档，民生，总 762。

分处对宜昌卸载“缺乏统筹管理”，“民生公司亦未能精诚合作”，“办事困难”。[1] 根据宜昌卸船情况难以改观的现状，李肇基对卢作孚说：“将来汉宜段船到宜，尚不知发生多少严重问题也，此不敢不为兄陈之。”[2]

7月间，宜昌的码头设置有了明显变化，民生在五龙的码头已安置了4个，汉口航联处对宜昌添设码头也并非置之不理，只是码头、趸船的增添移置都不是一件容易事。招商局长江业务管理处在全面考虑了汉口装船和宜昌卸船的需要后，对码头设备作了调整。汉口的一、二、三号趸船陆续拖运到宜昌，在北岸下铁路坝一带增设了三个大码头。

招商局增设的码头立即投入使用，7月29日，招商局铁路坝码头上，有英平、沙度、青浦三艘海轮和一艘江安轮在停泊作业。不仅如此，招商局还把南岸的趸船拖到北岸增辟码头，而民生公司在北岸只有一处码头。[3] 卢作孚从童少生信中了解上述情况后立即函复：“承示铁路坝已可停海轮三艘至慰。惟尽为招商所有，我亦应在北岸设川江码头，乃足敷用，请即商酌办理，示以结果。”后来民生将陶馥记的趸船拖到下铁路坝，在该处设置了一座川江码头。

三北公司虽然没有能够在宜昌设趸船，但增添了不少囤货场地，他们在五龙建了栈房4幢，在北岸建了栈房3幢，还增添了20张大油布，以保护堆积在露天的货物。

2. 卢作孚提出“宜昌转口办法”

卢作孚对李肇基的一封封来信都认真地进行分析、归纳、研究。卢作孚是客观的，他不认为李肇基的观点都是正确的；卢作孚是周密而细致的，信中所列一些细小问题，都在他的反复考量之中。例如，李肇基反映，汉口航联处对提卸费没有规定，到宜卸货的三兴轮，靠上一条小趸船，只能开一个舱口卸货，宜昌航联处要增派驳船，再开一个舱口卸货，就是因为驳费开支不明，船东不允雇驳，影响起卸速度。卢作孚从这千头万绪的问

---

① 三北公司档案，上海长江轮船公司办公室藏。
② 《李肇基致卢作孚函》1938年7月1日、7月8日，长航档，民生，总762。
③ 《童少生致卢作孚》1938年7月29日，长航档，民生。

题中理清头绪，抓住这中心环节加强管理，组织起草了一份文件：宜昌转口办法。它既有原则规定，又有具体办法，具有很强的可操作性。

李肇基认为鉴于航联处是各公司抽一二人兼职，人力不足，所以规定“各公司提卸工作由各公司理货人员为主，航联处为辅”。但由于承担汉宜线运输的海轮相当一部分在宜昌没有船公司，提卸工作由轮船理货人员来负责，是行不通的。卢作孚认为，人力不足，就增加人力，他提出增强航联处港务股的力量，以求根本解决。所以在“宜昌转口办法”中，卢作孚首先要求“加强航联处港务股组织”：以一人专负港务全责，南岸、北岸分别设办事处，派一人专管。下设管理员四人，分别管理码头设备、提装小工、驳船、扛力。其次是要求小工、扛力限期配备充足，南岸与北岸之人员可以相互调用；驳船力谋增加，在必要范围内统一分配。卢作孚这一条规定，就使港务股由 12 人兼职改革成 11 人专职，这是从运输新形势的需要出发，实事求是的做法。至于要求小工、扛力配备充足，人力和驳船全港范围内统一分配、相互调用，是卢作孚预见到随着趸船逐步解决，港务管理的改善，船舶靠码头和雇驳卸载必然增加，装卸工人之补充与小工、设备的灵活配备当然就是题中之义了。

卢作孚把这个办法于 7 月底寄给李肇基，要求落实办法，“办到全有头绪”。

3. 三北海轮在宜仍严重积压

宜昌港区内趸船的增加，再加上“宜昌转口办法”的贯彻，特别是装卸工人之灵活调配，汉宜线船舶积压问题可望改观。

但是，情况并未明显改观。汉宜线船舶抛锚等待靠泊仍时有发生。而靠上码头卸货的，进度极为缓慢，这里列出两艘船舶在宜情况及迁建会的报告，便可管窥一豹。

三北公司伏龙轮：8 月 3 日抵达宜昌抛锚，8 月 25 日靠码头卸货，9 月 27 日离宜返汉。[①] 等码头 22 天，卸货时间长达 33 天，停港时间共 55 天。

---

① 《迁建会翁德銮致杨继曾函》1938 年 9 月 13 日，重庆市档，全宗 29 厂，1139 卷。

三北公司某轮[1]：船长周志强给公司报告，该轮装有1259吨货，于8月24日到宜，停了34天，于9月27日伏龙轮离码头后才得以靠码头卸货。卸货进度是9月28日晨开工，至夜11点卸73吨；9月29日晨8点半开工，至夜11点，卸80吨；10月1日8点半开工，至夜10点半，卸65吨；10月2日8点半开工，至下午6点半，卸90吨。

周志强船长的报告是10月3日写的，当时船上的货还有851吨。按此进度，还得卸10天，停港时间推算达50天。

此两轮在宜昌作业速度之慢，在长江航运史上是绝无仅有的。而它竟发生在长江大撤迁的紧张时期，发生在田家镇要塞已经失守，武汉已兵临城下的关键时刻。原因何在？

三北公司周志强船长认为，不能多卸的原因，是工人太少，一条装有千余吨的船，宜昌航联分处只派出10余人来卸货，哪能快捷？甚至“起出之货无接应之工人，码头上又不能多件安放”。

迁建会翁德銮也认为：宜昌熟练工人太少，而且航联处支付工资较之其他公司为少，故工人卸货不见踊跃。翁曾向宜昌航联处建议，雇用基本小工限期卸货。迁建会委员严思棫认为：应由迁建会“另订奖励工人的方法，卸货当更为迅速；而对于伏龙、凤浦等重要船只，尤宜给速卸奖励，以利重件之装运”。[2]

由于船舶周转太慢，迁建会自行征雇木船，多批量在汉宜间运送物资。有一次，迁建会雇得140艘木船，为了不受航联宜分处卸船力量薄弱的牵制，就自行组织装卸。经过联系，他们准备把这140条木船运来的货全部卸在宜昌北岸铁路坝。铁路坝坡岸很宽，囤货场地与停泊木船的水域相距很远，转装不便，乃决定在坡岸铺设铁道，配备吊车。有了这些设施，坡岸太宽也就不是问题了。

负责这项工程的是迁建会的魏副总工程师。9月，利济拖轮由塔市驿

---

① 三北公司档案中的船长周志强的报告称“本轮……”，查不到船名。档案现藏于上海长江轮船公司办公室。

② 《严思棫致杨继曾函》1938年8月2日，重庆市档，全宗29厂，1139卷。

拖了 8 艘木驳到达宜昌。木驳上装来一辆机吊车就是准备安置在货场用的。但是由于路轨尚未铺好，机吊车只好闲置在这里。

当时，路轨也已运抵宜昌，它在三兴轮的货舱里，等待卸载。铺路工具也已由凤浦运到了宜昌，而凤浦因没码头在港里抛锚。[①]

140 条木船已到了 80 条，其余也将陆续到达。魏副总工程师认为这项工程能加快货场转运而满怀激情，现在只有无奈地望着茫茫大江，等待大轮上的货卸下来。

卸船速度太慢不仅把大批木船压下，还竟直接影响了港口自身的建设。

（三）宜昌压船症结何在？交通部为何未采取对策

上述史料，一致认为宜昌压船是工人太少，一天三班周转也就更难办到。这里我们可以感到卢作孚的正确预见，他在 7 月底的“宜昌转口办法”中就提出“要求小工、扛力限期配备充足”，可惜，宜昌航联处的工作成效与卢作孚要求相距甚远。民生公司的船在港停泊两三天，卢作孚就要发函查询原因。他把这种现象视如军队在前方打了败仗。现在汉宜线海轮在港停泊时间之长，超过民生的要求几达 20 倍，谁来查询？

三北公司认为航联处宜昌分处对宜昌装卸“缺乏统筹管理”，“民生方面亦未能精诚合作”。对此，李肇基说过，“民生之力量仅能对其本身之轮船，实难兼顾其它。即在此情况下，帮助三北者尚多……”[②] 在这种运输形势面前，航联处和交通部对宜昌严重压船问题都没有进一步的具体对策。大量运输吨位浪费在宜昌港，影响了武汉转运。武汉地区大批民用工矿企业西迁，很少联系到轮船吨位。有一次吨位分配，民营企业只分得全部轮船吨位的 5%，工矿调整处很不满意，提出某些工厂产品是供应军队的，应由军需署负责迁运。军需署当然不会接受，所以，民营企业迁移绝大部分由木船上运，既慢又不安全，增大了物资损失。[③]

---

① 参见重庆市档，全宗 29 厂。

② 《李肇基致卢作孚函》1938 年 7 月 8 日，长航档，民生，业 762。

③ 《张兹闿致林继庸》1938 年 10 月 21 日，二史馆，全总 819，78 卷。

武汉失守前，迁建会以运力不能由宜昌及时返回，就雇了 80 艘木船装运 5000 吨物资赴宜。木船队到石首，石首江面已被水雷封锁，不能通过。兵工署宜办于 12 月 17 日才接到报告，当即派运输股长黄显淇前去处置。黄设法将一批木船绕道内河绞出浅水河段再进长江，相继驶至郝穴，拖往宜昌的共 3000 吨，时间已是 1939 年 3 月。而在观音洲以下之 29 艘木船未能上拖，这 2000 吨兵工器材下落不明。

宜昌卸船速度，就事论事地看，是技术工人太少，根本问题是个体制问题。抗战是大局。武汉会战，一寸山河一寸血。撤运武汉厂矿器材的时机，是用鲜血和生命换来的。由于武汉靠近前线，宜昌属大后方，武汉撤迁与宜昌转运的关系，应该首先确保武汉撤迁。就是说，宜昌应把卸船放在首位，使汉宜线船舶能很快返回。但是宜昌转运力量掌握在民生手里，要想牺牲民生来解决三北问题，在当时是不可能的。如果从体制上下手解决，在军委会下设宜昌转运管理处，增强装卸力量，统一指挥宜昌各航运单位，首先保证卸船，这样调度，必将加快汉宜船舶周转，海轮在宜昌港停泊五六十天的怪事就不会出现，武汉撤迁也可更为顺利。

但是谁来出这个主意呢？交通部为何未采取对策？部长张嘉璈无任何指示，航联处沈仲毅也未提出任何建议，卢作孚对民生船舶停时过长严加督促，而三北公司的船积压如此严重，正是交通部次长应管之事，而卢作孚未予过问，其中必有深层原因。

四、武汉会战最后阶段围城时刻的紧急撤运

9 月 29 日，武汉门户田家镇要塞陷落。武汉已无险可守，形势更显紧张。

田家镇失守的第二天，9 月 30 日，后勤部船舶运输司令部召集船舶调查会议，由庄达副司令主持，水上警察局、汉口航政局、军令部第一厅、省航业局、长江航业联合办事处等单位参加。

汉口水上警察局局长徐文煌报告，截至 9 月 15 日，武汉有木船 1673

只，内有划子 924 只，民船 749 只，近又增 157 只。

关于疏散问题议定："轮船须奉有命令按照指定地点开动，不得自由私擅进退，并须尽量装各项器材，以免资敌；民船应尽量利用，装运有关军用各项器材，前往后方安全地域。如将实行总撤退时，应由军政部先五日密饬水上警察局通知各船户，预先将船开离武汉，驶往指定地点。"会议还决定，由航政局拟具办法，组织船员干部队伍 30 名，以备临急时有不肯开走轮船者，代为驾驶离开武汉，以免资敌。①

在政府部门实施疏散时，撤迁工作正进入最后的紧张阶段。

（一）最紧张的拆迁

1. 江新轮紧急迁出既济水电公司大型发电机件

田家镇于 1938 年 9 月 29 日失守的当天，武汉市既济水电公司总经理将经济部工矿调整处训令交到公司。训令要求公司撤迁动力设备，支援大后方动力建设。

供应市民用水用电，一日也不能停顿，水电设备不能轻易转移。当时电厂负荷在 9000 千瓦左右，经厂内各方多次协商，并经董事会核准，决定撤迁 6000 千瓦的新透平发电机及 3 座锅炉。当即组成撤迁委员会进行撤迁。

撤迁工作开始后，撤迁委对各项事务一一落实。最为关键的是运输问题。经多次与长江航业联合办事处商洽，该处主任、招商局副总经理沈仲毅决定，提供江新轮 285 吨位置承装。

时至 10 月 20 日，武汉大会战已是围城时刻，形势十分紧张。幸既济的新机已拆卸装箱。3 座锅炉拆除一座的全套设备。其他两座大半拆下（只有 12 吨汽仓尚未卸下），加上其他库存原料，择要装箱，总计 500 余吨。其中重在 10 吨以上的大件有七八件之多，它进不了江新轮的舱口，于是雇得大驳，先行拼扎承载，雇用拖轮拖带。

经拆迁委的努力，到 23 日清晨 3 时，终于将 12 吨汽仓卸下装箱，这

① 《船舶运输司令部会议记录》，二史馆。

些物资以及装载江新轮剩下的机件都装上了木船。到下午五时，包括装大件的木驳，共 36 艘木船全部离汉上驶。

机件 10 月 4 日开始拆卸，到 23 日全部离汉，共 19 个工作日，其间木驳装载时间是 19 日开始，到 23 日出航宜昌，前后仅四个昼夜。

这是武汉企业机材拆运最快的一家。

江新轮是 10 月 22 日晨离汉上驶。比驳船队出航早一天。

拖驳船队出发后，经过拖轮逐段往返拖运，历经多重艰难险阻，于 11 月 24 日晚 6 时到达宜昌，历时 31 天。江新轮于 10 月 29 日先期到宜，行程 7 天。

奉命设置既济宜昌办事处的裘孔殷，搭乘江新轮到宜时，竟租不到旅社，得到江新轮的支持，就继续住在船上办事。

招商局和三北等公司大轮到达宜昌后，为保存实力，决定撤向重庆。

江新轮在汉口所装器材已在宜昌卸下，唯独既济的机件因曾计划卸到泊宜之宁绍公司趸船而未卸。今江新轮又要上驶，商得江新轮同意又将机件 50 吨装上江新轮。

此时，汉口上运的发电机大件，转装到既济新租得三艘大铁驳，由民生公司于12月12日开始，先后派民固、民强、民康、民聚等轮分段上拖。有的历时 70 余日，有的历时 107 天才到达重庆。对于轻件，另租 7 艘由重庆放下的柏木船改装入川。江新等 3 轮入川后于 1939 年 1 月 11 日驶到巴东停泊。

巴东县政府担心日机轰炸大轮时，将危及城区安全，要求大轮离巴。招商局无奈，命 2 轮上驶。

1 月 14 日，按江新轮的要求，既济公司将机件卸到租得的 6 条柏木船，至 30 日装载完毕。还剩下 150 吨机件，既济另雇 5 艘柏木船受载。虽连日开夜工，结果因江新轮急需起航，有 30 吨货未及卸下。

江新轮上的机件都是重要轻件。11 艘柏木船上行途中，有 6 艘触礁沉没。机件大部分打捞出水，另雇柏木船装载上行，少量未能打捞出水的，由保险公司赔偿，经济损失极微。

江新轮由巴东上驶奉节暂泊，后又上驶万县。因万县上游蚕背梁航道水浅，无法上驶，在万县停泊甚久，直到 6 月底才到达重庆。比木船到达时间略迟，船上的货由既济提走。

运到重庆的机材，由于既济公司不愿在重庆设厂，而政府方面认为发电设备不能在后方闲置。经再三磋商，发电机器由资源委员会出资 140 万购得。其他主要材料，由资源委员会和兵工署出资 70 余万承购（据武汉市档，全宗 117，目录 1，卷号 850），余下部分价值 20 余万，得到庆新纱厂的帮助，租得一块空地，建一机房，予以堆存。庆新纱厂是荣氏企业，于 1939 年 1 月在川新建的企业。所有这批机材都转装到多家动力设备上为后方经济建设服务。

2. 三百多吨谌家矶造纸厂机件装上凤浦轮

田家镇失守时，工矿调整处的李景潞正在协助省建设厅拆迁位于汉口东郊的财政部谌家矶造纸厂，这家工厂的机件是清光绪年间从美国购进的。该厂开办时，两次投资共 300 余万两白银，原为国内设备最新、规模最大、轰动一时之纸厂。1915 年开工造纸，日平均产纸 800 令，质量优于日本。后因产品滞销，于 1922 年全部停产，只派看管员一人看守。

9 月初，李景潞和技术员柯俊率领新中工程公司工人 30 余人前往撤迁。进了厂门，见机器庞大，残缺不全，灰积草蔓，满目荒凉，压光机承架上铸有“大清国度以支部官纸厂总办刘世珩、帮办李经滇监造，美国伯格利恩苏位尔公司厂制造”两行大字还依稀可辨。李景潞面对此景，心感凄然，凭吊了片刻后就下令限一个月拆完，装箱运出。为奖励新中公司领工林君，允许在如期装运之后，将工厂厂顶铁架全套相赠。重赏之下，必有勇夫。全体工人共同努力，把大造纸机器烘缸 20 只、上车架、齿轮、压光机、加光机、切纸机、打包机以及大马达、水管共 300 余吨顺利拆下，装入木箱。

时至 10 月中旬，日军对武汉已成合围之势。形势益紧，拆卸工作日以继夜，纸厂的打浆机、蒸球及锅炉已来不及拆了，林领工对这套铁屋顶亦忍痛舍弃，把国家财物置于首位，领着工人集中时间把300余吨已装箱的机件装上大驳船，运往汉口码头，装上了三北公司之凤浦轮。之后，谌家矶纸厂的机件经川江转辗运到成都，改建为建国纸厂，经工矿调整处专员李彭军的一番修配，日产纸3.5吨，成为川西最大纸厂。

3. 汉阳铁厂2500千瓦发电机准备上运

汉阳铁厂尚留有2500千瓦之汽轮发电机1座、锅炉3座，因迁建会来不及拆运，即交由工矿调整处处置。李景潞率领技术员孙东根及华成电器厂工人前往撤迁。

工矿调整处与华成商定，支付拆迁费8500元。李景潞仍按谌家矶纸厂前例，允许华成经理周锦水如期拆运之后，以厂顶铁架全套相赠。

武汉撤退前夕，新升隆号从武汉开出不久即被炸沉，船上乘有“新华日报”八路军武汉办事处及军委会政治部第三厅文化人士，部分落水人士得救

周锦水是电器工程专家，他亲自督导，将电机及锅炉一一拆下。冷凝器深埋于地底水泥中，他命令工人竭力撬开深厚的水泥，取出冷凝器。机件拆得180余吨，而且装上了木船，预备于21日装载于三北公司凤浦轮运往宜昌。

（二）封江命令下达之后

10月20日晨8点，长江航业联合办事处沈仲毅主持兵工署各厂朝会，研究最后的撤运。

会议进行中，突奉密令，武汉市上游的金口将于 23 日封锁。消息在会议上传出后，兵工署各厂运输干部均甚震惊。当时，重庆炼钢厂存汉的一批废钢已租定通成轮正在装船，重钢运输干部彭超衡得此讯息后，立即离开会场赶到现场组织抢装，赶在 23 日前驶出武汉。

重庆炼钢厂还有一批重要物品刚从香港运到武昌，其中主要是透平发电机等物，箱体庞大，重量亦巨，正拟装上驳船，岂知火车站的起重机在卸天原电化厂的锅炉时，因重量过大，操作不慎，起重机与锅炉一并翻入江中。彭超衡估计起重机一时无法恢复工作，立即改用人工起卸，以求在 23 日前抢运去宜。

工矿调整处负责拆迁的青年技术人员，利用封江前的最后时刻，在各厂四处奔波，寻找可运之物，以免资敌。他们得悉六河沟铁厂尚有存铁 1200 余吨，于是全部买下，装上木船由技术员李文森押运去宜转川。汉阳铁厂经迁建委拆迁后尚留有废铁 500 余吨。该处又派技术员钱人仰前往搬迁，雇得木船数艘，经长江、沅江而运往常德。

工矿调整处得到封江密令时，他们已拆迁完民营工厂，正在协助拆迁汉口市政府负责的工厂。他们将市府保护之特殊冰厂、小电厂、榨油厂等一并拆迁。技术员单喆端拆完电厂，即将电机装上木船，木船队由长江进湘江开赴湘南；技术员孙东根在 10 月 20 日得到封江消息的当天，将拆得的冰厂机件、钢管 24 余吨，装上了三北公司青浦轮，以便赶运往宜昌。

（三）关键时刻，把轮船吨位让给民营企业

10 月 20 日，武汉市区已闻炮声隆隆，工矿调整处拆得的机件都往凤浦轮上挤。凤浦轮位已至极限。工矿调整处的柯俊已联系将汉阳铁厂之整套发电机装凤浦。不料事出突然，上海工商界的头面人物吴蕴初的天原化工厂从国外购得三效蒸发器全套，重数十吨，于 21 日早晨由香港经粤汉路运抵武昌。吴蕴初有本领把关键设备由国外购运到武汉，但在此武汉即将撤守前夕，人员和物资纷纷抢运离汉之际，欲将此设备挤进轮船由汉转宜就束手无策了。在此穷途末路之际，他唯一办法是找工矿调整处。用林继庸的话说，吴蕴初“坚请工矿调整处代为运出”。当时武汉江面货轮只有三北公司一艘凤浦轮。李荃荪和柯俊商酌之下，认为天原如无蒸发器就无法复工，工矿调整处无发电机还可另行设法。当时已闻武汉西部的金口即将封锁，武汉情势万分吃紧。两位技术员权衡轻重，不以机件属于谁为标准，而是从大局，从对整个工业之实际需要为出发点，决定把凤浦轮上装发电机的吨位让给天原厂。

蒸发器顺利装上凤浦，发电机装上另一木驳由凤浦拖往宜昌，谁知凤浦轮起航时因装载了谌家矶纸厂等各家物资，满满一船货，拖不动木驳。工矿调整处只好另觅小火轮拖带，但找遍武汉，找不到一条。张兹闿“与卢作孚商要小轮，情愿将电机送他，卢作孚也无办法”。[①] 张兹闿又去找后勤部，“后方勤务部只知要拖趸船，不知机器值钱，说也说不清”。不得已，木驳乃于10月23日晨风放先行。凤浦轮于10月23日下午离汉上驶。李荃荪和柯俊回船离汉，心头颇为欣慰；而那位周锦水经理以铁屋顶来不及拆运，心头怅恨不已。

殊堪痛惜的是：这条装汽轮发电机的木驳行至城陵矶，却被敌机追及，把它炸沉了。事隔28年后，1966年，林继庸在台湾接受台北“中央”研究院访问时，还满怀哀恸地说：“这个以性命血汗换来的发电机，在抗战期间竟无利用之日，至今思之，犹堪痛惜。”然而天原电化厂因为有了蒸发器而在重庆顺利复工，所产盐酸、烧碱、漂白粉，足以供给后方皂烛、造纸、染炼工业之需。天盛耐酸陶器厂、天厨味精厂，亦赖于维持恢复。一座关键设备，就是这样关系着大后方化学工业之确立。在这里我们不得不赞赏李荃荪和柯俊这两位活跃在迁运第一线的青年技术员以大局为重的思想和独立负责的精神。

在武汉工业西迁过程中，无论在工厂车间、码头、趸船，还是在长江、洞庭湖的波峰浪谷间的木船上，活跃着一批战斗在撤迁第一线的青

① 《张兹闿致林继庸函》1938年10月21日，二史馆，全宗819，卷号78。

年人，他们矫健的身影无处不在。这是一支满怀抗敌热情、不知辛劳、不畏艰难的撤迁专业队伍。他们多是因战线后移，家园破碎，流亡到大后方的热血青年，其中不少是青年技术人员和大学生。他们成为了经济各部门补充新人的主要来源。但在抗战史研究中，很少有人顾念到这一群体，这一群遍布武汉及长江、湘江、沅江各处的青年，今天我们无从找到其中的任何人以及他们的后人讲述他们的不凡经历。我们只有从档案中去捞出点点滴滴的印迹，集中到这里，展示他们的爱国情怀，以鼓舞后人——

1938 年 4 月初，工矿调整处即制定了技术人员的征集办法。凡各工科大学毕业生或有相当学识和工作经验者均可申请登记任用。这一办法实施后，就有百余青年前来。工矿调整处就其所能，均予妥善安插。派往厂矿服务的青年技术人员，随各厂辗转迁移，共尝艰辛，经历了拆卸、运输、择地建厂、安装试车、厂务管理、训练工人等工作。机器在运输过程中有缺损的，他们须设计新图纸去制造新的；原料不足，他们研究土产代替；技术、物资、环境等各方面困难，他们都一幕幕经历过。工矿调整处向各厂矿派遣和介绍的达 700 名，连同各厂自招的共达 3000 余名。

留在工矿调整处工作的，也都能发挥作用，为国效劳。他们在处内帮助主管，经过相当时期，即能明了技术、业务、人事，成长为新一辈的企业人才。武汉地区工矿的拆迁运输工作是最为繁重、紧张的，他们以同仇敌忾、一往无前的奋勇献身精神活跃在厂区、轮船和木船上。其中如柯俊、单喆端、孙东根、李文森等，每人率领一队技术工人，分头四处督拆，不畏艰难险阻，成效卓著。

一位技术员最后从武汉退出到达重庆后，曾向他的领导林继庸说：

我们都是体格壮健意志坚决的青年人，来自不同的战区，临时参加这项迁移工作，在工矿调整处担任工作，待遇低微，仅能维持生活。工作危险，又甚忙碌。然而我们并不感痛苦，我们能将前方物资多向后方迁移一些，免资敌用，即觉得自己为国家多尽了一些责任。每日所接触的人群，是厂主、工程师、码头工、木船主、军队等等，由于与各种不同阶级的人群接触，可增加许多社会常识与经验。在工作中，曾受过不少的欺骗与障碍。例如，工厂主持人员有些是真心志愿随政府一起走到后方继续生产的；有些则想尽办法违抗政府命令；有些竟想把机件窃存洋行堆栈以求避难一时；有些甚至利用时机作投机生意；有些码头夫、工人、木船（主）又百般刁难，想出种种理由，以求达到抬高工资或水脚之欲望。工作时遇到种种困难，皆须谦和、敏捷、小心、勇敢、公正、随机应付，方能完成使命。我们在工作中得到长官们的指导，各员又能分工合作，增加了办事能力与工作效能。拆迁机件，须经过绘图、标记、拆卸、装箱、登记、搬运、装船、领护照、报关、办保险等手续。白昼忙于工厂的督迁，机器的拆卸装运，又要时时往码头各处不停奔跑，夜间则须预备计划及写工作报告。工作是忙碌，精神倒真痛快。我们真想把武汉拆个寸铁不留。

这是一个大后方抗日员工的内心独白，有不少工厂就是在他们的督导下西迁的，他们的汗水流得不少，贡献自然不少。

（四）撤离武汉前的三封函电

武汉弃守在即，撤迁已成定局。

驻汉民营厂矿撤迁负责人、工矿调整处副处长张兹闿和技术员柯俊都在离汉前夕给林继庸写了情况报告。汉阳铁厂运输股长黄显淇在西进的轮船上向兵工署杨继曾发去一电。这些函电真实反映了武汉围城之日陆上和江上的紧张状况。他们在长江封锁在即、撤迁完毕后，全力联系最后一批物资的疏运，而运输工具又极缺乏，迁运干部的焦虑、紧张、繁忙的情状跃然纸上。资料十分珍贵，特予全文转录。[①]

张兹闿给林继庸的信

继庸、郁文我兄道席：

此间情势自 18 日起转紧，本处即准备结束。初有 25 日金口封锁之说，嗣闻各轮船公司言系 23 日下午，故即设法定船位。奈李荃孙连日奔走均无结果。嗣弟亲往卢作孚处，始定得江大（赴长沙）位三张，又江顺赴宜昌位五张。适李荃孙最后购得

① 参见两信藏南京二史馆，全宗 819，78 卷。

江新位六张，且已付款，故江顺位即未买，但各轮均拥挤异常，实在危险，（江新至今不敢开）故弟另由中国银行要来四行所包大豫轮票一张，以便携带公文。惟当时尚有（一）天原机件尚在徐家棚，（二）汉阳铁厂 2500kW 电机，即迁建会拆不及者，本处花 8500 元由周锦水刚装好驳船，尚在襄河内，河口水流紧急，无法驶出。天原及汉阳电机拟装凤浦，故须赶装，正在各方催促。奈二十日情势又紧，又有提前封锁之说。弟各方奔走，想找条小轮将天原及电机拖走（来不及装凤浦），均无结果。当时又记挂各同人船位，处此情形真乃焦头烂额矣。（弟与卢作孚商要小轮，情愿将电机送他，他亦无办法。而后方勤务部只知要拖趸船，不知机器值钱，说都说不清。）及下午，卢作孚又言，巴河已有敌踪之说。此处已近葛店，故闻将提前封锁，而博侯[1]所乘之江大尚未到汉。弟焦急万状。本拟请博侯即上凤浦，不等江大，（取消长沙之行先赴宜昌）再经考虑，乃决定暂为等候。而大豫方面又来催，谓定晚十时即开，故弟只有先上大豫。此时荃孙、柯俊均已上凤浦矣。后闻消息转佳，大豫改今晨起碇，弟即上岸打电话问博侯。（时十一点半）惟电话已撤，闻厨子言，他刚离怡和大楼，李组长刚上车云云；出门后适遇孙东根，渠告弟，博侯已乘中福小轮赴刘家庙上江大轮矣。现各人员分配情形大致如下：

张丽门[2]、勤务张福全　大豫

李博侯、单喆端、勤务张桂东　江大

李荃荪、柯俊　凤浦

崔联翔、张思溥　江顺（本为江新，后改乘江顺）

孙东根、汽车夫陈财发、勤务王兴与冯朝亮等将来乘清浦（柯俊报告孙东根与工友系乘中福、申新小轮拖装载发电机等六艘木驳上行。作者注）

勤务范楳栋，乘既济拖电机船押文具等。

天原机件，顷将其管理人李军找来，问明昨晚赶装凤浦，至晨三时已装毕。职员五人亦已上凤浦赴宜。汉阳电机，昨日下午由既济小轮拖出长江，预备风放。但恐事实上不可能，因太大件，此事将来恐有损失，但我等亦已尽最后努力矣。

---

① 博侯：李组长，即李景潞。

② 张丽门：即张兹。

今晨又将中福听差找来，叫他去打听博侯。但据闻:（1）中福小轮昨晚未回，（2）江大仍未到三码头，殊令弟挂念不已。现趁便寄此函，一切请转陈部座为祷。

敬颂

道绥

弟 兹闿拜启 10 月 21 日

弟行踪乞转告舍下为叩

作孚昨日下午五时乘汽车赴长沙。大约 CKC（人名代号——作者注）亦已走。作孚走后，尚命李经理送来沈处长购船位条子，情深可感。

伯涛因煤款未收者太多（约五六万元），不能即走。闻明后日与朱一成乘汽车赴长沙云。伯涛连日辛苦亦有不可想象之处。

技术员柯俊给林继庸的报告

（廿七年十月廿一日于汉口）

武汉办事处因金口将于十月廿二日下午五时封锁，仓促结束，已电陈在卷。现副座率工友张福全乘四行专轮“大豫”于廿二日离汉，李副组长率技术员喆端及工友张桂东于十月廿一日登江大轮赴长沙，崔助理员联翔、张技术员思溥本日登江顺轮赴宜，职与李组员荃荪携全部案卷搭载运造纸机船凤浦号定廿二日驶宜，孙东根及工友一明押运本处电机之驳船（原定装凤浦轮者）由申新、中福拖轮于今日拖出金口以上，但是否时间容许全部驳船六只拖出，难有把握。

天原机件二只驳船，由江顺拖往宜昌，其他各件仍拟装凤浦轮。天厨机件除重件外已装凤浦。本处及天厨重件均因凤浦 15 吨吊杆损坏未能装上，殆昨夜修好，而迁建会又拟抢运机件，一昼夜来筹划寻觅拖轮及各办法抢出金口以上，但以时势关系仍毫无把握。制冰机前已装民生轮，最后各件，并申新机件均装清浦轮，日内开出。“七一七”汽车，因无法购置车胎，难以远驶。留汉汽车夫最后随燃料处撤退。既济机件由轮船装出二百余吨外，其他 6000kV 之机件分装驳船，先行拖出。副座、李副组长均携有兹密。职携有广密。余待续呈。谨呈

组长　林

职柯俊

详情已见报告，不再另赘，请继庸兄转陈 部座为祷。弟兹闿

情形混乱，同人等希望均可上船。天原机件仍在设法抢运中。

景潞呈

在李景潞的信发出两天后，汉阳铁厂黄显淇乘江顺西行时，向兵工署发电报告说明了撤出武汉前的情景。

武汉围城时刻，兵工署负责人杨继曾心系汉阳铁厂的撤运情况。他于 10 月 21 日致函一位叫重山的汉阳铁厂负责人，信上说：

汉宜船运已断，是则汉口运输已结束。其中情形不知黄股长有电来否。如无，似须即电询，该厂址于撤退后应交警备司令部——卫戍司令部接收。署长于今早飞汉，有问题亦可就近请示办理也。①

该负责人将信的内容立即转告了汉阳铁厂运输股长黄显淇，黄显淇正忙于处理撤退器材最后阶段的事务。他按杨继曾的指示，去警备司令部联系钢厂厂址交接事宜。联系之后，毫无结果，写了电报也无暇发出，即匆匆率领厂内职工一起登上了江顺轮。在江顺轮起锚西上时，黄显淇立即通过江顺轮的电台把电报发给迁建会杨继曾，时间是 10 月 23 日。电报全文如下：

汉阳无驻军。铁厂内外防务，卫戍、警备、县政府等拒绝接管。此间秩序混乱，包工头尹闻瞻昨晨狙毙。工人逃。长联处等今撤退，轮驳限今晚均离汉。职现仍督率本股及拖轮员工尽力工作，迄船离汉为止。留汉员工护送队，分乘江顺、凤浦及清浦三轮赴宜。黄显淇叩。梗（23 日），职肖德銮，梗。②

（五）告别武汉的深情一瞥

武汉会战期间的大撤迁，航运的重要性已无须多说。而在围城时刻，长江航运更显示出它是人民生命所系，国家命运所系。

上述各节记述，以及上面的信件和电报里反复出现的江顺、江新、

① 重庆市档，全宗：钢迁会。

② 重庆市档，全宗：钢迁会。

大豫、凤浦、清浦分属招商局、三北、大达公司。这些船是我们所熟悉的。他们在武汉会战最后一刻离开，使我们倍感亲切和尊敬。历史安排他们最后撤离，他们有机会承载人民太多的期望，太多的深情。他们运的都是在隆隆炮火声中抢运出来的建设物资。轮船把前方战士拼死杀敌、血肉纷飞的英勇场景和后方人民开山破土重建工厂的壮烈情怀紧紧联系在一起。

长江每天在我们面前奔腾东去，它是祖国壮丽河山的一道风景线，而今，人们深深感受到，它曾经竟和国家的生死存亡联系得那么紧密。

我们无法知道，张兹闿、柯俊以及黄显淇等人登上轮船的艰难。民生公司周克振在《汉口分公司撤退记》一文中的描述，使我们看到了码头上万头攒动的情景。文中记述：当局限令滞汉各商轮，在 22 日中午以前一律离汉，听说江新轮也提早开起，定 21 日晚开行。20 日晚，江新轮已有几千人挤上去了。招商局码头一带，人山人海，别说是上船，就是在江边马路上通过也成问题。码头上哪里能挤得过去！继而想雇划子从外档上船，但那时划子和人力车一样都已疏散，无从雇得。经过紧张会商，决定在 21 日早晨来一个拂晓进攻。黎明 6 点钟左右，大家已准备好了，得文桂记一只小火轮的帮助，都上了江新轮。那时江新已被迫停在武昌下新河江心，船上旅客和行李密密地挤满一船。

22 日早晨，招商局的江新轮拖了 3 个铁趸船在空袭警报的呜呜声中缓缓和汉口告别了。之后，三北公司的清浦、凤浦轮甲板上的上千旅客，含着泪水凝视着渐渐远去的英雄城市——武汉。

汉宜线江海大轮均已离汉上行。市内江面的小轮仍在听候市政府的调遣，配合最后的撤退。武汉的三镇之间一直有小火轮维持交通。

10 月 24 日，武昌市政处奉命撤退。全部文卷、公物分批由水陆两路西撤。水路，由武昌乘小轮溯江西上；陆路，由汉宜公路到宜昌经巴东，转往省政府所在地恩施。市面一片冷清，车辆绝迹。江上偶有几声维持水上交通的小轮汽笛传来，另无其他音响了。电灯失明，多年少见的手灯、马灯又出现于街巷间。大店封闭，营业停止；小巷冷落，绝少人迹。大门上的封门布条、纸条和“别了武昌”“别矣我家”之粉墨字迹随处可见，触目伤怀。

晨光曦影，晓风送情。最后撤退的市政人员登轮西去之际，已有重炮声从北岸传来。此时，《武汉日报》《扫荡报》联合版的撤退联合声明还在街头传递。送报的人神态从容，处变不惊，表示了国人收复失地之决心，文人报国精神可见一斑。①

10 月 25 日，我军退出武汉。蒋介石在陈诚再三催促下，于 24 日夜晚偕同宋美龄登机起飞，后因故又降落加油，至 25 日凌晨 4 时许才又升空向湖南方向飞去。就在这一天，日军第 6 师团牛岛支队黄昏突入汉口，后续部队也于 17 时前全部进入汉口。在日本保卫厅政编史料上还说：“由于陆海军紧密协同作战，终于攻占了敌第二首都汉口。”当时，长江上的大型客货轮江新、江顺、清浦、凤浦、大豫等大江轮正在荆江航道上向宜昌鼓浪前进！

日本侵略者在这里得到的只是一座空城。

武汉的西迁一直持续到最后一刻，是全国西迁军民工业的关键，是长江各大城市撤迁中任务最重，最为紧张，也是最为成功的。这是由于参加武汉会战的百万大军浴血奋战，用生命和鲜血换得了战略大撤退的时间，是中央、地方以及各迁运领导机关和长江海员、装卸工人等各方运输员工艰苦努力的结果。

历史将永远记住这关系抗战命运的重大事件。武汉的撤迁，总计经工矿调整处等有关部门协助迁往川、陕、湘、黔等地民营工厂达 452 家，其中从武汉直接内迁的 250 家，占内迁工厂总数的 55%。②

武汉大会战展开后，在武汉的器材由长江航业联合办事处指挥招商局、三北、大达的轮船向宜昌迁运。运到宜昌的器材，由民生公司接运到重庆。

---

① 武汉市档案馆等合编：《武汉抗战史料选编》，第 248 页。

② 徐凯希：《武汉会战与战时中国工业的建立》，《江汉论坛》2005 年 7 月号。

对武汉失守以后 11 月 1 日开始的宜昌抢运，卢作孚在一篇内部文章《一桩惨淡经营的事业——民生公司》中，转述著名乡村教育家美籍华人晏阳初的话说："宜昌抢运是中国实业上的敦刻尔克，其紧张或与敦刻尔克无甚差异。"

此种比喻并不恰当。英法联军敦刻尔克大撤退，其主要特点是受到敌人围攻时的大撤退，是兵临城下的大撤退。宜昌抢运时，日军并未西攻宜昌，是南下岳阳。日军西攻宜昌是 1940 年 6 月。而武汉，才是兵临城下的大撤退。因此，这次西迁的起点应该是武汉，不是宜昌。

第 10 章　宜昌转运与民生公司

一、8 万吨兵工器材转运重庆

8 万吨兵工器材到宜昌后，由民生公司包运去重庆，卢作孚安排童少生负责。由于汉宜线运量大，民生转运能力不足，宜昌器材日渐积压。民生采取分两段疏运，即原来直运重庆的船只改航宜昌万县线，另派船只到万县接运器材去重庆。另外，兵工署在航政部门协助下雇用木船疏运器材。这些措施都为加速宜昌疏运创造了条件。

兵工署 8 万吨器材运输，在蒋介石的批复下达后，民生公司的注意力即转到如何完成这项任务上来。宜昌分公司向总公司提出："港务事项繁重，人员、工具之添配，尚希尊处预计之。"① 总公司告宜："现渝正集中全力商量装卸货及其他种种问题之根本解决办法。"②

4 月 25 日，卢作孚面晤军政部长何应钦，请示兵工署 8 万吨器材的运输问题。何应钦明确表示，8 万吨兵工器材，宜昌以上由民生公司运输。

26 日，兵工署发来委托书，要求将兵工署迁厂器材运至宜昌后，"即请由贵公司接运至重庆、泸州等处……"当天，汉口分公司复函："自当竭力照办。"

---

① 《函件》1938 年 4 月 21 日，长航档，民生，船 431。

② 《函件》1938 年 4 月 22 日，长航档，民生，船 431。

由于8万吨器材中重件多，卢作孚要总公司速发电给装备起重机的轮船，要他们检查技术状况，如有损坏，立即修好，缺少的部件、用具，速予添配。① 总公司除与宜昌分公司商讨加速转运等问题外，考虑到迁建会的5万吨货是运到重庆九龙坡建厂的，该处起卸困难，囤放地点不敷应用，遂与成渝铁路局商妥借用九龙坡码头，以备囤卸，并租用其30吨之起重机（据重庆港股份公司提供资料，其起重能力为40吨）。② 卸船设备理应民生解决，租金由民生支付，但民生商得码头与起重设备之租金全由兵工署承担，节约了大笔资金。可见民生经营之精明。在完成交换文件之手续后，汉口公司即通知宜昌公司，已经到达宜昌的陕西第一兵工厂的货，是迁厂器材，要宜昌开始起运。③

关于运输合同，汉口分公司起草后，于4月29日首先发给招商局、三北公司征求意见。其目的是：宜渝运送8万吨，以民生力量为主，但必须把三北、招商局的川江运力协庆、富华两轮拉进来。故对运输办法及运费等必须首先取得一致意见。④ 民生、招商局、三北与兵工署在5月10日正式签订合同。⑤

合同签订之后，总公司根据卢作孚的决定，于5月14日向下属分公司及船舶发出“通函”，认为此次任务，下游各轮几将全部加入运输，责任重大，要大家“倍加努力，始可望获完满结果”。“为集中管理联络周密计，已请业务处童经理少生统筹运输及各项事宜。在此期间，原隶船务处之港务股，即拨由童经理负责配派工作指挥管理，藉收指臂相使之效。”⑥

---

① 《汉口分公司致总公司函》1938年4月28日，长航档，民生，船552。
② 《汉口分公司致总公司函》1938年4月28日，长航档，民生。
③ 《汉口分公司致总公司函》1938年4月27日，长航档，民生。
④ 《汉口分公司致宜昌分公司函》1938年4月28日，长航档，民生，业1019。
⑤ 《汉口分公司致宜昌分公司函》1938年5月10日，长航档，民生。
⑥ 《民生公司通函》1938年3月4日，长航档，民生，总333（1）。

二、运送两个集团军出川

民生公司宜昌分公司

在民生公司对兵工器材转运进行紧张准备之际，5 月上旬突然接到调运四川两个集团军前往宜昌的任务。

5 月 7 日，重庆行营主任顾祝同给民生公司的代电称，29 集团军王缵绪和 30 集团军王陵基两部，限于 6 月“删”日到达武汉待命。渝宜段轮运事宜应预先筹划以应事机；运输船只于 5 月底前分集渝万备用。①

在行营发出代电之前，卢作孚在武汉已获悉川军调动的信息，并预作部署。他在 5 月 4 日给宋师度的信中说：“川军出川，盼接洽集中万县搭轮。重庆接洽工作邦典兄任之，万县接洽工作，子修届时往助之，如去年少生在万时办法。请商子修与少生、邦典联络。”② 卢作孚指示接洽在万县搭轮，避免在重庆搭轮，可减少一半的差运时间。

卢作孚决定派船务处经理郑璧成、主任秘书李邦典去成都与集团军司令面洽。郑、李在 5 月 10 日下午抵成都得悉：29 集团军出兵三个师，21000 人；30 集团军出兵三师一旅一特务团，27000 人；外加力夫，共约 5 万人（最后经民生调查落实共为 6 万人），从万县与涪陵出川的仅两个师，大部分从重庆东下。6 月 1 日起程。

卢作孚曾提示郑璧成，民生准备用 14 条船（民生 10 条，三北、招商局各一，运输舰同心、同德两条）在一个月时间内完成此项任务。

顾祝同限定出川部队 6 月中旬集结完毕，这就要求部队不能在 6 月 1 日而必须在 5 月中旬起运，但是郑璧成经与成都各方再次洽谈结果，“出

① 长航档，民生，业 605。

② 长航档，民生，总 2151。

兵时间恐不易提早”。[1] 郑在离成都前，再次恳切函呈两位司令，要求起运时间提前到5月中旬或5月20日左右，否则必然超过6月中旬的期限。结果未能如愿。王陵基司令给宋师度的函中说：出发时间和地点已和郑、李商妥。意思是不能再改了。王缵绪把问题推给了驻重庆的军长许尧卿。郑璧成和童少生约定时间去找许尧卿。许尧卿派副官长许晋候出面接谈。许提出如下计划：5月31日，涪陵上船一个旅，3700人；6月1日，万县上船一个旅；6月8日，重庆运出1万人。集团军并未理会顾祝同对集结时间的要求。

5月23日，民生公司和行营交通处、川江航务处以及29、30集团军开会讨论运输问题。为了提高效率，民生公司提出了《川军出川轮船运输须知事项》，11条内容有：部队集中的时间、地点、人数预先通知轮船公司；做到人等船，不能船等人；船只集中到港，趸船不敷分配，应自备木船送士兵上船，渝、万两港可由航务处代雇，费用自筹等。[2] 这一套“须知”，得到会议一致同意。会议具体研究了已经集中在涪陵和万县的150师调船计划。

150师部队向宜昌集中之际，30集团军师长刘哲权率部到达万县，公司随即调动由涪陵、万县开宜的回程船民主、民俗、民政、民勤、民俭等轮到万装运。最后由民康轮于6月13日到万运走最后的1000人，使刘哲权部全部出川。

在运送30集团军的过程中，公司得悉29集团军两个旅即将到达重庆。公司派民俭、民政、民贵、民康、民协、民风、民来、民权八轮于6月14—18日把两个旅全部运往宜昌。

在两个集团军的运输过程中，公司深感部队行动迟缓，影响船舶运输效率。童少生给卢作孚的信上说：“最近之民俭，首以装炮弹耽误一日，继以等候部队复多停一日。”民元、民本也曾因等候部队在渝多停一日；

---

① 《郑璧成致卢作孚函》1938年5月12日，长航档，民生，总1706。
② 《川军出川轮船运输须知事项》1938年5月23日，长航档，民生，船431。

“民元此次所装之 484 旅，昨晚该旅全部在朝天门露宿一夜，至今晨仍拖延至 10 时，民元方始开出。”[①]

第二批部队出川，到 6 月 20 日止仅及总数之一半，而时间已过去三分之二。造成此局面，主要原因是部队未能按时到港。

对部队行动迟缓，卢作孚在 6 月 14 日致电王缵绪和王陵基司令：“现正赶运兵工署器材入川、赶运部队出川，请令渝、万出发各长官叮咛所属部队于开始前准备妥当，得上船通知即上船，到达宜昌停船后立即转到下游船，切勿留宿川江船上，致碍夜间装卸。”

民风轮

第二批川军东下何时结束的？有一份《川军出川运输情报表》可见端倪：到 6 月 26 日止，共装出部队 44500 人，等待运出的尚有 15500 人。公司对尚待运出的部队已安排民元、协庆、同德，民贵四轮于 6 月 29 日到 7 月 2 日的四天中运出 162 师的 5000 人。民主、富华、民俗等 4 轮于 26 日到 7 月 2 日运出 161 师的 3800 人。其他尚有六七艘差轮陆续返重庆，赶运剩下的出川部队 149 师、162 师各一旅，共 5800 人。这份情报表估

① 《童少生致卢作孚函》1938 年 6 月，长航档，民生，总 2143。

计“7月5日左右可运清。”

在第二批川军出川之前，民生公司重点考虑的是对压舱吨位的利用问题，以谋增加收入。卢作孚于5月10日函告万县公司说：“川军二次出川问题，公司已将原则确定，（1）下水舱面装兵，舱底装货；（2）舱底除装随军辎重外，其余吨位由公司在安全原则之下尽量配足，不使留有空余吨位，以重战时运量之增加。”①

为了贯彻“不使留有空余吨位”的要求，总公司和分公司更加重视商货的揽运，民苏轮6月10日去宜，在万县装商货高达120吨，民元轮平常商运的载货量约500吨。6月10日起运部队时，装了375吨商货，占载货量的75%。

要求部队按计划上船，执行中困难较多，公司的办法只有尽量多方联系，反复提示军方应注意的方方面面。总公司对差运中有可能发生的问题，作了周密思考并提出解决办法，例如，民生公司制定的《川军出川轮船运输须知事项》中有一条规定：船只集中到港，趸船不敷分配，应自备木船送士兵上船，渝万两港可由航务处代雇。这项须知，拟定得十分巧妙。轮船没趸船靠泊，本属公司港口设备问题，应由民生公司设法解决。解决这个问题，简单的办法就是等前面的差轮上完了部队开走后，趸船有空位再行靠泊。但是轮船等着靠码头，就浪费了运输吨位。如果由民生公司去雇木船，那要投入人力，而且很费事。如果直接规定由军方自雇，军方不可能接受。现在的办法巧妙之处在于，民生首先把“自备木船送士兵上船”的责任归之于军方，你军方“应自备木船”。之后，再把雇用木船这件繁杂的事，请航务处代办，船务处是帮军队代雇，为军队排忧解难，不是帮民生公司；川军在国难当头之时，马上要告别乡亲，离开故土，到前方杀敌去了，你航务处帮他们顺利上船，是抓到一个好机会为故乡的子弟兵东下抗战作贡献。在这样的会议上讨论这个问题，航务处不会不同意。

① 长航档，民生，业472。

在紧张的运兵过程中，民生公司仍要派船承担日常的差运。

6 月间，船舶所租用了民苏、民主轮外，又提出要长租民俭轮。童少生向卢作孚报告："继续增加差轮，结果只有陷公司于危殆。"在 6 月 20 日总公司的联席会议上，大家公推郑璧成、彭瑞成、杨成质、李邦典、童少生等五位业务领导人同往船舶所向所长史心如"申诉一切，提出除民苏长租外，只增加短期差船一艘。民主此次到宜解租后民俭赓续起租"。①

民生公司在保证军事运输的前提下，想尽办法维护本公司的利益，竭力维持日常营业的正常进行。

（本节注释史料全系武汉大学经济系抄件）

三、兵工器材运量大起大落

宜昌港

汉阳铁厂的器材于 6 月中旬到达宜昌。民生宜昌分公司 5 月起运的是积压在宜昌的各家兵工厂的货物。当时，宜昌积存的兵工器材与民营厂矿器材共有 9000 余吨。

① 《童少生致卢作孚函》1938 年 6 月 20 日，长航档，民生，总 2143。

起运时，兵工署宜办召集各厂驻宜昌负责人开会，强调要与民生公司协作互助，保持密切联系，避免不必要之摩擦。各厂本此精神与民生联络，并按轻重缓急配运货物，民生亦按时提供船期表，及各种船舶技术资料。

民生原计划每月运兵工器材 8000 吨，12 月水枯时运 4000 吨。计划执行结果，5 月是中途起运的，共运了 4277 吨。

6 月总计运出 10286 吨，其中兵工器材为 7876.6 吨，占 76%，如加上富华、协庆两轮，完成兵工器材数量为 8336.91 吨，可谓旗开得胜，令人鼓舞。

7 月运量却大幅度下滑，民生加上富华、协庆总计全月运出兵工器材 4250.7 吨，不及 5 月份的一半。

还在 7 月上旬，兵工署宜办处长陈哲生已注意到民生运量太少，到 7 月 11 日只运出 1109 吨。陈哲生于当日急函民生，要求“迅速设法加派船只，务期达到原定数量，否则长此因循，致影响抗战前途或遭受损害，其责任均应由贵公司负之。”[①]

1938 年 6—7 月宜渝运输兵工器材统计　　单位：吨

	民生公司			富华			协庆			完成兵工器材总计
	总运量	兵工器材	百分比	总运量	兵工器材	百分比	总运量	兵工器材	百分比	
5 月										4277
6 月	10286	7878.6	76%	591	251	43%	347.31	207.31	60%	8336.91
7 月	5806	3796.7	65%	597	379	63%	120	75	62%	4250.7

资料来源：《加强宜渝迁厂运输量办法》，长航档，民生。

民生公司对运量减少早有察觉，李肇基于 7 月 8 日报卢作孚：有的船进厂修理，有的船被拉去打差，只有四五条船在运输。李要卢作孚向杨继曾解释。此外，宜昌分公司还发现，由于沈仲毅指挥的航联处工作得到改

① 《兵工署驻宜办致民生公司》1938 年 7 月 11 日，长航档，民生，船 118。

善，江海大轮加速上驶，因而迁宜器材急剧上升。积宜兵工器材，7 月 3 日为 7000 吨，11 日即高达 15000 吨，平均一天增加 1000 吨，而民生公司 10 天才运走 1000 吨。这岂非差之千里！这就预示了宜昌的积压将成为突出问题。

7 月结束，民生总结运量下滑原因，有以下几点：

民来轮装运航委会的汽油，于 6 月 26 夜在重庆港失火被焚，7 月份就少了一条运输船；

民贵、民本等四条船先后进厂修理，影响运量；

7 月间江水暴涨，宜渝线运输船全部停航 6 天；

宜渝间运送兵工器材的船舶共运行 25 个航次，其中有 9 次奉命移作他用，即:4 次打军差，2 次由“四行”[①] 包运;2 次装运航委会的炸弹等重要器材；1 次专门接运苏联驻华大使馆人员。

上述大部分原因是无法避免的，唯有对不适当的军差，民生方面虽说服军方改用包运方式，但收效甚微。

6 月 20 日李肇基函告卢作孚：经办差运的宜昌船舶管理所，将长期打差的民苏轮拨给了航委会装油、弹。这些不需差运的货物托民生装运，可充分利用吨位，舱面还可装客，现在却专船装运。等到船舶管理所需要用船时，又要民生长期出租民俭轮，并称还要添租其他差轮应用。所以李肇基要求卢作孚：“在汉筹有效制止办法，在此运输紧急之时，如再增差船，公司何以应付？”

此信还未发出，一份总公司的电报又送到李肇基面前。电报的意思是：已答允将民俭继续租出打差开重庆。李肇基感慨万千地写道：“不需差运之品，船所必以差运，而后又借故索船，破坏整个运转计划，诚不知是何居心也。”

民生公司 7 月份竟有 4 艘计划运兵工器材的船进厂修理，这是少见的。这是公司在枯水期间未安排船舶岁修，未邀集招商局、三北的船只参与

① 系指中央银行、中国银行、农民银行、交通银行四家银行。

1 万吨兵工器材运输，而全部调动上游民生大轮到汉宜线运公物和兵工器材的直接后果。

四、卢作孚平息李肇基请假风波

李肇基请病假，与宜昌转运问题密切相关。

7 月 7 日，卢作孚收到李肇基请病假的电报，事出突然，颇为惊愕。

卢作孚对属下请病假，一般都能允诺，但在此运输紧张之际，又是宜昌这个关键地点，负责干部怎么能走？卢当即先给李肇基发了一封电报："贵恙请减工作，加意调养，容当派人帮助，请勿请假为幸。"

接着第二天，卢作孚给李肇基写信表示慰问：

> 吾兄突患肺病，自宜调摄，惟此国难，宜昌航运重要仍须兄扶持一切，故盼减少工作以资休养，当酌派人助兄，请勿遽然请假，当邀鉴纳。惟病象如何，是否结核，抑仅小有损伤，又是否尚感有其他不能如意处理之处而增兄精神上之不愉快，并祈便示一一为幸。

卢作孚在信中提到李是否有"精神上之不愉快"，这不是随便提问的，可能卢作孚已预料到症结所在。这件事情还得从头说起。

6 月，虽然运输量不低，但是宜昌已出现客货积压，装卸设备紧张，各方矛盾已渐显露。童少生过宜到汉，向卢作孚汇报了李肇基终日忙碌，苦无相当助手的情景，卢作孚遂决定派翁德勋赴宜协助李肇基。在翁登上民风轮前往宜昌时，卢作孚写了一封信给李肇基，体现了一位领导人爱护属下的心情：

> 肇基兄：宜昌积客积货均多，而武汉运宜客货，有加无已，栈房、码头、驳船、小工均将感受极大困难。少生来汉，为言吾兄在此困难时间终日忙碌，苦无相当助手。上年吾兄支持内外用尽全力，而宜昌损失客货赔偿曾达钜万，原因皆在左右无分工之人以致事前未能有充分之准备，当时复无细密之管理。今兹又至严重时期，……但从总公司及分公司皆无法寻得适当人员，可以助兄。偶想到翁德勋兄，既能应付纠纷，码头情形复较娴熟，拟在军运及转口忙碌期间，暂调其到宜助兄，专往来奔驰各码头

趸船行船之间，配备联络驳船工人。未知兄意同否。民风今日开宜，盼于德勋到时，约与商之。宜公司此日责任等于渝万汉三埠之和。故必须有得力助手乃能减少吾兄感受之困难。仅一二人可以助兄，或尚嫌不足，惟兄运用之妙，可以加大其效率，则私心所切祷耳。

弟　作孚

翁德勋到宜后，于 6 月 28 日向卢作孚发出密电：

卢总经理作孚钧鉴：密。迁建会货船来宜日多，而五龙趸船设备只有三处，不足分配。提装工抬力及驳船等亦渐不敷，至添造茅棚及起重设备毫未进行。宜航联处更松懈，无人办理，是以焦急，特电请代为催促。德勋叩。（印）[1]

卢作孚接到翁德勋密电，当然会电请李肇基注意解决“工作松懈”等问题。李肇基接到卢作孚电报后当即于 7 月 1 日函复卢作孚，反映实情。

李肇基生性耿直，能苦干实干。六月中转口任务加大，宜昌工作一时不能适应，而进港海轮又无公司在宜办理各种业务，许多琐事推到航联处宜昌分处头上，李肇基又是分处负责人，无形中，增加了许多困顿，终日劳累，处理起来颇为棘手。李肇基吃点苦不在乎，但说他工作松懈就无法忍受，感到委屈。于是，他在一次次向卢作孚解释“航联处工作松懈”问题时，仍气愤难平，即向卢作孚发电请假。原因是肺上有病，难道请病假还不行吗？

7 月 8 日，李肇基接到卢作孚劝他减少工作，不要请假的电报后，继续向卢作孚反映工作上的困难。

7 月 9 日，卢作孚又函李肇基。卢作孚语重心长，一片赤诚。他的信是这样写的：

……吾人为事业为国家，皆宜勉力为之，他非所计。吾兄在宜主持转运，代表公司，服务国家，任重事繁，各方不谅解，吾兄精神上感受不快，弟可想见，但处（此）

① 《翁德勋致卢作孚电》1938 年 6 月 28 日，长航档，民生，总 946。（武大经济系抄件）

情况之下夫复何言，惟有委婉应付困难环境，以取得人的谅解，求得之合作，完成吾人之夙志，逆来顺处。只求事能推进，即幸甚矣！仍请节劳，就宜调养，除请萨生、伯琛两兄加力帮外，更当商渝方随时派员到宜协助，切望勿过忧思，每日更挪出时间休养，是所至盼。

卢作孚多次表示由重庆调人帮助。当时卢所物色的人选是童少生。童少生曾多次去宜，而且善于处理人际关系。卢作孚向童发函要他去宜协助李肇基，童少生却提出不同意见。而且童少生已揣摩到李肇基的问题在于和翁德勋的关系，童在反映自己的工作情况的同时提出了解决此人际关系的办法。

童少生于 7 月 11 日给卢作孚的信中说：

应本遵嘱起程，惟以渝方港务、差务工作均已起始，工作亦相当繁冗。值此方刚着手之时，忽而翩然离去，对于过去之工作势必半途而废。且港务工作，将来日益繁重，设不出全力以推动之，一着之讹，公司受累殊大……而最近弟昼夜忧虑，亦以港务为中心。设弟此时赴宜，固可帮助肇基解决一部分困难，若谓竟能全部应付裕如，实无把握。适与成质兄商洽，彼意弟若赴宜，渝方差务可负责与帮助共同办理，但港务工作则无暇代措，并谈及肇基之困难，或许因德勋关系。弟与成质之意，均以为可派黄钟声到宜。因黄与翁、李均有相当感情，到宜帮助必多，不识尊意以为如何。盼示复。

卢作孚看了童少生的信后，仍坚持要童去宜。关于童少生提出的解决李肇基与翁德勋关系的办法，卢作孚批示："究宜如何办理，盼兄到宜研究决定。"

童少生不同意去宜，而李肇基听了卢作孚的一番教导后仍希望有人来代理，自己能离开岗位休假，他给卢作孚的复信中说：

贱恙一时虽无如何变化，终属可虑，承示为事业，为国家，敢辞劳苦，自当扶病任事，惟一面盼兄物色主持宜事人员作短期之瓜代，以便得一休假时，彻底治疗养息，以期速愈。

函电来往半个月，一个不愿留，一个不愿来，宜昌怎么办？最重要的是宜昌。现在该是总经理下决断的时候了！卢作孚坚持调童少生下宜，坚持留李肇基继续工作，不同意他请假。

卢作孚发电催童少生赴宜。童少生对已经着手整顿的港务工作，恋恋不舍。但总经理已决定了，他只得服从。他于 7 月 13 日复函卢作孚：

……弟因港务差务工作甚烦，且均开始办理，成规未著，一旦离此地就殊觉不值。惟肇基在宜困难既多，弟仍决赴宜，相机设法解除或减轻肇基之困难，作短时间之耽留。

少生去宜已成定局。卢遂函肇基："少生到宜，系商减少工作上之困难办法，若干问题仍待吾兄解决也。"言外之音，请假的事就不必再提了。

童少生于 7 月 20 与王光藻到宜，7 月 21 日即前往兵工署驻宜办事处拜会陈哲生处长。彼此交换意见中，童了解到过去宜昌分公司与兵工署关系不密切，公司的船只因修理、扎水等不得已耽误船期的情况，没有及时通知兵工署宜办，以致武汉兵工署质询宜办，宜办常常无从解答。童当即表示，今后当提前告知，以密切联络，做到竭诚合作。童少生将此情况向卢作孚做了汇报，卢作孚批了四个大字："随时告知。"

到 7 月 26 日，童少生观察了解到李肇基的实际情况以及宜昌分公司多种问题后，就写了一封信给卢作孚，其中对李肇基的问题，童要求卢另函肇基，劝他改进工作方法：

近来滞宜旅客日多，每日自晨到晚前来接洽搭船者为数亦夥。肇基在应付此项问题上所费之时间及精力亦至多。因之对于运输上较为重要之筹划、管理、调配等工作，遂竟无暇顾及，而办公室内终日喧嗔、拥挤，结果对于较为重要之问题无暇解决。弟意此种现象甚为不妥。客运工作应由客运组负办理全责，肇基兄亦节省其大部分时间与精力用之于设计与管理工作上。对于此点，弟亦当尽力设法改移现有现象。尚盼另函肇基说明一切，劝其对于当前琐细问题稍稍放弃，庶几通盘筹划，得免贻误，则幸甚矣。

卢作孚在信上批示：

“盼兄时与研究此类问题，移转其兴趣。”

就在童少生把这封信发往武汉的时候，卢作孚同日给童少生和李肇基发出一信：

请少生协助肇基将《加强宜渝运输量办法》《宜昌转口办法》所列各项，办理到全有头绪为止，请李排除旅客应付之工作，交与客运人员负责，以便集中全力管理公司各股及长联处港务股工作，并确定管理方式。

由于卢作孚巧妙安排妥善处理，李肇基最后未离职养病，一场由人际关系不融洽而引发的请假风波就此结束。

在解决李肇基请假风波后，肖本仁曾到宜。肖曾任卢作孚的秘书。肖与李第一天见面，李肇基直言：“汉口重庆只为宜昌增加困难，而不为其解除困难，只责备宜昌而不谅解宜昌；宜昌人少事繁，比起汉口重庆人多事少，不知相差多远……”肖本仁当即为之解释：宜昌工作繁忙，总经理已知悉。李经理能办到四五只船同时装卸，上游船夜晚到次晨开，总经理十分感念。以前之所以函电交驰，实为事业之进展，别无他意，尤其对李经理私人，总经理更无恶意，只有殷切的希望。李听了态度乃较和缓。①

对于宜昌的工作问题，李肇基与卢作孚有不同看法。1938 年 8 月 21 日，童少生由武汉返回宜昌后召开了一个会议，传达卢作孚的指示，研究宜昌的工作。会议最后，李肇基有一段谈话：

卢先生谓宜昌最重要之问题，即为事前准备不足，如准备充分，当不致有问题。准备不足，自然为一，但准备充分，则一切问题均可解决，此点个人已思考二三日均未得通。在个人观察，宜昌问题，实为人的条件及物的条件未能完备。如南北岸

---

① 《肖本仁致卢作孚函》，时间应为 8 月 15 日后。（武大经济系抄件，该件未注明日期与卷号）

码头欠缺，既有者亦未能设备完善；其次，则为人事不协调，或职务工作不均匀。此后，对于如何调整、如何分派，实为必要。但此两点解决后，至多亦不过解决问题之一半。[①]

卢作孚对下属的工作，一贯要求严格，强调事前有准备。在他查询停港时间过长的事例中，有的确系货运人员事前准备松懈，延误了时间，但在兵工器材转运中，卢作孚的要求也有脱离实际之处，低估了港口设备简陋与能力低下，低估了重件装船之难度。因之往往停港时间达不到他的主观要求。至于李肇基，他在第一线指挥，感受真切，他的看法比较实事求是，既考虑了主观能动性，又考虑了客观可能性。宜昌的装卸设备之简陋不是短期能解决的。他认为，对当时宜昌的某些问题即使准备充分，“不过解决问题之一半”，这句话十分恳切。

五、卢作孚赴宜解决万县转运费

7 月下旬，宜渝运量下降已成定局时，民生公司即提出了《加强宜渝迁厂运输量办法》[②] 的文件，决定在宜渝间分宜万、万渝两段运输。7 月 26 日，卢作孚致函童少生与李肇基，要求加以落实。

兵工器材在万县转运，万县必须增加各种趸、栈、起重等设备以及拟定增收提装费率。

童少生提出了转运办法。关于设备费，“甲，水上设备费由轮船公司担任之；乙，岸上设备费由迁建会担任之。”关于提装费，“衔接转渝者，每吨 7 角；起岸者每吨 3.6 元。”[③]

卢作孚同意童少生提出的津贴转运费标准，并嘱咐童少生，要与即将到宜的兵工署杨继曾司长说定。[④]

---

① 《宜昌分公司会议记录》1938 年 8 月 21 日，长航档，民生，总 1191。

② 《万县转口办法》1938 年 8 月 4 日，长航档，民生。

③ 《万县转口办法》1938 年 8 月 4 日，长航档，民生。

④ 《卢作孚复童少生函》1938 年 8 月 9 日，长航档，民生。

杨继曾到宜，童少生与之商谈。杨不愿以津贴方式而以奖励方式付给。

卢作孚对杨的以奖励代津贴的方式表示绝不同意。奖励，可奖可不奖，津贴是一笔固定收入，以 6 万吨兵工器材计，可收 21 万余元。这 3.6 元可是件大事。卢决定赴宜与杨直接商谈。

卢作孚 8 月 11 日专程到宜与杨继曾面商，对万县转口设备费及起岸转装费按每吨 3.6 元等问题均获解决。

双方还商定由兵工署与民生各出一半的经费，在万县设一起重 5 吨的扒杆，共计费用 4886 元。这项设备，在撤退运输过程中，尽先供兵工署使用，运输任务完成后归民生所有。在运输过程中，运输公司收取运费后，再由托运方——货主提供装卸设备费用的，不知是否有先例。不过像兵工器材这种特殊物资，运费低，吨位大，对重要装卸设备向运输企业支付津贴也是应该的。

六、张挽澜建议开辟短途航线未被采纳

对于如何加快宜昌器材疏运，民生公司上下都十分关心。1938 年 6 月 11 日，总公司船务处襄理张挽澜上书卢作孚，提出开辟短途航线，这个建议比宜渝线分两段运输更有利于加快宜昌器材疏运。张挽澜说：

兄掌握交通以后，即有八万吨机材输运后方之图，全国人士靡不以此为巩固后方复兴中国之唯一要道。犹惜时间太晚，恐事不终了，而暴敌进踞荆汉，将见一切重器为敌所取。在敌则如虎生翼，在我则复兴无望矣。此间关心国事之友人，每以此问题相叩询，并建议缩短运输航程，主张由宜运输各件，皆改运夔、巫，如此，则转运时间可以缩短至三分之一以上。盖前计划之一年运完者，今不出四月可以运完矣。弟曾将此意建议于公司，公司主持业务之朋友，即以数种困难见告：

（一）提转运输困难；

（二）存储无适当地点；

（三）公司客货运收入受损。

以上几种困难，弟均以为不成问题。

（一）重庆有驳船数百只，有工人数千名，有成渝路之起重趸船，只需政府一纸命令，即可集中夔、巫，此人力可办之事，提转可谓绝无困难。

（二）此次移川之物，大多皆系机件，可以沉之水中，可以置以露天，在夔、巫一带两岸不少山坡，沿江置放，凭水淹没，待水退时再为迁移，终是我有之物，较之陈设武汉资敌之用，孰利孰害，不言而知。

（三）所谓营业上之损失，弟亦不谓然。单就营业言，此项器材目前放置夔、巫，迨下段业已运完，再由夔、巫转运重庆，亦我公司轮船担任之工作。此项生意何致他走。今不此之图，一旦下游不通，又将何以营业，可以说营业无损而有益。

弟以为在国家危如累卵之时，应不以营业收入为前提，设如国既亡矣，即此二三月之营业收入，又何以济事耶。此种意见，弟呼号已久，迄少应援，特此披肝沥胆，呈之吾兄，敬请采纳，公司幸甚，国家幸甚，民族幸甚。即祝

健康

弟挽澜再拜

6 月 11 日

信中所提不同意他意见的主持业务之朋友，是指童少生。张的建议，卢作孚未予采纳。卢作孚的复信是这样写的：

承商各点，颇具卓见，至为钦佩。惟兵工署力主第一段动员江海各轮由汉运宜，第二段由宜转渝，重件仍运渝，轻件暂运万。复经会议决定，此日重新布置夔、万码头趸船等事，反误时间。详由少生兄面达。[①]

7 月 18 日，张挽澜又写信给卢作孚，再次建议采取缩短航程抢运宜昌物资：

我公司负责转运迁建会机材，各轮效率已增加至相当程度，然以航程未缩短，故转运之量仍属有限，若长此下去，恐至明年今天仍无法运完，然而敌人侵袭，何能望

---

① 《卢作孚复童少生函》1938 年 8 月 9 日，长航档，民生。

其稍缓。万一武汉遭受不测，存宜之货将何以运走。先运夔、巫问题，前承一再恳谈，未蒙全部采纳，每一念及，如坐针毡，每至终夜不眠，不能谓国家之存亡与个人无关系也。兹再上陈、请兄注意及此。盖今日执政诸公，大多各有所忙，吾兄执掌运输全权，舍兄以外，无从进言，望勿视为路人之言，国家前途利赖深矣。

张挽澜的信函充满爱国情怀和披肝沥胆之言。当时战争尚在安徽境内进行，武汉当不危急，宜昌更为安全。卢作孚可能因此未采纳张的建议。

在民生内部商讨缩短航程之时，兵工署人士也不赞同开辟短途航线。7 月 16 日迁建会座谈会上杨继曾表示："运转起卸地点分几段并不见快捷。万县设备比巴东完全，巴东卸船一节似有困难。"9 月间兵工署宜办有工作人员仍持此意。兵工人士并不理解缩短航程目的在于迅速撤离宜昌以策安全，他们只考虑运输便捷。

七、卢作孚执行蒋介石电令，开辟宜巴客运航线

卢作孚接到张挽澜第二封信之后的第 9 天，7 月 27 日，他从武汉写信给李肇基：

存宜各货应设法疏散，但限于交通工具，无能为力，弟意可再抽乙级船一只专驶夔、巫，缩短航程，运民营各厂及公司有关之器材。惟夔、巫应如何设法，使起卸工作不受阻碍，请研究示及。

卢作孚在这里说的，并不是运兵工器材，而是运输民营厂家的器材和自身公司的器材，如民生厂的修船五金材料等。

李肇基于 7 月 30 日答复卢作孚，大意是：抽乙级船从宜昌开巫山和奉节一线，必须先将这两个港口设置趸驳的地点、装卸工人及接装货物的驳船解决后，方能开辟这条航线，但现在这一系列问题都还没有考虑、研究。

卢作孚当即复电李肇基说：夔、巫趸驳小工及起重设备问题，盼即商

洽办法，从事准备，结果希示。

李肇基就去和童少生商量。童少生进行了一番测算，觉得开辟宜奉等线问题不少，而且效果也不好。

李肇基原来是支持开辟短途航线的，经过童少生把这本账一算，他也放弃了原来的主张。于是他给卢作孚发出一函：

夔、巫转运问题，已叠商少生兄，经计算，在夔、巫设备费事，所省航程仅一日，而装卸时间必超过万县以上，是省出的时间少，耗用的时间多，恐事繁而不易为功，仍采万县转口办法。①

宜昌公司的两位领导人不同意总经理卢作孚的主张，卢也就没有坚持己见，把这一问题搁置了下来。

8 月间，蒋介石向出差重庆的卢作孚发出电令，要卢派两轮行驶巴东，疏运旅客公物，卢作孚当即电复蒋介石：

前到宜商定加速疏运办法，先将一部分轮船缩短航线改航宜万，已着手准备万县趸、驳船、小工、栈房等事项，并已派轮开始改航。初拟于万宜航行就绪之后再派一轮改航巫巴，前奉钧电，遂即电令宜昌提前派员着手筹备，俟一切就绪，再行呈报。

卢作孚和童少生等谈的是派一轮航行夔、巫，没有巴东。这一复信顺应了蒋的要求，说成了巫巴。卢作孚处事一向机巧。

复蒋介石的电报发出后，卢随即函告童少生：

调船航行巴东，各方要求甚切，似宜从速调查巫山、巴东，可否速加岸上准备，先派一轮航行，盼速示及。对于客货运费均可重新厘定，或不致有甚大吃亏之处。②

与此同时，卢作孚还把给蒋介石的复电全文抄给了童少生，要童了解他已对蒋介石说了“遂即电令宜昌提前派员着手筹备”，童却对此并不在

① 《李肇基致卢作孚函》1938 年 8 月 1 日，长航档，民生。
② 《卢作孚致童少生函》，长航档，民生，总 762。

意，不同意派轮航行宜巴。童少生 8 月 7 日给卢作孚的复信说：

为疏散公物旅客，派轮行驶巫山、巴东一节，据最近由宜开万之俗、贵两轮，乘客并不拥挤，故即使派轮开巫、巴，旅客是否愿搭，在目前颇无把握。惟疏散公物，可以政府命令行之，刻已函若兰、克明准备将来派巫之轮船、小工，俟有结果，再为奉达。

卢作孚已答允了蒋的事岂能就此作罢。他又给童少生、李肇基发信：

宜巴航线因奉委座电令，势必派船行驶。……派民享先行宜巴，专载旅客，开航后情况良好逐渐疏运轻件到巴。①

于是，宜昌分公司派民意轮专驶宜巴。

卢作孚坚持派一小轮行驶宜巴，主要是执行蒋介石的电令，与加速撤迁兵工器材无关。

八、为贯彻蒋介石批示，狠抓缩短停港时间，加强木船输运

8 月下旬，卢作孚制定了《宜渝加速运输新计划》。23 日，一面由交通部转发给有关单位执行，一面以“个”代电上报军委会。

交通部以航汉字第 68 号发布训令。全文如下：

查囤积宜昌之军品器材为数甚多，亟待疏运。关于运输办法也经本部卢次长与各有关机关商定之《宜渝加速运输新计划》详为规定。

甲，负责承运兵工航空及其他公物器材四万六千吨之商轮：

一、以民元、民本、民权、民风、民俗、民康、民俭（或民政）七轮，专运兵工器材。富华、协庆一部分载量分运兵工器材。

二、民熙专运航委会之汽油，民苏兼运交通司航委会之汽油。

三、民政、民勤（或民主）、富华、协庆部分载量分运航委会器材。

① 《卢作孚致童少生、李肇基函》1938 年 8 月 6 日以后，长航档，民生，总 773。

四、民贵专运一般公物器材。富华、协庆、民主等轮之余位分运一般公物器材。

乙，应变更之航线：

一、第一期秋水未退、万县起重机未完成时，商轮中之民元、民本、民风、民权、民勤、民俭航行宜渝，民苏、民贵、民主、民康、民政、民俗、民熙、富华、协庆航行宜万（其有特别运输需要，得偶航宜渝一次）。

二、第二期秋水未全退，万县可起重后（大约九月底），商轮中之民元、民本、民风、民权航行宜渝，其余十一轮航行宜万，民风、民权亦抽航宜万。

三、第三期秋水大退后（大约十月底），全部商轮航行宜万。

以上各点仰即遵照办理为要。此令①

这个计划依然是按两段组织运输，逐月加大宜万运量。训令中所说第一期指 9 月，第二期为 10 月，第三期为 11、12 月。

8 月 25 日，民生公司收到蒋介石的复电：

急，重庆，卢次长作孚兄：个代电悉，庆密《宜渝加速运输新计划》均悉。已通饬各有关机关遵照施行，并切实保护小工、驳船。惟各项材料于 12 月底运清，实嫌过迟，务请设法增加木船数目，赶速疏运为要。中正敬侍。鄂（即）。②

民生公司计划在 12 月底，从宜昌运出 46000 吨军、公器材，已是很激进的计划。但是蒋介石仍不满足，要求 12 月底之前运清宜昌器材。

令人费解的是，也是 8 月 23 日，卢作孚另有一文上呈蒋介石说：“期于九、十、十一三个月内轮船赶运重件四万六千吨到宜万两地。民船赶运轻件二万七千吨到巫巴两地以后，再由万巫巴等处转运到渝。”（公布这份史料的卢作孚长孙女卢晓蓉称，这封信存于台北“国史馆”）这两套计划的数字都是计划数，并非宜昌已存有 73000 吨货物。

卢作孚这封信的问题在于，既然有运用民船开辟短途航线运货到巫巴两地的计划，为何不由交通部与“新计划”同时上报。

① 三北公司档案，全宗 394 页，上海长江轮船公司办公室藏。

② 《蒋介石复卢作孚电》1938 年 8 月 25 日，长航档，民生。

卢一直不同意按张挽澜的意见开辟短途航线，为何突然提出运用短途运送 27000 吨货物的计划，但却又未与民生任何人商讨，连童少生、李肇基等都被蒙在鼓里，档案中更未落下一个字。蒋的批示下达，卢仍未对开辟巫巴短途航线有任何部署实施的行动。这说明，卢对开辟巫巴转运的计划并不准备付诸行动。那么，卢为何要发这封信呢？难道是有意蒙蒋介石的？是不是企图用这两套计划，使蒋感到计划已很完备，以此获取蒋的批准？出乎意料，蒋对抢运时间有具体要求：不是 12 月底，而是 12 月底之前抢运完毕。

要贯彻蒋的批示，卢只有把两套计划统一实施，开辟短途航线才能实现。但是卢无意开辟短途航线。他采取两条措施贯彻蒋的指示：第一，把“新计划”中兵工器材运输部分加以具体化，制定出《兵工署器材运输计划》。这个计划把原“新计划”中富华、协庆两轮的一部分运力运送兵工器材，改为全部运送兵工器材，增大了兵工器材运量。第二，由交通部出面，征集木船运送宜昌器材。兵工器材的具体计划运量详见本节附录。

对完成新计划，卢作孚不开辟短途航线的原因可能是，他相信逐步加大宜万运量能完成任务。从他抓工作的方面看，他把希望寄托在加快船舶周转上，即：要求各轮夜间到港第二天清晨开出，不能把运力浪费在港里。因此，他狠抓各港船舶停港时间。

但船舶运行情况使他很不满意。9 月初，他致函总公司和宜昌分公司，“八月份，宜渝轮船停泊超出时间共达 85 日半”，认为等于减少 2500 吨以上运输量，他说：

> 如此损失实属骇人听闻之事。……近来超出时间仍有加无已，长此因循，预定计划徒成话柄。就公司本身言，运输时间必延长到危险时期；就抗战要求言，必有若干宝贵器材之损失，直足以影响到未来战争。公司诸友负责甚重，至盼群策群力，解决此困难问题，切实做到事前联络事前准备。各轮停泊，勿再衍期。[①]

---

① 《卢作孚致渝、宜公司函》1938 年 9 月，长航档，民生，业 291。

9 月 19 日，他审阅了船舶动态后又批示：

查民风在渝停至三日，民元至今尚未开出，未知究系何故。如此延误，实与前线战败消息同样可惊。未知问题究在驳船不足，抑在小工有误。驳船是否有调整办法。公司新造者，何时可备用？小工是否可以增加或训练？船舶管理所控制下的小工是否可以商得改善办法，并乞查示……

语不惊人死不休。卢作孚把停时过长与前线打败仗同等看待。出此惊人之语，可以感受到他如何焦虑于宜昌转运任务了。卢作孚对贯彻蒋的“赶速疏运”要求，不谓不努力。

卢作孚对工作要求十分严格，轮船在港停一夜，要求港口事先务必做好装卸整备。但是，兵工器材多大件却少起重设备，停港时间往往延至二三日。李肇基对卢的要求一直有不同意见，认为准备再好也只完成事情的一半。卢作孚对工作的严格要求，宜昌、重庆、万县三港均未能落实。

兵工署接到交通部“新计划”和蒋的批示后预计，民生公司的运量到 11 月底，至多运出 2 万余吨。在此日军向武汉步步进逼之际，宜昌积压器材将增至 3 万吨。

为补充民生运力之不足，根据蒋的批示，兵工署决定动用木船参运。交通部宜昌航政办事处应兵工署与有关机关要求，从 8 月下旬开始征集木船，9 月 1 日木船开始集中。宜航政办在宜昌西坝设立座船一艘，凡有下水木船进入宜昌港前，一律在座船停靠，经过登记及技术检查后，即交兵工署等各单位雇用。[1]

宜昌航政办事处从 9 月 1 日至 10 月 15 日，为各单位介绍的木船计有：兵工署驻宜运输处 60 只；工矿调整处 80 只；军政部被服厂、制呢厂各 20 只；军委别动队 20 只；其他零数合计 16 只。

① 《兵工署宜办第七次运输会议记录》1938 年 9 月 14 日，长航档，民生，业 1292。

为加强木船参运力度，9 月 15 日，交通部在重庆召开木船运输联席会议。参加会议的有兵工署胡霖、李世琼，汉口航政局王季淮、吴昌迈，经济部工矿调整处林继庸、邵循怡，交通部水陆联运办陈国玱，航政司伍极中，以及四川省民船业同业公会代表向瀛洲等一大批船帮首脑。会议决定征集木船 500 艘，300 艘交经济部工矿调整处使用，200 艘由兵工署使用。双方商定，9 月 20 以前先放船 80 艘，其余 420 艘在 25 日以前分期交清。

此后，9 月 20 日、21 日又相继举行木船运输联席会议。

21 日的会议由伍极中主持，会上各帮承认征集的船只数：（1）上大河帮有上游载盐帮、成都帮、嘉阳帮等五帮共计船 200 艘。（2）下大河帮有下游载盐帮、长寿帮、涪陵帮、万县帮等，承载船共计 150 艘。（3）小河各帮，如渠河帮、保河帮、合川帮，承认 150 艘。凡经帮首承认之船只，应照合同所订期限交齐，如有违误，惟帮首是问。下大河各帮在万县交船，已到上游者可在重庆交船。第一批船集中时间改在 9 月 24 日。

兵工署除征集木船外还改善装箱，以求提高效率。

到 9 月底结算，民生仅完成兵工器材 6000 吨，只完成计划 9960 吨的 60%左右。当时，卢作孚已觉察到宜昌运量上不去，遂由总公司出面于 9 月 27 日向行营交通处发函，提出开辟短途航线。

附录：兵工署器材运输计划

第一期，截至 9 月底，共运 6000 吨。

A．元、本、风、权四轮行宜渝；

B．俗、康、政三轮行宜万；

C．协庆、富华除同航宜渝两次外，行宜万。

第二期，截至 10 月底，共运出 10840 吨。

A．元、本行宜渝；

B．权、风偶行宜万；

C．俗、康、俭、协庆、富华全行宜万。

第三期，截至 11 月半或 11 月底止，半月可运 6010 吨。（一月可运 12020 吨）元、风、本、权、俗、康、俭、协庆、富华全行宜万。

九、为搭运自用油物料，婉拒军方成立督运机关提议

民生公司兵工器材疏运量过少的问题，又被军事运输机关抓住了。

军委后勤部船舶运输司令部副司令吴嵎，于 9 月 24 日在宜昌召集当地党政机关及航运公司等 16 个单位举行会议。民生公司由童少生参加会议（李肇基已调任汉口公司经理），吴嵎以卢作孚所拟“新计划”为依据，说明目前运量未达到规定数字。他认为：无机关对民生公司进行监督运输实为一大原因。因此，他主张成立一督运机关，负责督办运输。这一机构当然要干预公司货物配载等业务。

当时商货运输已于 8 月间由交通部通令停运。然而，民生公司经常通过民贵、民俭等轮偷运商货，特别是由香港进口的民生厂修船器材和油料（属商货），更是千方百计搭轮运输。如果成立督运机关，必将妨碍民生自用物资的转运。作为民生公司的代表，童少生当然不能同意此主张。

吴嵎发言后，童少生继而发言。童少生没有就督运机关问题表态，而只是详细介绍民生公司调派船只、组织抢运的情况。他说：民生已派 13 艘船参与宜昌积压物资转运，有 7 艘船专运兵工器材，3 艘专运航空器材，2 艘运各党政机关公物及工矿调整处组织的迁厂器材，1 艘应差。针对 9 月以来公司用全力增加运量，仍未达到目的的状况，童少生谈了水位高涨、船舶停修等五点原因，并表示今后民生将增加工人、驳船、拖轮，并注意有计划应用人力物力，以增加 1/3 运输量。①

兵工署驻宜运输处处长陈哲生深知船舶运输司令部与民生公司的矛盾。督运机关之设立，无疑要影响民生的船舶调度指挥。陈哲生发言，首先对吴嵎来宜主持疏运军品表示欢迎，他认为兵工署之器材运量未达到，

① 《船舶运输司令部谈话会议记录》1938 年 9 月 24 日，长航档，民生，船 219。（武大经济系抄件）

乃由于驳船、小工、拖轮不敷，及轮舶修理、天雨、水涨等不可抗拒的因素，并称凡指定专运兵工署器材之船，均未放松。陈哲生对民生公司努力表示满意。[1] 而吴嵎仍以要求实现卢作孚所拟计划为由，坚持主张设一督运机关。最后提付表决。

县党部、县政府、专员公署等唯恐附和之不及，均表赞同。

军医处不表示意见，并说明，今天会议是讨论器材运输，和伤兵运输无关，所以表决弃权。

民生、招商局、三北等公司与航业行政机关都反对，但吴嵎的提案仍被通过。童少生思维敏锐，善于应对。当时他说明：各轮船公司为商业机关，政府任何组织加以监督，皆愿遵从办理，故无所谓赞成不赞成。

会上，吴嵎提到“据说有以公物为掩护运输商品者”。他要求大家统筹合作，急公之急，破除私见解决此类问题。童少生对此当然十分敏感，吴嵎指的就是童少生经手干的，民生偷偷地运的这些商货就是油料和民生厂的修船五金器材。按当时规定这些物资属商货，但又为民生营运所必需，民生这样做是当时的形势逼出来的。这就是民营企业在夹缝中生存的状态。9 月 27 日，童少生给卢作孚的信中说：“该督运机关成立后，不致影响现行办法，只是民贵、民俭多装本公司油料一层必有妨碍。”

9 月 26 日，后勤部处长黄枕洲约童少生谈话，要民生拟具督运机关组织办法，童跟他敷衍了一阵，表示尽量帮助。[2] 最终，也未见到这个组织办法。估计军方也明白，民生公司不配合，督运无法进行。一天出口上万件货，怎么督查？所以，会议之后，一切都不了了之。

9 月 30 日，也就是会议之后的第 6 天，宜昌公司向总公司发函称：本公司积压在宜昌的香港进口五金材料 500 吨，已与兵工署洽妥，自下次民主、民本轮开始，每次装 100 吨，五次运完。[3] 在之后的函件中得悉，

---

① 《童少生致卢作孚函》1938 年 9 月 27 日，长航档，民生，船 891。（武大经济系抄件）
② 《童少生致卢作孚函》1938 年 9 月 27 日，长航档，民生，船 891。（武大经济系抄件）
③ 《宜昌公司致总公司》1938 年 9 月 30 日，长航档，民生，业 294。

兵工署让出的 500 吨，在分段转运量上补给兵工署。[①] 有兵工署与民生合作，后勤部对禁止民生运商货更无法制止。

民生公司运送自己的用料毕竟仅占极少数量，总的来看对兵工器材运输并未放松。10 月 12 日，民本轮装广东兵工二厂 24 吨大件 1 件，民主装该厂 16 吨大件 2 件及 14 吨大件 1 件，由宜昌开重庆。宜公司要求总公司将九龙坡起重机预备妥当，烧好蒸气，以便元、本两轮到渝卸客后即驶九龙坡立即提卸，再用驳船把大件运郭家沱。[②] 宜昌公司对问题考虑十分周到。

① 《总公司致宜昌公司》1938 年 10 月 11 日，长航档，民生，业 294。

② 《宜昌公司致总公司》1938 年 10 月 12 日，长航档，民生，业 294。

第 11 章　开辟短途航线，制订四十天抢运新方案

一、田家镇失守，卢作孚提出开辟短途航线，未获军方同意

武汉军、公物资和民营工厂加紧西迁，武汉到宜昌的器材日渐增加。

田家镇要塞是保卫武汉的最后一道屏障，蒋介石下令死守。田家镇陷落，武汉即无险可守。日军攻下武汉后西进还是南下是无法预测的，但必须有所准备。因此卢作孚在田家镇之战开始后，即对宜昌积压的军、公器材西迁进行谋划。

9 月下旬，田家镇战事十分激烈。日军多次进攻，均被击退。据日本防卫厅战史资料记载，9 月 20 日，我军趁阴雨天气，出奇兵，“迫近今村支队侧背”，展开猛攻，使敌陷于困境。敌冒险派出 12 架飞机“在密云中协力”，但我已杀伤大量敌人。之后日军又多次派部队增援，我军进行顽强阻击，官兵下定与阵地共存亡的决心，多次进行肉搏战。赤手空拳与敌扭打，猛卡敌人喉咙置敌于死地。战争极为残酷。在前线指挥的第五战区副司令李品仙在日记中写道：

> 战况之剧，无以复加，将士忠勇可歌可泣，东去之江，滔滔奔流者，尽是中华男儿之热血矣。

卢作孚密切关注田家镇战况。

26 日，日军动用 70 架飞机，百余门大炮，摧毁了全部要塞工事，我军无险可守，被迫退却。

9 月 29 日，在坚守了 15 天，毙敌 2100 人后，李品仙下令部队撤出田家镇。

田家镇要塞

田家镇失守，武汉失去了最后一道屏障。

武汉地区的工厂撤迁，进入最后冲刺阶段。除大型纺织厂外，武汉中小型工厂也大量外迁。49 家中小纱厂全数迁往湘西。招商局、三北、大达、大通的船只在汉宜间加快运转，迁运各种器材，木帆船一批又一批扬帆西上。

当局考虑到武汉失守后，香港的战略物资进口转运将有严重困难，因此 9 月以后，由香港、广州北上的各种重要战略物资日益增多，这就更增加了武汉的转运压力，而积压在宜昌的器材以一个月 1 万吨的速度向上攀升。10 月 10 日，积宜器材已由 9 月 16 日的 43550 吨上升到 52000 余吨。如果民生公司仍以原来的速度疏运，一旦武汉失守后日军西攻宜昌，这一批建设物资将大部分落入敌手。

就在我军开始从田家镇撤退之时，9 月 27 日，重庆民生总公司上书重庆行营交通处，提出增派小轮，开辟宜昌至巫山等短途航线，以加速疏运积宜军、公器材，全文如下：

敬肃省，查现积滞宜昌公物及建货甚多，关系国防及生产甚巨，深虑将来赶运不及，致滋意外。特趁此江水尚厚，民元、民本、民权、民风均可直渝之际，拟定三段盘转办法，增加运量：

一、宜昌至巫山（或巴东）段，以民宪、民运、民享、民意、民福、民安、民选七轮行驶。

二、宜昌至万县段，以民俗、民贵、民主、民康、民勤、民俭、民苏、民熙等八轮行驶。

三、宜昌至重庆段，以民元、民本、民风、民权四轮行驶。

照上述办法，每月运量可较直航增加两倍，拟即渐次实行。俟将来水退，元、本、权、风等轮不能航行川江时，再另行变更派船舶计划，故特奉达，请烦鉴核，并请转知船舶管理所为祷。此上

行营交通处　　　　　　民生实业公司

1938 年 9 月 27 日[1]

对民生这一重大举措，军方未见回应。民生增派船只、缩短航程的宜昌抢运方案，只好暂时搁置。积宜军、公物资仍按原计划由 15 艘轮船继续运送。

纠结在卢作孚心中的另一个问题是，积压在宜昌的民生柴油和修船五金器材以及民生的合作厂矿器材如何入川。根据当时的政策，民生对此未安排运力。但其对民生重要性，却是生死攸关。

军方不同意对军、公物资组织抢运，民生这两类物资不能任其迁延，必须组织抢运。

二、卢作孚策划抢运宜昌自用油物料及合作厂矿器材

田家镇失守之后，郑璧成于十月八日写信给卢作孚："奉巴两处是否各分一批船航行？各派船若干，此间各处皆不明白。……奉、巴各需驳船若干也不清楚。"从郑的这封信可以推断，卢 9 月 27 日方案发出以后，很可能同时又函重庆，谈开辟短途运输问题，但下调船只数量和时间尚未明确。他没有估计到军方会不同意他开辟短途航线的计划，因此郑璧成等待多日未见下文就发此函催问。

郑璧成的信尚未到武汉，卢作孚已于 10 月 10 日发函给总公司负责船务的杨成质、李邦典，明确民意、民享、民运、民安等四艘丙级船航行短

① 《民生总公司致重庆行营交通处》，1938 年 9 月 27 日，长航档，民生。

途航线，抢运民生自用油物料和合作厂矿器材。为了避免这些船只到宜后被各军政机关扣用，卢要求总公司首先完成两项手续，原文如下：

（一）公司修船材料，为枯水修船所急切需要，工人等待工作。油料尤需，决定原有轮船外加派丙级船两只抢运。请代电行营电交部、船舶司令部、船舶管理、航委会、兵工署。

（二）中福煤矿器材、恒顺机器、大鑫锰矿速洽工矿所，商经济部，调民生两丙级轮两只抢运，并电以上各机关说明：此皆重工业与兵工有关者。

函中，卢作孚还告重庆，已要求李肇基按上述精神去与汉口各机关洽谈。[1] 在卢作孚发出信函的第二天，宜昌的童少生于十一日函卢作孚提出同样问题：

（四条丙级船）即将行宜万或宜奉，诚恐到宜时又为兵工署占去。盼商得制止办法，陈情于最高机关，电宜各机关知照，以免将来在宜发生纠纷。[2]

事情的进展颇为快捷而顺利。童少生发出这一信件时，汉口的问题已获初步解决。卢作孚于同一日函童少生：

关于公司以小轮行宜奉专运公司油料及中福大鑫等器材，已向杨司长说明，彼极同意。已托肇基向其他机关说明。盼宜亦作同样说明，当可得各方谅解。[3]

10 月 13 日，卢作孚再函童少生：

亨、福、安等轮行宜奉或宜万，专运公司器材等，兵工署、航会已由汉说明。差所方面由宜向志明说，并已电渝。公司油料由公司备文，向各机关声明。中福、大鑫由经济部备文向各机关声明，请与渝切取联络。[4]

---

① 《卢作孚致李邦典、杨成质》1938 年 10 月 10 日，长航档，民生，业 891。
② 《童少生致卢作孚》1938 年 10 月 11 日，长航档，民生，业 891。
③ 《卢作孚致宜昌分公司》1938 年 10 月 11 日，长航档，民生，业 891。
④ 《卢作孚致宜昌分公司》1938 年 10 月 13 日，长航档，民生，业 891。

郑璧成于10月14日向卢作孚报告了民勤、民主、民治各轮修理与出航计划。并报告了民福、民享、民安三小轮下驶宜昌日期。对万县的工作，郑璧成说“万县人员已配足，驳船已放去12只，一周内尚有8只放去，大约亦已足用”。

为下放小轮运民生器材，虽兵工署杨继曾已积极支持，而其他机关尚无明确答复。卢作孚觉得不能再等下去了，他于10月15日给宜昌分公司的函中提出：

……事业材料务速照计划运出，万不可等待电令。只能一面运一面向各机关说明，一面由渝办备案手续。此间各机关经肇基分别说明已甚谅解。时间最为宝贵，前此迁延已多，万不可稍事迁延，万望妥定运完时限。①

器材尚未起运，卢作孚已要求童少生定出“运完时限”，可见其要求十分紧迫。对于开辟短途航线的有关港站，当时只提到巴东、奉节，宜巴航线早已开辟。

巫山当时尚未提及。奉节方面，从郑璧成答复童少生10月12日的信上了解到，童少生“已派王光藻前往考察、布置，并派韩省吾君前往长驻。”

三、抢运民生油物料势在必行

积在宜昌的九万多吨物资，在卢作孚看来，民生的柴油是最为重要的。

油料，是民生大部分船只赖以营运的重要物资，据1937年《新世界·12届股东会专号》公布的资料，民生48艘营运船，16艘是烧煤的蒸汽机船，占公司船舶总数的33.3%，32艘是油机船，占66.7%。民生的主力船、大轮全部系蒸汽机船。以马力计，民生船舶总的马力为39342匹，烧煤蒸汽船马力为28270匹，占总马力数的72%，油机船马力共11072匹，占28%。这些小马力的油机船，主要奔驰于四川各条短航线。民生公司统计它的燃油消耗，每月600吨左右。

---

① 《卢作孚致宜昌分公司》1938年10月15日，长航档，民生，业891。

民生公司在重庆须储备一定数量的船用机、柴油。战争开始，民生在香港设办事处，主要任务是向外商购买油物料，并联系装车北运武汉。

民生自用的油物料属于商货。在长江上，军、公物资运输紧张时，商货有时暂被禁运。民生有船航行汉渝，油物料运川并不困难，而取得兵工署的支持，是民生油物料上运的重要因素。1938 年 1 月，是商货停运时期。民生要求兵工署驻宜运输处对民生急需之柴油、洋油“先予以大量分批搭运”。兵工署杨继曾批示：“准予拨用有油舱轮船壹只壹次，惟以铁驳放下交巩厂用为条件。”民生的这批柴油，兵工署此前已经拨用民主轮搭装 120 吨，民熙轮搭装 60 吨。[①]

民生由香港购得的油料，军委会批准内运。9 月中旬到 10 月中旬的一个月中，香港柴油源源北上，由汉转运去宜。卢作孚一直驻守武汉主持此项工作。进入 10 月中旬，日军对武汉已成“合围”之势。民生油料北运又极为紧张。卢作孚毅然决定于 10 月 13 日派汉口分公司职工分两批南下长沙，组织燃油由长沙转运去宜。到 10 月 17 日，汉口分公司已将香港、广州、武汉购得的 3770 吨柴油中的 2920 吨运往宜昌。但是，由粤汉路北上的 850 吨油车，却散在长沙南北各小站，具体地点不明，汉口分公司员工分头到湖南各小站寻找，而后再在长沙组织起卸，分装运宜。[②] 为了这最后一批油料，卢作孚曾于 10 月 20 日下午 5 时由武汉乘汽车赶赴长沙。[③]

3000 多吨柴油到宜，无疑是民生公司的一大胜利。但这批油料如何进川？交通部在 8 月明令停运商货后，政府考虑到某些商品是后方建设急需物资，决定对经济部工矿调整处审查批准的急需商品发给特种护照，海关给予放行。[④] 民生公司香港进口油料得到批准。但是，这些物资并不能改变其商品的性质，民生公司拨给兵工署等单位的宜渝线 15 艘船是专运

---

① 《兵工署致民生公司函》1938 年 1 月 22 日，长航档，民生，供 298。(武大经济系抄件)

② 《汉口公司致总公司》1938 年 9 月 17 日，民生档，船 527；周克振：《汉口分公司撤退记》，《新兴界》第 13 卷第 5 期。

③ 《张兹闿致林继庸》南京二史馆，全宗 819，78 卷。

④ 《汉口分公司致宜昌分公司》1938 年月 22 日，长航档，民生，业 324。(武大经济系抄件)

军、公物资的，民生公司的油料排不上号。

卢作孚也必然会预计到，在宜昌物资积压严重的情况下，民生公司要像过去那样借用兵工署的专轮油舱，其可能性极小。而且军、公单位到宜的油料到 10 月底将达万吨，三倍于民生。调拨给兵工署的专轮油舱，兵工署必然首先满足军、公单位的运油需要。

这就是民生公司油运面临的严重局面。

除油料以外，民生公司还有多家合作企业迁川设厂。这些厂矿的建成投产对民生公司战时生存和发展关系重大。但在“新计划”中对民营厂矿没有分配运力，因而中福煤矿由湖南转宜昌的千吨器材以及大鑫渝厂的器材和矿砂都久滞宜昌。11 月以后，民生又将起运合作单位汉阳周恒顺机器厂器材进川。现在，宜昌撤运如此紧张，各军事单位都争着早日运出，中福、周恒顺等合作工厂器材想挤进兵工署专轮的船舱，几乎是不可能的。

卢作孚必然还考虑到后勤部已发现民生私下在运输这类商货。9 月 24 日在宜昌召开的一次研究成立督运机关的会议上，后勤部船舶运输司令部副司令吴嵎指出“有以公物作掩护运输商品者”指的就是民生。他要大家“统筹合作，急公之急，破除私见，解决此类问题”。当时民贵、民俭确是在搭装公司油类与五金料。所以童少生报告卢作孚说，成立了督运机关对“民贵、民俭多装本公司油料、港料一层必有妨碍”。军方的这种态度，对油料进川又增加了一重困难。卢作孚不会忘记 3 月间因民俗轮偷运商货而最终导致水运处被撤销的惨痛教训。这次他必须认真对待。

卢作孚面对的形势异常复杂和艰难。油料和合作厂矿器材是民生公司的生命。油料如迟迟无法上运而在空袭中遭受损失，一定时期后，烧油的轮船被迫停航，民生公司将何以生存，战时川江运输谁能承担？

在此客观形势对民生公司十分不利的情况下，拼搏半生的商界奇人卢作孚不会坐以待毙，他必然会别出心裁，想出奇招，摆脱困境。卢作孚决定自调小轮抢运自用物资，并把问题提交各机关，请大家谅解支持，这是最可靠的办法。

四、民生油物料开始进川

卢作孚在与童少生商谈下调小轮抢运民生油物料的过程中，要求童少生详细告知各轮在宜昌抢运情况。童少生于 10 月 13 日开始每隔三四天集中汇报一次（缺 16 至 18 日函件），这一工作一直延续到 11 月 5 日。现将各轮疏运情况列表公布于下（表 11—1），从表中可以发现三种情况：其一，在兵工署杨继曾于 11 日同意卢作孚新调小轮疏运油料等物资后，童少生于 13 日即开始安排民意、民享装运民生油料和物资。其二，10 月间，民生抢运自用油物料及合作厂矿器材的小轮，仅限于民生指定的民意、民享两轮。其中民意原来即系按蒋介石意见航行宜巴线运送客人的。其他各轮都按原计划运送军、公物资。其三，增调的第三、四条小轮民安等是在 10 月 30 日后才从宜昌起运民生器材。看来，小轮脱离原航线下调宜昌并非易事。

表 11—1　宜昌客货疏运情况表（10 月 13 日至 11 月 5 日）

日期	航线	船名	客运		货运（吨）
			人数	收益（元）	
10 月 13 日	宜巴	民意			豫丰机件 75
	宜万	民享			民生机油、五金 90
	宜万	民熙			航委会油弹 141
10 月 14 日	宜渝	民风	578	11159.8	建货 306，公物 30（建货即系兵工署迁建委员会的货）
	宜万	民俗			建货 230
10 月 15 日	宜万	民贵	545	4720	建货 230
10 月 19 日	宜万		伤兵		公物 235
	宜渝	民康			公物 235
10 月 20 日	宜巴	民意	伤兵		中福钢轨 75.5
	宜万	民享	115	1043	民生柴油 55，公物 39

续表

日期	航线	船名	客运		货运（吨）
			人数	收益（元）	
10月21日	无船发货				
10月22日	宜巴	民意	150	734	中福钢轨75
10月23日	宜万	民俗	347	3012.5	建货230
	宜万	民政	55	477.5	建货150
	宜渝	民元	483	9864.5	建货418，民生器材85
10月24日	宜万	民苏	207	2128.5	交通器材、柴油160
	宜万	民贵	464	4201	公物230
	宜巴	民意			豫丰机花75
10月25日	宜万	民享	152	1320	四行机花100
	宜渝	民本	367	7377	建货500
	宜万	民主	127	2562.6	建货120
10月27日	宜万	民俗	30	399	建货230
	宜渝	民俗	15	648.8	拖民胜
	宜巴	民意	250	1042.5	中福钢轨70，公物5
10月28日	宜万	民康	187	1912.5	建货120
	宜渝	民权	630	11779.5	建货280
10月29日	宜万	民苏	247	1367	交通器材库柴油749桶，机油747桶
10月30日	宜万	民贵	456	4936.5	航委会炸弹
	宜巴	民意	伤兵		中福钢轨65，公物9
	宜万	民享	193	1465	民生机柴油55，民生角铁30
	宜万	民安	101	853	中福钢轨65，资委会钢板15

续表

日期	航线	船名	客运		货运（吨）
			人数	收益（元）	
10 月 31 日	宜万	民照	不搭客		航委会汽油 790 桶，机油 50 桶
11 月 1 日	宜万	民康	182	1432	四库器材 110
	宜万	民俗	伤兵		建货 230
11 月 2 日	宜巴	民意			鄂湘川黔边署公物 70
	宜万	民助	差运		
11 月 3 日	宜万	民苏			航委会汽油 150
	宜巫	民享	66	338	民生柴油 90
	宜奉	民安	61	257	民生柴油 40
	宜万	民治	160	781	包装货 50
11 月 4 日	宜万	民贵	65	1003	建货 220
	宜万	民主	218	2461.8	建货 170
11 月 5 日	宜渝	民本	818	15706.8	建货 370，制呢厂 30
	宜万	民俗	62	965	建货 220
	宜渝	民元	745	15292.3	民生钢板 80，探照灯 30，建货 390
	宜巫	民康	98	538.4	建货 150
	宜巫	民享	66	338	民生柴油 90
	宜万	民照			航委会汽油

（上表个别船舶动态，与实际情况有出入。据港站资料，民享、民安均系 11 月 2 日发航——作者）

民生增派的四艘丙级小轮民意、民享、民安、民治，从 10 月 13 日到 11 月 5 日，共运出民生油料 450 吨，合作厂矿器材 810 吨。

五、面对宜昌紧张情况，卢作孚提出四十天抢运新方案

武汉撤迁前夕，10 月 23 日，卢作孚到达宜昌。

宜昌积压的物资，11 月 4 日，增至 82000 余吨（详见表 11—2）。实际上，已不止此数，23 日前夕从武汉发航的客货轮与货轮就有江新、江顺、凤浦、青浦、大豫，还有中福、申新等拖驳船队。其他海轮尚未计入。这些船舶，均可在 10 月底前抵达宜昌。由于宜昌的卸载能力差，11 月 4 日前不可能完全卸下纳入统计表，必然尚有部分船只停泊待卸，因此卢作孚认为有“九万吨以上待运的器材”（参见卢作孚：《一桩惨淡经营的事业》一文）是较为正确的。

表 11—2　宜昌积存器材分月统计表　（单位：吨）

统计日期 物资类别	6 月 27 日	7 月 18 日	8 月 12 日	9 月 16 日	10 月 10 日	11 月 4 日
军品	430	1539	926	1450	1330	5295
兵工署机材	4000	10908	13017	17300	15900	38423
航委会油、弹、机材	2000	3360	4800	7559	6597	5440
工矿调整处迁厂器材	4000	1461	8096	12724	19402	18578
公物		240	308	3055	9000	14853
商货		1869	1477	1462		
共计	10430	19377	28624	43550	52229	82589

资料来源：长航档，民生，船 219，根据民生公司各月统计综合编制。

大量物资集结宜昌，这是武汉西迁的成功，是我百万大军浴血奋战为西迁赢得了时间，由招商、三北等上海航业和民生以及广大武汉装卸工人、长江船工们在敌机轰炸下，冒着生命危险抢运出来的。现在，这 9 万多吨器材，只有依靠以民生为主的轮船和川江木船运往重庆了。

战时运输开始后，卢作孚多次到达宜昌。但这一次，他所见到的宜昌运输的混乱局面及人心之恐慌出乎他的意料。事后，他对当时宜昌的情况有以下记述：

扬子江上游的运输能力究嫌太小，汉口陷落后，还有 3 万以上待运人员，9 万吨以上待运的器材，在宜昌拥塞着。全中国的兵工工业，航空工业，重工业，轻工业的生命，完全交付在这里了。遍街皆是人员，遍地皆是器材，人心非常恐慌。因为争着抢运关系，情形尤其紊乱。我恰飞到宜昌，看着各轮船公司从大门起，直到每一个办公室都塞满了交涉的人们。所有各公司办理运输的职员，都用全力办理交涉，没有时间去办运输了。管理运输的机关，责骂轮船公司，争运器材的人员互相责骂。①

逃难民众冒着日机轰炸来到宜昌，流落街头

卢作孚面对此状况，决心迅速改变这一局面。他把抢运民生油物料、合作厂矿器材与军、公物资统一考虑。在 9 月 27 日原方案的基础上，研究制订新的抢运方案。

根据川江水位日渐下落，从 12 月 10 日以后，民生公司主力船民元、民本、民权、民风、民俗等五条甲级船将不能从宜昌起运物资，于是卢作孚着手制订了 11 月 1 日至 12 月 10 日中水位的四十天抢运方案，计划除原有宜渝、宜万两条航线外，再开辟宜巴、宜奉、宜巫三条短航线，共计五条航线。增开短航线的目的是，把积宜物资尽快抢运出宜昌，脱离险境，免遭轰炸，而后再逐步运往重庆。

这次运输组织改变的主要内容是，卢作孚把原来对运输兵工器材向兵工单位分配专轮的办法，改革为分配吨位。民生公司把五条航线的运输船舶分别确定后，计算出 40 天的运输吨位总量。再根据各单位报运的吨位数量，把轮船的吨位分配给各单位。各单位对分配到手的吨位，都按物

① 卢作孚：《一桩惨淡经营的事业》，载凌耀伦、熊甫编《卢作孚集》，华中师范大学出版社 1995 年版，第 413 页。

资急须运出程度，把货物编组，分别先后，定出数量，交民生公司安排运出。卢作孚说："至于何轮装运何机关器材，由我帮助分配。"[①] 各兵工单位愿意接受这一改变的原因是，自己分配到的吨位不会因为轮船被炸而受损失。而民生作此改变，心中另有玄机。

民生公司收回专轮的根本目的，就是收回配载权。这些专轮原来都由兵工署配载运输，民生公司无权干预。现在统归民生，由民生根据各单位提供的配运货物计划分配运输。何轮装何物，全由民生安排，这一配载权的收回意义重大。如配载权在军方，民生的自用物资及合作厂矿器材，军方不可能分配装入专轮的，现在民生可以和军、公物资一起分配进入这些甲级、乙级船而运往万县、重庆，保证了民生自用物资顺利进川。

配载权的收回，显示了卢作孚极高的商业智慧，这个问题不便明说，卢作孚拐了个弯，说是改分配专轮为分配吨位，兵工署没有了专轮，配载权无形中就回到民生手中。

卢作孚对四十天的抢运计划留有宽绰的余地，对 40 天运不完的物资，卢作孚向各托运单位明白宣布：公司将另作计划，继续组织轮船和民船运送。

10 月底前，宜昌各军事物资部门同意了卢作孚的计划后，民生公司的调度部门即有步骤地调动重庆周边航线小轮，逐步纳入新的短途航线。参加抢运的包括原来航行宜万、宜渝的 15 条（三北、招商局各一条），共 24 艘轮船。拖轮民聚、民力和民生 11、12、14 号驳，租用的意康驳和招商局 3、4 号驳。新购进的拖轮民强、民固修理改装后也下调宜昌参运。一切工作就绪后，民生公司于 10 月 30 日把计划通知兵工署，[②] 得到兵工署的同意。

---

① 上述情况均参见卢作孚：《一桩惨淡经营的事业》。

② 《民生公司致兵工署函》1938 年 10 月 30 日，长航档，民生，业 421。（武大经济系抄件）

第 12 章　宜昌抢运

10 月底，开辟短途航线的计划开始实施。民生总公司已准备好将重庆周边小轮下放，改航宜奉、宜巫、宜巴等线（当时并未开辟宜昌至三斗坪和南沱航线）。原航行宜万、宜渝的 15 艘轮船，除少数充实短航和民元、民本航行宜渝外，其他全部航行宜万。

奉节、巫山、巴东临时办事处，分别由蔡金先、王光藻、蒋宏宽担任主任，他们在 10 月底先后到任。担任万县分公司经理的是原汉口分公司经理陈国光，宜昌分公司的工作仍由童少生主持。总公司部分精干的业务人员奉调到宜昌协助。卢作孚坐镇宜昌指挥全局。

10 月 31 日，万县公司给奉节、巫山等处迅速调配驳船和装卸工，组建简易码头，以便接纳宜昌上运器材。同一天，短航小轮陆续从重庆启程东下，卢作孚精心策划的宜昌抢运，于 11 月 1 日正式拉开帷幕。1 日晨，民俗轮装 230 吨、民康轮装 110 吨兵工器开往万县；2 日夜，民享、民安、民治轮装民生的自用油料和包运物资，于 3 日清晨由宜昌分别开往巫山、奉节和万县。

抢运的航线设置是：宜巴、宜巫、宜奉、宜万、宜渝等五条航线。24 条船分布在这五条长途和短途航线，同时从宜昌起运器材。12 月间又开辟南沱、小青滩等转运站。各站货物转运到重庆的次数，二次、三次、四次不等，因此把宜昌抢运称为“三段航行”就不确切，应称之为“分段航行”。有的学者将此“分段航行”看成是 1937 年初枯水位时期民生公司创办的“三段航行”发展而来，这是不熟悉航运业务而形成的误解。1937

年初枯水位时期的“三段航行”是根据宜昌、重庆间各不同航段的水位与河床等状态相应安排不同性能的船舶航行，使宜渝线不致断航，而把宜渝线分三段接运到重庆。西迁的“分段航行”，是为了把货首先抢运出宜昌，因而开辟多条航线，都从宜昌始发。第一步把物资抢运到中间各港囤存，第二步再接运到重庆。两者都是根据不同情况而采取的不同调度方法，两者之间不存在发展关系。

一、短途航线密集发运民生油料，宜万线上全部装运兵工器材

物资分配发运的权力已回到民生公司手中，卢作孚成竹在胸。宜昌公司经理童少生根据其确定的原则，全面组织安排器材转运。

运物资的民苏轮航行在崆岭

新开辟的短途航线，首先大批量密集发运民生公司的柴油，民享、民安轮，是航行短途的第一批船只，2 日夜全部装的是柴油。

准备装上民享、民安轮的柴油首先装上驳子。这天夜里，卢作孚早已坐在驳子后部的驾驶室里。他在民享轮泊定后，随驳子到达装卸现场督促装卸。民享轮是 440 马力的油机船，登记吨位仅 196 吨，可装 120 吨，是一艘很小的船。卢作孚安排民享轮装的是桶装柴油。一桶 166.66 公斤,6 桶 1 吨。6 点开始，一直装到半夜 1 点，7 小时只装了 312 桶，计 52 吨。卢作孚认为进度太慢，立即决定改装其他物资。卢作孚跟着熬夜，装到三点半，数量远未装足，但时间不能再延长了，立即停工收拾现场。民享轮移泊到码头，客人上船完毕，已是 2 日早上五点半，卢作孚站在码头上，目送民享轮启航驶向巫山。

宜昌到巫山，航程 170 公里，要求当天到达。民享轮开航时间晚了，

当日下午8点半才到达巫山。

在另一装卸现场，可装90吨的民安轮，也只装了40吨柴油驶向奉节。

第二天，11月2日晚，民意轮装了与民生合作办矿的中福公司的三角铁与边署公物共84吨驶向奉节。11月7日这一天，民聚轮拖了装柴油的11号驳、民安轮装了柴油分别驶向巫山、奉节，民生公司柴油运量高达440吨。

2日至11日，民安、民选轮4次开行宜奉线，全部装的是民生公司自用的机油、柴油，共计158.24吨。

根据民生公司1938年奉节进口统计，11月份共进口1268.5131吨。其中，民生油料和合作厂矿器材运进613.943吨，占全月的48.4%，军、公物资654.67吨，占51.6%。兵工器材，一直到11月22日才开始发运到奉节（表12—1）。这就说明，在宜奉线上，宜昌首先发运的是民生公司的油料与合作厂矿器材，油料等运完后才起运兵工器材。

表12—1　1938年11月奉节进口物资明细表

日期	船名	航次	航线	民生油料（吨）	合作厂矿器材（吨）	军、公物资（吨）	总计
11月3日	民安	304	宜奉	40			40
11月4日	民意	245	宜巴奉		83.79		83.79
11月7日	民安	305	宜奉	40			40
11月8日	民意	246	宜巴奉		59.28	35	94.28
11月10日	民治	290	宜巴奉		43.71	17.5	61.21
11月11日	民选	343	宜奉	37.08			37.08
11月11日	民安	306	宜奉	41.16			41.16
11月19日	民意	250	宜奉		55.92		55.92
11月21日	民福	288	宜奉		50		50
11月22日	民治	293	宜奉		40		40
11月22日	民意	251	宜奉		65		65

续表

日期	船名	航次	航线	民生油料（吨）	合作厂矿器材(吨)	军、公物资(吨)	总计
11月22日	民政	77	宜奉			158.07	158.07
11月23日	民亨	248	宜奉		13	84	97
11月25日	民安	307	宜奉		45		45
11月26日	民政	78	宜奉			120	120
11月28日	民意	253	宜奉			75	75
11月29日	民安	308	宜奉			45	45
11月29日	民政	79	宜奉			120	120
共计				158.24	455.7	654.57	1268.51
百分比				12.5	35.9	51.6	100

为了观察宜昌抢运开始时各类器材的发运量情况，现在截取11月3日至21日奉节到货概况列表（见表12—2）。

表12—2　抢运初期奉节各类物资进口概况表（11月3—21日）

物别	吨位	百分比	备注
民生柴油	158.243	31.43	柴油和合作厂矿器材共450.943吨，占总数的89.57%
民生合作工厂机材（大鑫、中福）	292.7	58.14	
公物（交通部电政局）	52.5	10.43	
兵工器材	0	0	
共计	503.443	100	

据《奉节临时办事处进出口统计表》，长航档，民生，业454。

12月份，民生公司集中吨位疏运兵工器材，运进奉节的数量达1660吨，占全月的93%。这是奉节进口兵工器材最多的月份。

宜昌向巴、巫、奉发出的编号函件，是通报宜昌上行船发航动向与各轮载量的。在宜巫线，宜昌于11月7日发1号函，到12月26日的第50天才发出21号函。

根据11月2日到18日所发6封函件中的15个航次统计，宜巫共运出 2046 吨，其中：民生公司的柴油 1034 吨，占运输总量的 50.54%；公物 252 吨，占总量的 12.31%；兵工器材 760 吨，占总量的 37.15%。

从短途航线看，在 11 月 20 日以后，未发现有民生公司的油料上运情况。

在紧张抢运民生公司的油物料等商货过程中，卢作孚突然接到后勤部长俞飞鹏给刘峙（经扶）将军和他的电报：

滞宜军品尚多，现在局势紧张，非准备多数船只，星速赶运，难期清理。运川商货，固关系民生，惟其重要性，究远逊于各种军品。拟请经扶、作孚两兄大力主持设法督察疏运，凡属可以缓运商品，似宜令其缓运，俾军品及早运出。

卢作孚拟了一份复电，内容是：

一般商品轮船早经停运。在木船未统制以前，尚有由宜雇木船运出者。现经船舶司令部联络各机关统制所有可以入川木船，即绝无复商品运川办法矣……

卢作孚当然巧妙地隐瞒了短途运力首先用以运油的秘密。俞飞鹏怎么也不会了解，他的信到达卢作孚手中时，卢作孚已成功地先于兵工器材整船发运商货——民生油料。

对合作企业的器材也陆续分配上运。中福由湖南运宜的千吨器材在宜昌抢运开始后的 12 月初全部由卢作孚分批运川。中福公司总经理孙越崎特函民生表示感谢。从 11 月 1 日至 10 日间宜昌的发船记录中看，开往万县的共 13 航次，开往重庆的有民元、民本轮各一次。其中除民俭轮装公物时搭装民生公司的自用油料外，其他全部运送兵工器材和航空油料。据此可知，抢运民生公司的油料与合作工厂器材，卢作孚主要是利用短途航线的运力。

9 条小轮进入短途航线，并无政府指令，是民生公司根据形势需要主动下调的。如果仍按原来的老办法撤运，军方很可能就把这批小轮抓去运输兵工器材了。招商局大轮进川的压舱吨位，就被军方强行统制；民营厂矿雇到的木船也被军方扣用，民间人士也只能服从。现在民生已实行按吨位分配，对这批新增小轮，卢作孚可自由分配使用。当此 40 天抢运期间，拥有大量运输吨位的宜万线，几乎全部运送兵工器材，仅短航线上有部分吨位疏运民生公司的油物料和合作厂矿器材。而且运送这些物资，民生事先已向有关方面说明，因此卢作孚这样安排运力，兵工器材与民生公司的重要物资都得到妥善安排，双方未引起任何纠葛。

二、一条特殊客运航线的诞生

由于人员西迁的资料太过零碎，本书未列专章记述。下面这件事，是民生公司经营中的特例，略予记载。

抢运开始，11 月 2 日宜巫线的民享轮，运了油料和巴东客首批发航。由于到达巫山港时间较晚，这条航线的下客地点发生变化。此后，宜昌到巴东的客人要买巴东以上 60 公里的巫山的客票。船驶过巴东不停靠，继续去巫山，过一夜，船从巫山回宜昌路过巴东时再下客。这种客运调度是长江航运史上民生公司的独创，是在特殊历史条件下产生的。

宜巫线按常规是一天航程，早发晚到。晚间卸货，第二天返宜再装货上行。民享轮第一次到巫山已是 11 月 2 日晚八点半，巫山办主任王光藻写信给卢作孚反映，民享轮 2 日早晨出航晚了（五点半发航），途中在巴东卸客 35 分钟，在泄滩候富华绞滩耽搁了 30 分钟。领江都愿为公司努力，坚持一天赶到巫山。“惟能不搭巴东客，则可减少行驶黑路时间似更较安全。”

卢作孚批：“从下次起不搭巴东客。”批示的精神是，即使减少客运收入，也要保证船舶航行安全。

民享轮迟到的主要原因是发航晚。一般进川船舶，四点多钟就从宜昌发航了，而王光藻不提解决发航晚的问题，却提出不搭巴东客，说明其紧急疏散难民的观念太薄弱。

王光藻提出不搭巴东客和卢的批示，都是针对民享轮而言的。但宜昌公司贯彻卢的指示，却产生了一个奇妙的办法。

宜昌的难民，有两大疏运地，一是重庆，一是巴东。湖北人逃难大多进入本省巴东转往鄂西各地投亲靠友，巴东又是湖北战时省会恩施的出口处，所以巴东客很多，巫山客极少。现在走巫山的船不搭巴东客，走巴东的船又少，怎么办？宜昌公司协调矛盾的办法是：凡宜巫线的巴东客，要买巫山票，船从巫山返回时才在巴东卸客。这个办法既增加公司收入，又解决了客人急欲离开宜昌的问题。船客多出了钱，多走了 120 公里水路，在轮船上又熬过一个冬夜，增加了不少劳累。但是能有离开宜昌的机会，客人也乐于接受。这个奇妙主意，可能出自童少生。童脑子灵活，业务熟悉，善于化解运输调度上的难题。这主意为公司又多赚了一笔钱。

其实，巫山返程船到达宜昌时间一般都较早，完全可以早安排装船，使宜昌能早开航，把巴东卸客的 30 分钟挤出来，使巴东客能在上水时离船，客人无须多花旅费，又减少了旅途劳累。

这是发生在抢运开始时的事。后来在 1950 年，卢作孚谈到宜昌抢运各项工作如何都上轨道、都有规律时说：“宜昌到巫山航行时间限定是一天，有的船上水一天不够，就在下半夜离宜夜航一段时间……”说的就是宜昌提早发航时间的问题。卢作孚这一段回忆说明，由民享开始，这类问题已获解决。但是，宜昌分公司对巴客从巫山下水卸客的办法一经实行就不再改了，一直延续到 1939 年二季度巴东站撤销。仅以 1938 年 11 月宜巫线 18 个航次统计，有 4 个航次没有装客人，一次上水在巴东卸客，其余 13 次巴东客人全部到了巫山，回程在巴东离船，载客共计 2100 人。抢运期间，全部由巫返程到巴东下船的客人，数字当然更为庞大。宜昌分公司增加了不少收入。

宜昌分公司增加额外收入的办法，花样繁多。童少生收某兵工厂涪渝线运费，以上级无规定为由，运价超过宜渝线的价格。那是对兵工厂，其费用是政府提供的。但是，现在宜昌分公司面对的是难民，大批巴东客不仅多出了钱，而且要挤在船舱里、坐在甲板上多待一天一夜；夜间卸货，响声大作，难以安睡，但也必须熬过寒冷的冬夜。这就违背了民生公司长期宣传的为社会服务的承诺，影响了信誉。

民生公司的收入都用于发展事业，多造船多为社会服务，没有分毫进入个人腰包；卢作孚更是一尘不染，两袖清风。民生公司对公司利益与个人私利有明确的界线。抢运期间，兵工器材运费极低，又无回程货，收入锐减，因此积极设法增加收益也是在情理之中。宜巫线航程较长，航速慢的船一天到达，确是难事。1950 年卢作孚说的“下半夜离宜夜航”，在一般情况下可以实施，但如气候恶劣，不能早发航，巴客在宜巫线返程下船，仍难避免。问题在于此种办法不宜常态化、制度化。宜昌公司对此处理不妥。

三、巴东、巫山、奉节接纳上运器材

巫山、奉节等地小港初建，卸船设备十分简陋。创造完善的卸船环境，并非一朝一夕之事。开始时不是缺这就是缺那，装卸工人们克服了重重困难，将货物搬运上岸。

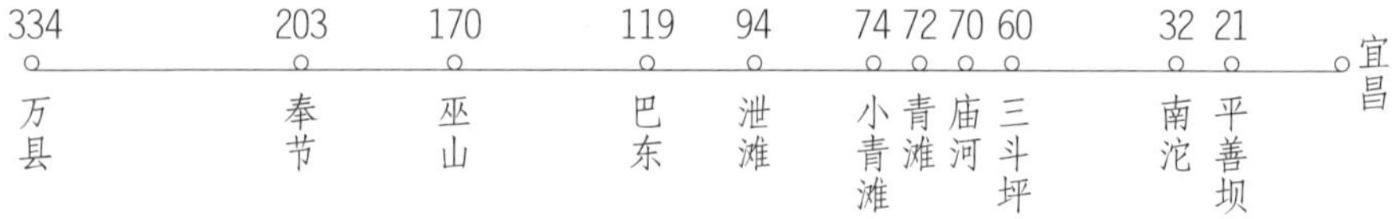

宜昌到上游各港站里程表（公里）

有一天，民治轮于下午五时半装了一船豫丰纱厂的机件到达巴东，货件较为笨重。巴东的 50 名工人都是码头扛抬工，对提舱不内行，把重件从船舱内提上舱面就无能为力。办事处与孙领班商量，抽出 30 人提舱。但巴东又无提舱工具，工作困难。为了使船舶赶在第二天开出，前舱工人特别努力，终于完成任务。后舱的货比前舱更难提卸，孙领班督促工人奋力工作，不料吊货绳子突然断裂，货件落下，压伤工人候有元的腰部，情况非常危险，即送医院治疗。卢作孚接到巴东报告，对工人努力工作，批示同意“酌给奖金”，对受伤工人，批示“医疗费由公司津贴”，以示关怀。

巫办主任王光藻到达巫山，踏着崎岖的山道，察看了县城沿江沿岸的地理状况，决定由万县下放的 10 号驳船停泊在县城以上五华里处的麦沱。

该处河岸是一沙坝，适宜堆货。麦沱下为乱石陡岸，另一艘 13 号驳船就停在陡岸段内。这两艘船既可靠泊轮船，又可囤存少量物资。但泊位条件较差，10 号驳船距货场 160 米，货物须先卸到 10 号驳船再转驳上岸；而 13 号驳船外挡水势较乱，不易靠泊。

王光藻以巫山木驳缺少，起货条件差，4 日电宜昌要求民主、民康轮行驶巫山以前，一定加派 40 名小工并加派驳船到巫山来，否则，“起岸之货，暂勿运来”。卢作孚接到王的电报后，就由奉节调两艘驳船去巫，并仍派民康轮运兵工器材开往巫山。4 日晚间，王光藻得到这一消息，考虑到奉节两条驳船来巫山不足以承装民康轮全部货物，于是又发电要求增派大驳船，并建议在巫山驳船不足的情况下，民康轮开到万县去。电报是 5 日发出的。卢作孚见到电报后，决定改变王光藻只靠驳船倒载，不考虑改善 13 号驳泊位条件使货物直接上岸的做法，乃于 6 日电复巫山：请速觅 13 号驳较好停泊处，搭跳板上岸，康即傍 13 号驳卸货，如虑沙滩崩溃，可移泊较安全处。……康仍续开巫。王光藻接到这份电报，知道卢作孚不同意他的意见，于是立即向宜昌发电，要求把提舱的绳索以及跳板、马灯、汽灯等工具带到巫山来，以便开夜工。卢作孚立即为巫山联系解决这

民康轮

些具体问题。揣摩卢作孚不改变计划的原因，可能他认为，港口应能适应运输的需要；民康轮按计划开巫，当可迫使巫山改善卸船条件，促使后方的职员多动脑筋，多想办法，尽力适应船舶运输需要。

从巫山与宜昌间来往函电看，这些小县城的物资供应，如绳索、灯具、油布因过去一向无客户光顾，商店当然无须进货，所以装卸用具件件须宜、万供给，解决问题颇费时日。这些易耗物品又须经常添置，烦不胜烦。有一次巫山卸大鑫厂的矿砂 120 吨，一夜之间把 19 只箩筐全部用坏，王光藻一封电报打到重庆："火速购 100 只。"而且告诉宜昌：箩筐未运巫之前，请不要再运矿砂到巫山来！宜昌很体谅巫山的困难，即使在箩筐补充后，矿砂也不再一次发运 120 吨了。

四、渝频放驳船亦难解困，卢作孚飞渝征集木船

从 1938 年 1 月开始，宜昌就经常处于紧张疏运状态。它的各项业务，如工人与驳船的配备，堆场的设置，都已就绪，抢运开始以后，船舶周转，应付自如。然而，新辟巴、巫、奉小站卸载能力和设备跟不上，特别是接载驳船不足。这个问题严重影响船舶到港卸货。货卸不下，船回不了宜昌，影响宜昌疏运速度。因此，宜昌童少生在抢运开始以后，就连连催重庆下放驳船，重庆费尽心机，多方设法也难满足宜昌要求。

抢运开始之日，11 月 1 日，宜昌电重庆："奉、巫需驳急，请电万速将包货起岸，将驳腾出，分放奉、巫，以应急需。"重庆立即转电万县，万县放了两只旧驳船、租了三艘驳船放往奉节。接着宜昌又要重庆告知万县，宜昌拟将原航宜渝线的民权轮改航宜万，要万县做好小工、驳船的准备。重庆又放了 99、100 号驳去万县，还准备从郭家沱调 5 只木船放万。

11 月 2 日，总公司给宜昌的信中又谈了驳船问题：万、奉等地需驳甚急，惟因渝地亦感木船不敷应用，故一时不能大量拨放。且官方封驳多，所以雇用放万亦感困难。渝处决定对万县放满 30 只，现已放了 16 只，明早再放 2 只，其余三五天内即可赓续放万。奉节的驳船，万县计划租万地驳船 3 只，放旧驳 1 只。如果万县抽调宜处驳船几只，渝处就续放几只

以为补，以资双方兼顾。总公司很负责地为各方解决驳船难题。

11 月上旬，卢作孚在宜昌就驳船下放问题发过电报给总公司，内容不详。总公司接电后，发函告诉宜昌说：总公司下放万县的宜式驳船已达 15 只，三天内再放三四只，在民元、民本、民风不开重庆后，还可抽几只下放，以放满 30 只为度。信上说："现渝处木驳苦于供不应求，恐慌异常，虽愿出高价，亦难租得，我有各驳都被厂方占压，不能自由抽调。前经订约赶造，然不能应急。故放驳 30 只，已属竭尽全力，如欲再为多放，目前只感罗掘俱穷之势。……虽万处急如星火，而渝事实上亦感心有余而力不足耳。渝意救急之法，最好是促万处多雇扛抬小工，将货赶速起栈，以免积压驳船。……巫处，亦需将此意转知。使之就地设法为妥。"

信中还谈到抽调小工问题"提装兼运输工人 100 人，于今早搭轮赴万"；另雇妥小工 50 名已于 6 日致电万县。万回电，此 50 人不需用。渝意，万县既感驳船不敷，何不多雇抬工把驳船上积压的货卸进仓库，"盼速告万办理"。

重庆总公司对万县和巫山工作的改进问题，要宜昌处理，宜昌童少生读了信是否感到不快？万县分公司系总公司管，怎么要宜昌指挥？双方为下放驳船问题引起争执。

11 月 15 日，重庆致宜公司函件透露了宜昌公司给重庆的电报，使重庆不高兴。宜昌的电报说："顾念宜万行轮增加，应速由渝大量放驳至万，渝不需保留大量驳船。"宜昌电报带有指责重庆的味道，指责重庆没必要保留大量驳船。这个电报对重庆很有刺激，觉得宜昌不了解重庆的实况和苦处。为此专门复函宜昌，详告重庆所有 104 只驳船的去处。

详述之后，复信接着就说："来电谓不可留存大量驳船一节，渝处亦知万处为今日转运之重心，早已竭力设法放驳赴万，何曾有为渝方便利设想，保留大量驳船在渝之事。今日将驳船只数详告宜处，当可明了然矣。用特函复，希宜释念为荷。"以后，宜渝双方为调驳之事再无函电。

从档案中保存的电报和函件看，驳船调动都为增加万县、奉节、巫山的驳船力量，重庆下调的驳船，大部分是支援巫、奉的，巴东没有增调。

因巴东设站时间较长，各种设备较为完备。

新设的港站需要驳船，在运输上又需要木船支援。经过 10 天的抢运，卢作孚深感疏运进展不快，决定征调木船。

1938 年参加抢运的木船在江中聚集

11 月 10 日，蒋介石对撤运不及的物资予以毁坏的指令到达宜昌，兵工署根据器材的重要性，确定了必要时予以毁坏的物资。这项销毁物资的准备工作，对卢作孚触动很大。在这种形势逼迫下，卢作孚为增加疏运力量飞往重庆，设法调集川江木船参与抢运。

11 月 14 日下午，卢作孚以交通部次长身份在重庆主持了征集木船运输会议。参加会议的有兵工署敬鹿笙、工矿调整处张兹闿、汉口航政局局长王洸及行营交通处、船舶管理所等单位代表。会议决定，由船舶总队部征集木船 2000 艘，第一期，于 11 月 20 日交 1000 艘；第二期 11 月底再交 1000 艘。如因期限过于迫促，最低限度于 11 月 20 日交 500 艘，月底交 1000 艘，12 月 5 日再交 500 艘。木船分配，以兵工署为最多，共 800 艘；工矿调整处 200 艘，船舶管理所 240 艘，军政部下属工厂都分配有船只。参照民生船舶的航线，木船运达终点暂定在巴东、巫山、奉节、万县，最后由各使用机关自行决定航线。①

在运输过程中，木船的管理联络均由汉口航政局主持办理。民生档未记载征集 2000 艘木船计划的最后落实情况。据张嘉璈在《战时交通之建设与设施》一文中记载，参与抢运的木船计 1200 艘。

① 《征集木船运输会议记录》1938 年 11 月 14 日，长航档，民生。

卢作孚在开完木船征集会后，又返宜昌，继续指挥抢运。大批木船参与抢运，运量上升，销毁物资得以避免。

五、40 天抢运完成 29000 吨，40 天后恢复兵工器材专轮运输

武汉失守后，中日战争战略相持阶段到来。日军为保障武汉安全，决定将占领地区保持在信阳、安陆、岳阳一线之内。因而在进占武汉后，由 11 军分三路进攻岳阳，岳阳于 11 月 11 日失守。日军的武汉作战至此结束，暂时未再西进，宜昌形势并不危殆。

11 月，民生公司的油料全部进川，大鑫厂滞留在宜昌的 118 吨锰矿石也在 11 月底前运到奉节；汉阳周恒顺机器厂与民生的合作，在抢运开始时进行商谈，达成协议，已顺利开始起运该厂机材。武昌裕华在宜人员得悉此事时哀叹："可惜，裕华与民生交情不深。"抢运初期，裕华没有得到过轮船的吨位。

11 月，民生共上运各类物资 21000 吨货。① 民生公司的油料和合作厂矿器材成功进川，对其战时经营具有重大意义。

卢作孚将在 12 月 10 日，即 40 天抢运结束后回重庆。在离开宜昌前，卢作孚部署了 40 天后的运输计划，并确定自行提高运价。

卢作孚和兵工署商定了 40 天以后的"第二期兵工器材运输计划"。继续用 3 个月的枯水期抢运宜昌器材。时间从 1938 年 12 月 11 日至 1939 年 3 月 10 日。其主要内容为：以民主、民康、民俭、民意、民福、富华、协庆 7 轮拨归兵工署专运，由兵工署驻宜办事处分配使用，还为兵工署提供一艘吊杆船。②

40 天以前，卢作孚处心积虑，冒极大风险，改变兵工署专轮运输方式收回配载权，40 天后为何又放弃配载权交 7 轮于兵工署？这一收一放，

① 《后勤部船舶运输司令部疏运军品审查会议记录》，二史馆，全宗 819，1379 卷。

② 兵工署档《与交通部卢次长作孚商定之第二期兵工器材运输计划》，民生公司业务处抄件，民生档，总 800，长航档案处藏。

显示了卢作孚善于把握变化中的运输形势，为民生公司谋取重大经济利益。40 天以前，如不改变专轮运输方式收回配载权，民生公司的油料与合作厂矿器材难以进川；40 天后，民生已无自己的器材可运，但运输沿江民营厂器材运价较高可增加一大笔收益，卢作孚把握住了这一变化，及时与兵工署商定第二期运输计划，决定按抢运前的办法，交 7 轮给兵工署专用，把兵工署的运力限制在 7 轮之内，其余 11 条船民生即可自由支配，运输民营厂矿器材。这一变化，再次展示了卢作孚精通变易之道的商业智慧。

1938 年 12 月 1 日，卢作孚召开了“特别会议”，部署了航线调整。目的是：灵活安排区间短航，加速物资西迁。

宜昌物资，先抢运到距宜昌仅 32 公里的南沱，然后把南沱物资陆续转往巫山和小青滩。另一条措施是巧妙地避开险滩。宜昌以上的青滩，水愈枯，水势愈凶险；1—2 月份川江水位继续下落，于是，在 12 月青滩水势尚不凶险时，民生公司抓紧派民意、民选轮将货物运至青滩以上 2 里的小青滩，在水位继续下落难以过青滩时，再由小青滩接运去重庆。12 月泄滩水势尚凶猛，童少生派民固拖轮每天拖一驳至泄滩下停泊，当天来回，12 月继续如此。待泄滩水位继续下落水势渐稳后，再由民固从泄滩逐一拖往重庆。

面对枯水期航道的变化，民生的应变计划，是卢作孚贡献的一份精致的船舶调度设计蓝图。

宜昌抢运 40 天结束。民生 11 月上运 2.1 万吨，12 月上旬上运 8000 吨，40 天共上运了 2.9 万吨物资。[①] 加上进川大轮和木船等运输工具上运的物资，40 天内宜昌共上运约 4 万吨。民生公司的油料已全部上运，合作厂矿的器材除了恒顺厂尚有小部分外，也基本运完。

40 天抢运结束，卢作孚于 12 月 11 日离开宜昌，返回重庆。

---

① 《后勤部船舶运输司令部疏运军品审查会议记录》，二史馆，全宗 819，1379 卷。

六、自行提高货运价格

卢作孚离开宜昌前夕，还授意童少生研究提高货运价格。长江航业联合办事处宜昌分处（负责人童少生）于 12 月 8 日以航联处的名义在宜昌召开会议，决定自 12 月 15 日起，货运价格提高 50%。原来的价格是 1938 年 5 月 11 日工矿调整处训令中规定的，宜渝段迁厂机器 1 吨以下的，每吨 60 元,1 吨及 1 吨以上的，每吨 67.5 元，而民生是一律按 75 元收的。现在航联处宜昌分处公布的价目表："机器每吨 112.5 元。"就是按原来 1 吨 75 元的价，提高 50%。（未分 1 吨以下或以上）

12 月 8 日会议的规定，民生还从短途航线的里程折算中增加收益。巴东到万县的运价，即以宜昌到万县的运价计算，民生公司就多收了宜昌到巴东的 119 公里的运费。巫山、奉节到万县的运价都以宜万运价的 80%计算。奉节到万县的里程仅占宜昌到万县的 39%，民生多收了一倍的运费。

会议形成的文件，长江航业联合办事处宜昌分处以航联处的名义，于 12 月 14 日发给各交运机关和宜昌民生公司"查照办理"。重庆民生总公司知悉后，于 12 月 19 日发函给民生宜昌分公司："长联处既议从原价增加 50%，希将该次议决案抄寄。"宜昌分处的文件是"呈报总处转呈交通部备案，并分函各机关查照"。可见，提价一事，是航联处宜昌分处主任童少生在卢作孚授意下一手操办的。提价决议未报经济部，也未报航联处总处。公布后，未见民营厂矿有何议论。航联处宜昌分处在 1939 年 9 月 12 日对公物又在上述提价基础上再提高 50%，8 月 1 日起实行，1 吨以上货物由每吨 90 元提高到每吨 135 元。

对提高兵工器材运价，民生另案办理。民生联合三北、招商局，向兵工署提出，自 12 月 15 日起，宜渝提价 50%，中途巴东、巫山等地转运的另增 50%的津贴。兵工署不同意，提出直航、转运一律按平均数计，增加 75%。即洪水期每吨 52.5 元，枯水期每吨 64.75 元，自 1939 年 3 月 1 日起执行。兵工署的新意见并未与民生商量，直接上报军政部。军政部于6月24日发布指令："准予照办。"这个75%的比例对民生不利。因为兵工器材都在中途，即使在宜昌还有2万吨货也将分段运往万县等地转重庆。民生的计谋是，中途港物资得到50%津贴，等于提价一倍。所以民生不同意军政部的批示，代总经理宋师度又写了15页的报告，详述各类物资涨价情况，及近年运兵工器材亏损的数据，于7月15日送呈卢作孚。卢作孚直到7月28日才在文件上批了两个字："缓发"。民生对兵工器材的提价计划虽不如对民营厂矿那么顺利，但提价已达75%，也不算失败。

七、两个月抢运，尚存兵工器材两万吨

童少生继续指挥宜昌抢运。

行驶南沱至巫山及南沱至小青滩的船舶，因航线短，装卸频繁，按照卢作孚的安排，童少生由宜昌派出310人分别到上述两航线各轮随船上下，随到随装卸；此外，各转运港站装卸力量也逐有增强，童少生派21人去巴东，派84人去巫山、奉节；之后，重庆公司又调100人去巫山，使巫山装卸工人增至290人，小青滩工人增至52名。

宜昌派出大批工人后，童少生又从沙市招募新工人。宜昌保持了600人的装卸队伍。

民本轮上装有15吨的起重机，在抗战运输中发挥了极大作用。图为船员在操纵起重机

巫山、南沱、小青滩的驳船与趸船等设备得到加强。奉节的驳船进入了巫山，奉节仅留下两艘；巫山驳船增加到了15只；南沱，派足驳船26只；宜昌五龙上段之铁趸、木趸，北岸木趸一只，都拖往南

沱。工矿调整处支持民生公司，提供了 4 只驳船配置于小青滩。

12 月间，巫山变化最大。千百年来冷清的巫山，夜间黑灯瞎火，听不到一点人声，只有江水的轰鸣。现在是日夜喧闹，灯火闪烁，轮船的汽笛声、抬工的吆喝声、船工的号子声不绝于耳。12 月上旬，沿江又架起了电线杆，装上了一盏盏电灯，原来是宜昌五龙堆栈的货已经运完，电机设备由宜昌运到巫山。轮船在巫山进出频繁，需要加装柴油、机油，因而储油设备也装置了起来，专职管理油料的盛绪恭奉调由重庆抵达巫山。

巫山、南沱的设施加强后，12 月 5 日开始，每天有 300—400 吨器材运进巫山，南沱每天也有 200 多吨器材上运小青滩和巫山。集中到巫山的货陆续向万县和重庆发运。

12 月，有些兵工单位器材除交由轮运外，仍联系木船疏运。重庆炼钢厂筹备处所雇郭银州的 18 条木船于 11 月底装 500 吨钢条上运重庆，后为急于将存宜物资撤离宜昌，中途派员赶往上游通知郭的木船队在黄陵庙卸载，木船队立即返宜，承载 500 余吨废钢开赴重庆。另有经航政局编组的 12 只木船卸煤后又装了 270 余吨废钢，离宜上驶。① 其后重钢存宜废钢尚有 1500 吨左右，约需木船 60 只，方可装罄。

12 月 24 日，重钢杨吉辉处长告宜昌负责运输的彭超衡："航政局征集木船 800 只到宜，拨本处 140 艘使用，希向陈哲生兄洽拨。"这批木船到宜，不仅重钢存宜物资可悉数运清，而且还可加速撤运宜昌物资直达重庆。

民生公司对木船卸在沿江的器材积极安排上运，郭银州等 18 条船卸在黄陵庙的500吨钢条，由民政轮于12月21日开始运至巫山，连开三次，将 500 吨钢条运毕。彭超衡得悉黄陵庙钢材起运，随即带领起卸工人前往装船。

重钢运抵万县的透平发电机、锅炉等重要器材，于 2 月底前陆续运往重庆。存在万县的硫酸、传导管等危险品，与其他兵工单位的危险品一

① 《彭超衡致杨吉辉快邮代电》1938 年 12 月 17 日，重庆市档，全宗，24 兵工厂。

起，由民政轮专装去渝。[1]

船舶运输司令部于11月奉令督运滞宜军品器材，并于11月7日成立督运宜渝段军品巡察队，11月10日开始对上运数量进行统计。该部副司令吴嵎12月25日在宜昌召开的疏运军品审查会议上报告说“待运军品器材还有两万吨左右”。接着，兵工署驻宜办事处处长陈哲生报告如下：

现滞宜军品，仍以本署为最多。物品在11月间，本署所报待运数量为45000吨，11、12两月已运出25000吨，现下所余约2万吨，其中小件及中件约万余吨，仍在继续装运，预计明年1月间可以运清。此外重在3吨或长在6公尺以上之大件约3800吨，在3吨以内、1吨以上之中件约6100吨，非至洪水时期不能起运。[2]

在各军事机关代表发言后，由民生公司童少生报告，他说：

本席藉本日会议机会，特将本公司运出数量向各位报告。本公司承船运部督促指导，加以本公司技术方面之努力，计11月份运出的器材21000吨，12月上旬运出约8000吨，中旬运出3000吨。至中旬运量减低原因，以水位关系，民元、民本各大轮业已停班。此后运输量因停班关系，恐还要减少。

关于40天民生宜昌运出量，按童少生提供的报告，共为29000吨。

卢作孚在1950年民生公司业务会上谈到宜昌抢运时说：“那40天中实际运的是26000吨。”[3]

宜昌两个月的上运量：原有9万多吨，兵工器材尚有2万吨，迁厂器材已由工矿调整处参与组织领导，也基本运完，则共上运7万多吨。

对宜昌抢运，交通部部长张嘉璈有一段记述：“……自武汉广州两地失陷后，最感繁重之工作，厥为川江之运输。当时宜昌积存待运之公物，

---

① 重庆市档，全宗，第24兵工厂。
② 《后勤部船舶运输司令疏运军品审查会议记录》，二史馆，全宗819，1379卷。
③ 张守广：《卢作孚年谱》，第280页，重庆出版社2005年版。

计 6 万吨，均 3 个月内运输完毕。其中十分之四，系征集木船 1200 余艘，集中输送。至待运之钢铁厂机器器材，约 14000 吨，除重件不能运带者七八千吨外，其中三四千吨，亦悉数运离宜昌。”[①] 张部长说的 3 个月，就是到 1939 年 1 月底，连同公物和钢铁厂器材共运出 64000 吨。1 月底还有七八千吨重件积压在宜昌。

战时运量没有一个统计部门提供精确数据，各家的数据都各自有来源，口径又不同，产生差异，无法避免。

龚学遂《中国战时交通史》记：“囤积宜昌的军品器材数在 12 万吨以上，油料 1 万余吨，公物 6 万吨，也属急逼待运。”按此计算，积宜器材达 19 万吨。将此 19 万吨，与民生公司等各方运力实际抢运实绩和运输进展情况相比较研究，可以发现这个数据与实际情况相距太远。

轮船上的起重机正在把锅炉吊进船舱

对 40 天和两个月抢运实绩，卢作孚在其《一桩惨淡经营的事业》(以下简称《事业》)文中称：“……四十天内人员早已运完，器材运出三分之二。原来南北两岸各码头遍地堆满器材，两个月后，不知到哪里去了，两岸萧条，仅有若干零碎废铁抛在地面了。”[②]

卢作孚的记述，40 天宜昌总计运出 9 万吨的三分之二，即相当于 6 万多吨，夸大了 2 万吨。(民生自运 26000 吨，加上其他运输工具的运量，共计约 4 万吨)11、12 月两个月抢运后，兵工器材一项还剩有 2 万吨，

① 张嘉璈:《战时交通之建设与设施》，第 10 页，二史馆，全宗 20，149 卷。

② 卢作孚:《一桩惨淡经营的事业》,《卢作孚集》，华中师范大学出版社 1991 年版，第 413 页。

卢说运完了，也夸大了 2 万吨。两个数字相符。

卢作孚在《事业》一文中作这样夸大的记述，当时有深层的原因。该文写于 1943 年，这一年民生公司出现巨额亏损。写这篇文章介绍民生公司的历史，就是向政府各部门宣传民生公司发展过程中所承受的艰难困苦和创造的巨大业绩。

卢作孚写这篇文章有明确的目的性，有特定的阅读对象。它是一份内部文件，不作公开发表广为宣传，而是印成小册子，发给各政府部门和有关单位，为争取政府的津贴、补助和贷款创造条件。政府官员们只要是有点爱国心，读了不可能不为之动容，它的宣传效果是可以期待的。这一年民生公司纯亏 825 万元，政府补助达 5000 万元，民主等三轮被炸，军政部津贴了 1520 万元。

为了使公司渡过巨亏的难关，卢作孚必然会采取相应的手段。使用著文宣传，也是他的融资策略，是商战中的一步棋。文章并未对任何方面造成损害。

到 1950 年，事件已成历史。他在一次研究业务的会上说，40 天的抢运，原来的预算，"我们可能有运输能力 14000 吨，但是因一切都上轨道，都有规律，都依照计划，就是其中最困难的几项都能够执行，就办到了那 40 天实际运的是 26000 吨。"① 他作此坦言，说明他当年只是出于形势所需才作此记述。

改革开放之后，研究和宣传卢作孚成为热门。一些热心的研究者把《事业》一文和卢作孚公开发表过的其他文章一起编成文集，而且出版了多个版本。当时，编者们限于史料的掌握，未对文章写作的历史背景和真实意图了解清楚，不知道《事业》仅是内部发行的文章，更不可能了解文中隐藏有商业机密。况且，文章对宜昌抢运夸张的记载，即使对航业有所了解的人，如果思维不敏，不加注目，也很难发现。因此，这篇文章是不宜与公开发表的文章编在一起，结集出版的。结果某些媒体和书刊的作者

① 张守广：《卢作孚年谱》，重庆出版社 2005 年版，第 280 页。

未加明察，信以为真，把失实的记载作为卢作孚的特大功绩大肆宣扬，甚至加以神化，也就不足为奇。

现在恢复了历史原貌，对卢作孚来说，不是贬低，而是回归真实。

至于 11、12 这两个月没有运完的根本原因，是运力与任务的矛盾太大，加上水位枯落等客观条件的限制，使这个矛盾一时很难解决。在这一项长江航运史上从未出现过的紧急、艰难的任务面前，以民生公司为主的各家轮船公司及木船已尽最大努力，成绩辉煌。民生公司已是全力以赴，功绩永存。

第 13 章　招商局开通湘鄂川浅水航道，江海大轮成功入川

武汉失守，沈仲毅面对两大问题：第一，湘、桂等省与四川之间的航线如何开通？第二，江海大轮如何进川？

武汉失守前夕，他乘坐招商局小轮沿江西上进入湖南，研究实行湖南与四川之间的通航问题。

一、开辟浅水航道，沟通湘鄂川

武汉弃守，长江中下游已无法通航，沟通赣、粤、湘、桂、鄂与四川之间的交通，唯一办法是开通湖南长沙、常德与宜昌之间的航线，使湘桂物资可以运向大后方四川，而湖南急需的川盐也可得到接济。

招商局在湘江、沅江有一定基础，早在武汉失守之前，招商局鉴于迁移工厂经沅江西上的为数不少，而且开辟常德－津市线与常德－桃源线对沟通湘赣与湘宜都属重要，乃派出技术人员测量沅江和洞庭湖区水道为之准备。这两条航线，招商局派出裕亨、祥裕两浅水轮拖带驳船于 1938 年 10 月 10 日开始航行。

1938 年 7 月初，海祥轮由武汉直航长沙，这是当年长沙港湘江江面

沈仲毅乘坐招商局的小轮航行在湖南的航道上。他了解到，由长沙到宜昌全程 605 公里，常德到宜昌全程 369 公里，洞庭湖区南段航道水深江宽，中间经洞庭湖鄂湘区到长江，有三条线路：第一，由湖南南县经藕池口入江；第二，经湖南安乡出太平口入江；第三，经津市地区向西北航行出松滋河入江。由第一线进江的藕池，因靠近已经沦陷的岳阳，早已无船可通；而松滋在最上段，离宜昌最近，但水道最浅。若经过航轮的努力，加上组织指挥得法，这条航线可以打通。

沈仲毅考虑到，如能经松滋而打通湘、鄂、川，使四川和湘、赣、粤、桂连成一片，对持久抗战意义重大，于是立即决定试航。

1938 年 10 月下旬，卢作孚尚在筹划川江小轮开辟川江短途航线时，沈仲毅指挥的招商局小轮已穿过湖南浅水航道经松滋进入长江，向宜昌驶来。

试航成功。

招商局小轮虽然通过了，但当时水位渐枯，这一条航道在枯水期间有三段共 50 多华里航道太浅，有的二尺，有的仅一尺，小轮不能通行。经研究，决定在浅水河段把货物从木驳提卸到民船上后平放，通过浅水航段后，再由小轮来回接拖。当时因水枯，未即进行通航。

对航道考察清楚之后，招商局即进行开班通航的准备，如组织船只、设置办事机构、配备职员等等。

当时，湘鄂之间需要运输的货物相当多。武汉、广州沦陷后，招商局承办水陆（铁路）联运滞存在衡阳、渌口一带货物数千吨，其中棉纱、五金材料都是后方急需之物。经登报催客提货，长时间无人认领，招商局上报交通部，拟将这批货物以及

招商局长沙办事处

招商局长沙码头

湖南东南各地对大后方有用的物资由湘宜航线转运重庆，交通部同意。

1939 年 2 月，水位开始上涨，招商局组织了平江、新利、江利、民泰、丰泰、庆泰、仁和、扬子、利安、祁阳、新楚等 13 艘浅水小轮及一批浅水木驳航行在这条航线上。滞留在衡阳一带物资，即经由湘江进洞庭湖出松滋运往宜昌。计先后由此线运输之货达 18000 余吨。[①] 湘宜线畅通，使川、鄂、湘连成一片。

湘宜线的开通，意义极为重大。1939 年冬，已迁往湘西的汉阳兵工厂和巩县兵工厂以及多家民营工厂再次迁往重庆，就是走这条航路经宜昌进川的。

二、江海大轮胜利进川

对大江轮撤入川江，沈仲毅“于九江危急时，即早经筹备咨询及调查川江航道，以谋各轮退路，已有成算”。[②]

（一）民生担心，大轮进川将增加竞争对手

令人惊异的是，远在沈仲毅筹划大轮入川之前，民生公司已于 4 月间就邀请有经验的引水、船长研究招商大轮入川航行可能性问题。会议开得很热闹。对这个新鲜问题，大家发言踊跃。

船长周海清说：“江顺、江新、江华一类船都可航行川江。江顺、江安两轮 105 转车头时，在中、下段上水可行九海里”，“宜昌 24 英尺水航

① 沈仲毅：《抗战期中本局对于国家之贡献》，二史馆，全宗 468，卷号 590。
② 沈仲毅：《抗战期中本局对于国家之贡献》，二史馆，全宗 468，卷号 590。

行毫无困难”。

“江新船较短，12 英尺，速力较大，可先试航。”

对大江轮进川，杨裕发表示愿引水。其余领江朱玉廷、徐大海、莫家玉等都跃跃欲试，愿把大江轮领进川江，保存长江航运实力。民生公司领导层就多一层考虑，郑璧成给卢作孚的信上说：“如成功，可增大运输量，也可为未来造船作重要参考。此增加竞争一点可虑耳。”[①]

郑璧成研究招商局大轮入川，无论是受卢作孚之托，还是自行组织，都反映了民生公司对同业竞争十分敏感。

（二）卢作孚主张不进川，停在湖北泄滩下；张嘉璈要求“慎选领江，设法入川！”

对于如何保护江海大轮，卢作孚在宜昌曾两次发电交通部。他给交通部部长张嘉璈的电报说：“各华商江海轮船较大，无法驶入川江者已到最后关头，似宜由部电商俞部长或请示军委会，在保证不为敌用之条件下，准予转籍或另谋保存方法，免遭毁灭，为敌掳获。”

招商局宜昌分局

卢作孚另有一电致交通部航政司司长何墨林和汉口航政局局长王洸：“一，现正与船舶司令部商讨招商四轮避驶川江办法；如民权、楚同两舰引水人员在渝无事，请促速到宜一行。二，胡汉武携有三北、大达等公司请准转籍呈文，江海各大轮之无法避入川江者已到最后关头，似宜电商俞部长或请示军委会，筹商一救济办法。”

王洸对此问题没有直接答复，他要航政宜办主任曾白光就地研究处理

① 《郑璧成致卢作孚》1938 年 4 月 30 日，长航档，民生，总 1709。

此事。曾白光和招商局宜办主任欧阳百达多次研究后，决定派江顺轮由宜昌开到南沱做试验。试验之后，曾白光等向卢作孚等领导人汇报：“马力尚足，舵也灵活，但南沱以下究系平水，如上险滩有无把握，似不放心。”而且，宜昌以上200里的泄滩，水流最急，川江船还须绞滩，大江轮又无绞滩设备，“断不宜尝试”，就在泄滩以下试航，也要步步斟酌。曾白光说：“如因避险入川，就驶到泄滩以下，暂行停泊，亦当勉力为之，不敢负绝对安全责任。”卢作孚和船舶司令庄达、吴嵎听了汇报后联名向张嘉璈写了个报告，把曾白光的汇报全文照录，并提出建议：“招商四大江轮，马力较大，目前水平，试航较易，因此采川江驾驶及引水人员意见，审慎试航，以到泄滩下游为止。拟请钧座裁定，电示，俾有遵循。幸甚。”

张嘉璈对大江轮进川早已给了沈仲毅明确答复。

当时，沈仲毅正深入湘宜航线，研究勘查常德至宜昌的航路。他在湘期间就电呈交通部要求准予大轮入川。沈仲毅的船队经过常德时，接到交通部批准他大轮入川的电报，并要他“慎选领江，设法入川”。[①] 此外，张嘉璈并无其他指示。

沈仲毅在完成常宜间航道考察后，到达宜昌，积极办理各大轮上驶事宜。对这样大的船只航行川江，存在不同意见是正常现象。招商局的编年记事上称：“当时颇有反对者，故上行目的地只能以庙河为止。”[②]“盖恐万一出事阻碍水道，有妨他船航行。有谓船只构造性能恐不能冲过急流漩涡。本局处此环境，几至动摇信心。幸筹备已久，广咨博访，自有其上行把握，遂毅然进行。”[③] 沈仲毅还考虑到，如果招商的船不上驶，那其他民营公司的船就更不敢上驶。这样不仅船只损失严重，而且川江船只缺乏，更难应对抗战需要。但是要求停在湖北境内的泄滩以下，是卢作孚和庄达等各方领导的意见，招商局不能不加考虑。于是对上驶地点，决定先到庙河为止，以后看情况再说。

---

① 沈仲毅：《抗战期中本局对于国家之贡献》，二史馆，全宗468，卷号590。

② 《国营招商局75周年纪念刊》，招商档，第87页。

③ 沈仲毅：《抗战期中本局对于国家之贡献》，二史馆，全宗468，卷号590。

（三）大轮上行装货遭兵工署阻拦

11 月初，沈仲毅力排众议，毅然决定大轮进川。消息传出，厂家纷纷前来联系装货进川。

11 月 2 日，裕华纱厂先期与招商局谈妥交装 300 吨，并安排以少数机花铺底，其余尽装纱机。对于运价，双方商定，宜昌运到重庆，棉花每吨 300 元，纱机每吨 375 元。当时，外轮商货运价每吨 300 元，机件 375 元，而民生运迁厂器材是按每吨 60 余元收费的。国营招商局运送迁厂器材高达 375 元，实为首例。

江顺轮交装成功。江安轮上行前，裕华向招商宜昌局欧阳百达经理多次争取，获得了更多吨位，装货工作已作安排。

厂家认为招商局承运迁厂器材是脱险性质的积极抢装，招商局事先会与兵工署商妥。不意，11 月 12 日，这一活动被兵工署获悉，陈哲生责备沈仲毅与欧阳百达。

11 月 14 日，裕华宜办给重庆的信上说："沈推诿于百达，以致百达大受攻击。陈处长当派人看守四船，禁阻厂商装货，已装者尚须提起。因此波澜，本厂只装上 380 余吨。余均不允交装。""经多方奔走，毫无结果，环境逼人如斯其极，真令人惆怅无似也。"

之后，关于运费问题，欧阳百达与裕华宜办程行渐交谈时，口气大变。程行渐通信上说招商局"规定运庙河每吨 150 元，将来能上运时再逐步加收。如能到重鄂湘庆，每吨收足 600 元。并谓各厂已照缴运费。……似此大敲竹杠，未免使人难受。拟仍抱定伊初索之价与其谈判，决不轻易遂其所求也。"①

（四）沈仲毅指挥大轮胜利进川

在领江雇请妥善、航行方案反复研究妥当之后，1938 年 11 月 13 日清晨，总吨位 4000 余吨的江顺轮首先驶离宜昌，经 4 小时的航程，于 10

① 《宜昌程行渐致重庆裕华纱厂董事长苏汰馀函》1938 年 11 月 14 日，武汉市档，全宗 109，35 卷。

点 45 分安抵庙河。之后，江安、江新、江华、江汉相继到达。三北、大达公司的船舶也接踵上行。此外，招商局尚有海祥、海瑞轮装有满船公物驶至平善坝，以避宜昌的空袭。

汹涌湍急的川江激流，给上行造成严重困难。图为西陵峡内的一段险滩

庙河水域停泊过多的大轮，易遭空袭，领江皮光福建议继续上驶。经招商局的缜密研究，并向民生公司商借了有经验的船长和领江，协助设法进川。

12 月间，江顺、江安轮上驶至泄滩。泄滩是中水滩，12 月属枯水期，理应水势已缓，但江顺轮上驶时，泄滩水势仍急。当时，汉口航政局已在泄滩设立绞滩站，但只有人力绞滩设备。当江顺轮开足马力上滩与岸上绞机相接而施绞时，滩上水流过急，船舶无法上移。岸上人力绞机与江顺轮绞缆机奋力对绞，一连绞断 3 根 3 寸粗的钢丝缆，江顺船身被急流冲击而下滑。这是最危急的时刻，如果不能保持原有航向，稳住船身，船舶就有倾覆的危险。川江的老领江、船长、舵工都有丰富的处理滩上险情的经验，经驾引人员的谨慎操作，船舶稳稳地缓慢地倒车退出滩头，未发生事故。船泊泄滩下。有此鉴，江安轮当然就不敢再上滩了。

江顺轮上滩失败，招商局随即组织工程技术干部研究。他们并未加粗绞缆，而是改变岸上绞滩设备的布置。原来岸上的带缆桩离上滩大轮太近，重心高，绞小轮可以，绞大轮不适宜。于是在离原绞桩 549 米远的地方，重新建造了一个直径 3.5 尺粗[①] 的钢骨水泥桩，并且加了 3 部滑车，用 4 根 439 米的钢缆连接起来。这样改装后，同样的绞机车速由于加了滑

① 重庆时事新报《艰巨的航程》记述为“周围一丈多粗的钢骨水泥桩”，一丈约为 3.5 尺。

车，使缆绳拉进速度减慢而拉力增大，加上船体和绞桩距离加大而重心下降，即可使大轮安全上绞。这是招商局的船长、工程师和川江驾引人员把力学应用于荒山野岭的成果。

12 月 30 日，汉口航政局绞滩委员会代主任曾白光到达泄滩，“泄滩之凶险，仍极可畏”，江华、江汉、江新三条大轮以及一批小轮都在滩下等待泄滩水位下落。曾白光指示，在未装蒸汽动力之前，用绞盘先将各小轮全部绞上去。1939 年 1 月 2 日，招商局利济、利源、河宽、骏发、恒吉、恒通 6 轮，津浦铁路局澄平轮渡，粤汉铁路局安宁轮，扬子江公司江兴、镇昌、景德等 11 条小轮全数绞上泄滩。每艘绞滩时间不过 10 多分钟。

江新轮

对于江新等三轮因锚位不佳要求上驶的问题，曾白光要求泄滩管理员向祖旺“尽量协助，妥为施绞，务期安全上驶”。由于招商局在岸上有了新的绞滩装置，向祖旺谨慎操作与大轮密切合作，在 1 月 11 日将江新、江汉、江华三轮绞上泄滩，驶抵巴东停泊。

三轮停泊巴东，使巴东县政府增加了恐惧感。这三个庞然大物，正是日本飞机空袭的目标。空袭轮船也可能祸及巴东城区，于是县政府催招商局三艘大轮继续驶向上游。招商局迫不得已，命令三轮继续前行。江新轮于2月5日、江汉轮于2月6日相继驶抵奉节，江华轮到巫山停泊。招商局认为这两个小港“水势较佳，可资暂泊矣”。此后，江靖、江建、江大、快利等轮先后进川。

江顺轮11月上滩失败后，与江安轮一直停泊在滩下。之后，绞滩委员会于4月下旬完成了泄滩绞滩设备的技术改造，增强了机械绞力，终于把江安、江顺等轮绞上了滩。

江新、江汉等轮在奉节装了兵工器材分别于3月29日和4月3日先后由奉节上驶时，因蚕背梁水深与曲度半径不足、大轮无法通过而停泊万县。之后在水位相宜时，江新轮继续上驶，于6月9日抵重庆，江汉轮于8月4日到达。江新、江汉、江华等轮参加了川江运输。江顺轮在10月12日到达重庆。该轮因船身太长，未参与营运，租给重庆商船学校作了校舍。

（五）招商局两海轮的损失

招商局海瑞、海祥两海轮是姐妹船，因装有起重设备，在汉宜线运送兵工器材时发挥了重要作用。当招商局、三北江海大轮纷纷入川，抵达庙河之时，这两条海轮在宜昌以上19公里的平善坝暂泊，以躲避日机空袭。

之后，招商局各大小轮船先后进川，两轮因船体笨重、马力小、车速慢（总吨2049吨，马力1475匹）不能航行川江，一直停在平善坝，当仓库使用。

1940年5月，枣阳会战爆发。6月初，日军进攻宜昌，川江轮木船抢运宜昌物资，两轮物资也被卸空运走。当时平善坝除此两海轮外，尚有一批小轮及南京过江火车轮渡长江号。在此紧张时刻，招商局派快利轮船长陈毅楚、江顺轮大副沈蛟、江汉轮大副颜光海带领川江引水到平善坝转移两海轮及招商局其他小轮。当两海轮驶至洪水滩水田角时，因流速太大，无法上滩，只好暂时停在滩下莲沱溪口的下首（距宜昌31公里）。两艘海轮并排停靠，在岸上围石系缆。船上留部分船员守船，其他撤至庙河，待水田角水势稍平再继续上驶。由于日机轰炸，又逢江水暴涨，停泊在外档的海瑞轮缆绳断裂，锚链也随之崩断，船体随水下流，一直流到平善坝，眼看就要流出南津关到敌占区了，于是船员纷纷穿上救生衣，弃船游水上岸，船上空无一人。船出南津关被日军发现，以为我军反攻，即发炮轰击，海瑞轮继续下流，直流到葛洲坝的洲头搁浅。日军派轮来检查，才知是一艘空船。[①] 日军如何处置此搁浅船舶，情况不明。

海祥轮，于 1941 年 8 月 30 日被炸于秭归石门。

（六）大江轮参与沿江器材疏运

从 1939 年 1 月开始，民生公司每月从奉节搭载少量器材去渝，大多是数吨、数十吨，偶尔也有百余吨的。

3 月开始，江水上涨，大轮启航，奉节上运器材逐月增多。3 月下旬，兵工署已联系招商局派江新、江汉、江华轮参与沿江器材疏运。江新、江汉两轮 3 月间抵达奉节港区。民生公司奉节办事处的职员乘了交通船登上江新、江汉轮去联系装货时，这两条船都说还没有接到招商局通知。之后，兵工署宜办把发给招商局的江新、江汉轮各装 300 吨的通知单寄到奉节，再经接洽，两轮仍表示未接到局里通知，“不允即装”。3 月 21 日，奉节接到宜昌电报，说招商局的江华轮已在巫山装上了兵工器材，准备开重庆了，要奉节站再去与江新等轮洽商。结果不仅“仍不许装”，而且还提了个新条件：“须俟领江来船视察后乃能决定。”招商局的船，只听招商局调遣，在没有办妥手续之前，民生公司一个办事处怎么能调动它？

民生公司奉节办事处的蔡金先面对如此拖延时日，心急如焚。因为奉节只有 4 条木驳用来装船，一次 4 条驳只能装上 120 吨货。每一条驳装完后，要七八十人拉滩过了白马滩，才能由拖轮拖去装上大轮。两条大江轮需 12 天才能装完。当时正值春水上涨，货还都囤在洪水线下，“若不及早驳装，春水发动时必来不及”。蔡金先在给总公司的信中详述经过并力促总公司“奉处诚恐将来驳子装不及有误事机，故一再电尊处转催兵工署立

---

① 燕迟：《抗战时期川江航运二三事》，《长江航运史料》1984 年第 1 期。

促招商速电该两轮照装，至要至盼。”[①]

查阅奉节出口统计表，江新轮于3月29日载兵工器材320吨开出。接着，江汉轮于4月3日装200吨离奉。江新轮第二次来奉于4月6日装货60吨上驶。[②]据沈仲毅谈话，因万县以上的蚕背梁水深不足，江新、江汉轮分别于6月底、8月初才驶过蚕背梁去重庆。这就说明，江新、江汉3月离奉上驶后一直在万县等待水涨。4月初，江新轮又原船到奉加载60吨上驶。

招商局大江轮在川江运输无系统资料，有时在多家档案中零零星星出现大江轮的运输活动。如，民生档中多次出现江新、江汉在万渝间运输贸委会的油料。江新轮曾运货物来往于宜渝间。招商局开通湘宜线后，1939年8月贸委会与招商局曾签订运输合约，由招商局每月运1000吨桐油由万县去长沙。重庆市档迁建会案卷中记载，江新轮于1939年7月9日运兵工器材到达重庆市，由于市区航道是石底，无法抛锚，更不能驶往大渡口卸货，只好回唐家沱。迁建会也只得在13日通知招商局，同意派船到唐家沱接运器材。

（七）三北公司船只全部入川

受到大江轮成功入川的鼓舞，三北公司有20艘大小轮船相继撤入川江，其总吨位超过1000吨的有龙安、长安、长兴、新宁兴、明兴、清浦、新浦、凤浦8轮，长兴轮的总吨位最大，达3412吨，次于招商局的江顺轮。

长兴轮1938年11月25日由宜昌启航，到达青滩后无法过滩，一直停泊到1939年4月21日，经过施绞，才安然通过青滩，6月29日又驶过泄滩。10月30日午后2时，安抵重庆唐家沱。随后，该轮即通知工矿调整处派驳船到唐家沱提卸迁厂器材。

---

① 《奉办蔡金先致总公司函》1939年3月21日，长航档，民生。

② 王洸:《川江机械绞滩站的建设》，台湾《湖北文选》第3期，1967年10月。

表 13—1　三北公司船舶进川情况表

船名	总吨位	情况
龙安	1705	1941 年 3 月、8 月在三斗坪被炸损
长安	1660	于南沱被炸沉浸
宜安	37	
长兴	3412	
新宁兴	2175	1941 年 8 月 25 日被炸沉于庙河，已拆卸
明兴	2870	1941 年被炸伤捞取未修，后泊巫山
清浦	2054	1943 年 9 月 5 日被炸沉于秭归屈原沱
新浦	2039	已拆卸
凤浦	1911	1942 年 2 月被炸沉于南沱
三北	700	
嘉安	35	
鸿元	479	1938 年 10 月被炸损于长沙后修复入川
鸿亨	504	
鸿利	555	
鸿贞	555	1941 年 8 月被炸，后修复
武康拖轮	148	
永康拖轮	148	
渝丰	252	
蜀丰	185	
寿丰	214	1942 年 4 月 10 日在合江莲石滩失吉

资料来源：三北公司档案，全宗 3，顺序 99，第 46 页。

川江自开始轮运以来，最大的船只也未超过 1200 吨，而且船舶技术性能要适合于川江滩多流急等特点。大江轮进川，实属战时招商局、三北等公司职工的一大创举。

第14章　王洸筹建机械绞滩站，助轮船进川

招商局在做出大江轮进川的决策时，一定考虑到了川江已在建设绞滩站。否则，仅凭江轮自身的马力，不可能通过所有的滩险。

一、王洸建议改革海关管理航道旧制，由交通部设立机械绞滩站

1938年9月，武汉会战处于紧张阶段，汉口航政局局长王洸为物资和中下游船舶西迁创造更好的航道条件，向交通部部长张嘉璈建议，立即着手由交通部建设机械绞滩站。

川江原有土法绞滩。英籍船长普兰田，曾任法国兵舰的川江领江、海关长江上游巡江司，他曾力主以科学方法改良绞滩技术，终因缺少赞助，未能实现。

三峡人力绞滩

1935年，主管航道的海关组织了打滩委员会。到抗战爆发，也只炸去了崆岭南漕的礁石，对绞滩工程从未办理。

1937年，川江水位特枯，民生公司轮船一度无法上驶。该公司于青滩设手摇绞机，以收对绞之效，使轮船顺利上滩。当地以拉滩为生的滩民认为民生公司抢了他们的饭碗，群起

反对，手摇机被迫撤除。

王洸综观史实，深知办理绞滩诚非一蹴而就。但是，如不办机械绞滩改善川江航行条件，大批物资必将延缓西迁，中下游船舶无法入川，抗日大计将受影响。

王洸了解，当时的航道管理权在海关手中，而且还设有川江打滩委员会专办这件事。但当时形势紧张，这个机构仍无任何行动，怎能靠它来改善航运状况？

王洸既有创新精神，又敢于任事。他考虑再三，为了抗日，必须改变航道管理权在海关手中的旧制。他建议交通部部长张嘉璈由交通部创办机械绞滩站。张嘉璈接受了王洸的意见，决定设立绞滩委员会，派王洸兼任主任委员，请汉口航政局宜昌办事处主任曾白光兼任副主任委员。

二、曾白光深入调研，三个月建成十三个绞滩站

曾白光接获任命，即开始广泛调查，之后又做实地勘察。他还吸聚餐民生公司办绞滩站因未给滩民实惠最终被赶跑的教训，特地约集各站两岸滩民举行会议，重申意旨，表示对滩民正当利益，不特不因机械绞滩有所削减，而且将予增加。经恳切阐明后，大家均能理解时艰不予反对。

在对各滩实地查勘的基础上，曾白光等一行即进行资料整理，研究推进滩站建设的一系列工作。

建设机械绞滩站最关紧要的是设备的征集。航政局一无所有，于是由宜汉两地分别征集。招商局、民生公司等认识到设站有利于提高运输效率，与公司利益休戚相关，因而响应热烈。汉口招商局所筹物件，即陆续运宜。王洸对招商局、民生公司等单位“惠赠良多，共襄盛举，热忱赞助”，特函表示感谢。

对各站人事安排等筹备工作大体就绪后，绞滩委员会于 10 月 21 日下午 4 时在宜昌正式成立。会上，王洸报告了筹备经过，会议对绞滩工程计划等问题进行了讨论研究。之后，即按计划推行各站的建设。

绞滩器材不是运往港口，而是要运往波涛奔涌、泡漩奇诡、暗礁悍利

的险滩工地，因而意外阻碍频频出现。绞委会人员在国难当头之际，“勇往直前，披荆斩棘，义无反顾”“……按既定步骤开始建设”。11月1日，兴隆滩绞滩站首先建成。最凶险之青、泄滩绞滩站于11月11日建成。之后，19日成立东洋子站。12月10日成立滚角子站，11日成立塔洞站，15日又成立牛口、庙基子站。各站暂设绞机一部，水泥钢骨桩多具，配合铅丝缆一盒，竹缆一盒，先行施绞。曾白光事后回忆说：仅用三个月时间，在千年古峡的荒野地段，完成此项工程，“诚有出人意料之外者，非全体员工勤奋工作，曷克至此！”

曾白光为了解各站工程设施和绞滩效率，于1939年1月到青滩视察，对工程不妥之处，安排改进。他见到青滩站锅炉置于江边，仅距江水1丈多远，如此安置，将来洪水到来，必遭冲毁。于是，将锅炉移置于半山坡，绞机易于拆卸、迁移，故仍置山下，蒸汽管子加了保温装置。这样就一劳永逸了。

三、泄滩蒸汽绞滩设备移置于趸船的改造工程

改造泄滩的工程就不那么简单了。泄滩之险不亚于青滩，它是中水位滩险，但当时滩势已有变迁，枯水时期亦需施绞。泄滩水面宽阔，分南北两个漕口，300吨以下的船多绞北漕，300吨以上的绞南漕。对于这样一种地理情况，绞机装在岸上，不能兼顾南北两漕施绞，唯一的办法是将蒸汽绞滩设备全部搬上趸船，办事员工亦驻居在上面，水位升落，趸船可以随之升降，南北两岸可以自由迁移。“计划已定，旋即施工，但因各项绞滩工具器材，颇难搜集齐全，时有辍工之虞，经多方交涉，幸承各方赞助，费数月之时间，始告完成。此诚川江绞滩建设之最大工程。”[①] 据王洸介绍，由绞委会借来的泄滩站的趸船是钢质的，长80英尺，宽20英尺，深7英尺，原属日本三菱会社，抗战爆发后为我接收，交长江航业联合办

---

① 曾白光：《绞滩站建设之回顾与前瞻》，长沙水利委员会档案室，c3171。

事处代管，乃战利品之一。[1] 这条改装后的绞机座船，甲板下分三个舱，分别为锅炉舱、锚链舱和绞滩员工的寝室，前舱与中舱的甲板上有办公室和机舱篷。后舱甲板上装有蒸汽绞机和人力绞机各一部，及钢绞架和铅丝等。甲板上还装有帆布篷，员工休息可以蔽骄阳之威。这条大趸船，是由民生公司民主轮在 4 月下旬由宜拖到泄滩的。王洸在他的著作中，多处介绍这一项绞滩建设，称这项工程“为川江唯一伟大新式的绞滩站”，又称青滩与泄滩工程“蔚称川江绞滩设备之大观”。[2] 可见，曾白光和王洸都对航政员工在困难时期，在此险恶滩地取得的这项建设成果，颇为赞许和自得。

第一批建成的 13 个站，正式员工 100 余人。13 个站中，除青、泄两站装成蒸汽绞机外，其他都根据滩险状况，分别安设了大小型铁质或木质绞盘机。

四、卢作孚盛赞此工程

1938 年 11 月初，正值宜昌抢运开始。民生公司已实施分段抢运，上行轮船由绞滩站施绞，使堆积宜昌之客货撤离加速。撤到宜昌的 208 艘大小上行轮船，都得到新建机械绞滩站的实际帮助。到 1939 年 6 月底，仅 8 个月，施绞船舶达 571 艘次，木船 11229 艘次。卢作孚在一次大会上，盛赞绞滩工程的意义，他说：“绞滩工程可以说是彻底为老百姓想办法，我想哪一机关，哪一件事，都应如是，并且希望尽量发挥这种精神，将来有用民力之处，人民自然乐意报效国家。”

---

① 王洸：《我与航运》，第 46 页。

② 王洸：《中华水运史》，商务印书馆 1982 年 4 月台北版，第 269 页。

第15章　兵工署力促民生疏运，八万吨器材全部到渝

1938年12月和1939年1月，宜昌积压的器材不断向巫山等地运送。当时四条大轮停航，小轮集中在宜昌至巫山之间各条航线抢运。到1月底，宜昌疏运取得重大进展。

一、恢复商货运输出现反复

1月下旬，张嘉璈签发了交通部航务字491公函，恢复川江商货运输。

1月23日，后勤部船舶运输司令部向各有关单位转发了这一公函。交通部公函称：

宜渝间航运前以工具缺乏，为赶运滞宜军品器材起见，经先后令饬各轮船、木船在此项军品器材未运清以前，应完全停止普通商品运输各在案。为兼顾商货流通起见，特规定四项办法如下：（一）自一月二十六日起，特准各公司轮船以该船载量百分之二十五载运商品。木船除各机关特别雇用者外，完全自由载运商品。（二）各轮船公司仅有轮船一艘不便兼运商品者，每专运兵工器材三次后，得驶宜专运商品一次。其有轮船多艘者，得照以上比例指定专轮驶宜运输商品，由汉口航政局约集有关各轮船公司与航空委员会及兵工署洽定。（三）兵工航空器材及其它公物除需要迫切者外，应由秭归、巴东、巫山等处次第扫运。（四）兵工航空器材，由宜昌起经两公司轮船联运到渝者，其运费分配由有关各轮船公司协议定之。[①]

① 据后勤部船舶运输司令部公函。迁建会收文时间：1939年1月23日，重庆市档。

汉口航政局局长王洸，根据交通部通知的第二条规定，约请兵工署驻重庆办事处等多个单位开会研究贯彻意见，决定了民生等各家轮船公司的船舶承运商货的办法。兵工署重庆办事处将办法呈送给兵工署，俞大维见到办法中民生拨交兵工署的七轮，有四条运商货，他于 2 月 2 日向民生公司发出渝造（六）甲字第 884 号公函，说：

……会议记录内有："民生公司拟指定民主民康两轮运商货……三北公司之富华与协大公司之协庆则每装三次公物后得直航宜渝输运商货一次"之议决，似此违背协定置本署运输于不顾，殊有未合。且现时局势紧张，钢铁厂重要滞宜器材重量在一吨以下者尚有一万二千吨，一吨以上者有四千余吨，抢运尚虞不及，若再减船只，则影响所及，涉非本署及贵公司所能负其责任，用特函请停止此项议决案之实施，以免误事。

1 月下旬交通部的通知，是张嘉璈应民生总公司的申请而发布的。这个申请，是民生总公司按卢作孚的意图提出的。现在，通知的贯彻碰到很多难点。首先，兵工署不同意，之后，又因兵工署及航委会待运器材多，也不同意搭运商货。为此，2 月 6 日，总公司致电宜昌公司："本公司前请准多轮搭运 25％之商货，目前尚难做到"，准备停运商货。但民生不运商货，其他公司仍可运商货，这不是民生吃亏了吗？可是各家公司都停运商货，得交通部表态。由谁向交通部提出仍全部停运商货呢？这次是民生提请恢复商运的，如果再由民生提出停运，如此出尔反尔，使部里对民生的印象很不好。所以，总公司要宜公司赶快与兵工署宜办商量，由兵工署上报交通部，要求"各轮公司仍应暂时一律不运商货"。[①] 兵工署听到这一意见当然高兴。于是兵工署向交通部提出了暂停商货运输的要求。兵工署说："在宜器材尚有一万六千余吨，应加速转运……"交通部接到这份公函后，于 2 月 12 日向民生发出训令，要民生公司"径与该署洽商办理为要"。民生于 2 月 18 日呈报交通部："经派员与兵工署商妥，宜渝间各

① 《民生总公司致宜昌公司函》1938 年 2 月 6 日，长航档，民生，业 460。（武大经济系抄件）

轮仍暂专运兵工与迁厂器材及公物等，暂不搭运商货；万渝间轮船则可酌搭商货。”[1] 公函直接呈报给交通部部长张嘉璈。

这个问题并不复杂，但我们从中看到，民生在处理公、私利益，同业之间、上下之间关系，包括呈文方式都经过精密思考。卢作孚和民生高层管理人员的心计，于此可见。

二、抢运宜昌器材160余天完成，续运三斗坪大件

40天抢运结束以后，兵工署与民生公司于1938年12月11日开始执行第二期运输计划。计划中有七轮拨交兵工署宜办指挥调用。七轮中民意、民福、协庆三轮尚未拨给兵工署。兵工署于2月7日发出第937号公函，请民生“迅将指定各轮即日派往宜昌，并将延误原因两日内见复”。民生对兵工署的公函未即复，引起署长俞大维的不满。

（一）俞大维要求全部华轮投入兵工器材运输

俞大维于2月14日又发出1215号公函。公函称：民福、民意、协庆轮迄未拨到，曾函请将迟误原因于文到二日内见复，迄今多日未见复。民生所拨七轮运量原本不多，即切实执行尚虞迟误，现三轮未见拨到，运输量减至极小。万县方面器材亦毫无积极接运的准备。“特再函请迅与本署宜昌办事处重拟更有效之宜渝全线运输计划，将川江内现有各华轮皆包括在内，以便运输量得以增加至必需之数量，而竟抢运全功。”文的最后仍要求民生两日内复。

迁厂器材提价后，1—2月间民生公司的轮船忙于接运各小港民营厂西迁器材，放松了兵工器材运输，即使是拨给兵工署的民福轮也在小青滩接运迁厂器材。物极必反。以致俞大维在这封信中提出反制措施，否定了卢作孚关于拨交七轮的原协定，要求“重拟更有效之宜渝全线运输计划”，而且还要求“将川江内现有各华轮皆包括在内”。面对此严重局面，民生

---

① 以上三方函件内容，均见《民生公司致交通部专函》1939年2月18日，长航档，民生，业432。（武大经济系抄件）

再不能置之不理了。

2 月 15 日，民生答复兵工署：

敝公司能航行宜渝间之全部轮船，除兵差、修理及经派定装运迁厂器材者外，均已悉数航行宜渝转运兵工器材，计民康航行宜巫，民主、民俭航行宜万，民勤、民朴、民楷航行万渝。查此枯水季节，敝公司已尽其所有轮船承运兵工器材。惟尚感运量不足，虽竭力设法亦难增运量，区区苦衷，尚蒙垂鉴。

至嘱敝公司将川江所有华轮悉数拟入计划以增大运量。兹决函知敝万县分公司径与宜昌办事处陈处长商洽草拟该项计划。

这封信的巧妙在于，民生把自行决定运送迁厂器材的船舶一起除外了，这样就只剩下拨给兵工署的七轮。而信中谈到的民康、民俭、民主三轮，恰恰就是民生拨给器兵工署的，而活跃在万县以下运输民营工厂器材的十余条小轮，甚至原定拨给兵工署的民福、民意轮，民生都闭口不谈。按卢作孚与陈哲生商定拨交七轮的文件中有规定：“上述各轮，如发生障碍时，民生公司应在可能范围内以他轮补足之。”现在民生没有表示另增派船只补足的意思。至于“全部华轮加入运兵工器材”一事，民生只轻描淡写地表示由万县分公司商洽。俞大维碰了民生公司一个软钉子。

两家商谈全面计划不是短期的事，所以兵工署继续追索未拨到的三轮，并要求“将推迟原因见复”。民生函告兵工署：民意须进厂修理，协庆不宜航行宜万，民福租给船舶管理所了。对于民生的答复，俞大维 2 月 17 日发函指责道：

经查所述理由殊欠充分。……若民意须修理及协庆不适于航行宜万，则即不应加入。现协庆轮准交通部汉口航政局函……已能航行宜万……限于本月 25 日前在宜昌交轮外，其民意一轮仍希速即派往宜昌，以符原案。至民福一轮，前在宜昌由贵公司租与船舶管理所应用时，经本署派员与童经理交涉，据云系船舶所扣用一次，并非租用，兹则称租用；且于往返最短期内忽以水枯不能返宜昌为理由希图规避，据此故意不履行协定义务，置本署运输不顾，万一因时局关系抢运不及，则影响抗战前途之责任，恐非贵公司所能负担。[①]

俞大维要求民生即将民意、民福轮加入运输。民生总公司于 2 月 20 日做出解释：

在草拟计划之初，并未预知民意须进厂修理。及推行该计划之后，民意必须进厂修理，民福亦因江水枯落不能上下青滩。民意约于三月半即可修复。民福曾勉力冒险试航宜昌一次。……上滩时危险万状几遭不测，仍只能航行万县、小青滩间。……转瞬江水上涨，多轮岁修完竣，全部驶宜，将见存宜器材逐日大量减少也。[②]

对俞大维严厉的指责，民生这次回答委婉而机巧。信中留下一个光明的未来，使对方情绪放松，这是民生的习惯手法。至于兵工署指责民福轮租给船舶管理所是民生说了假话，民生未答辩，看来实有其事。民生复信时，民福轮正在小青滩运迁厂器材去万县，未运积在小青滩的兵工器材，也没有拨交兵工署的意向。

从俞大维的信和民生的回信看，民生总公司和宜昌分公司对贯彻卢作孚拨七轮交兵工署专用计划缺乏诚意。民福、民意轮情况有变化，尽可能拨轮填补。事实上，民生不仅在民福轮扣用租用问题上说了假话，从裕华纱厂档案中更可以了解到，在裕华同意每吨支付 300 元以及迁厂器材提价后，民生就悄悄地改变了原计划，热衷于为裕华等厂家运货。民意轮是 1939 年 1 月 4 日才装了裕华的器材由宜返渝修理的，此前 20 余天，民生未交兵工署使用，而是运裕华器材由南沱至万县。民福轮于 1 月 6 日还在运裕华器材由宜去巴东，那是要经过青滩的。此前如遭船舶所扣用一次，也只一周左右，其余 20 天也未运兵工署器材。民福轮在 2 月 6 日和 19 日两次共从小青滩上运迁厂器材 112 吨到万县。民意轮修理出厂后未交兵工署，而是于 4 月 8 日和 18 日两次由小青滩运迁厂器材去万县，共运

① 《俞大维致民生公司》1939 年 2 月 17 日，长航档，民生，业 432。
② 《民生公司复兵工署》1939 年 2 月 20 日，长航档，民生，业 432。

出 170 吨。[1] 兵工署有 1003 吨货在小青滩，民意、民福轮从小青滩发船，并未装运，兵工署不得已用木船装运的。民生不补足运力给兵工署，原因有二：第一，民生已拨兵工署的民康、民主、民俭等四轮，从宜昌港区内撤运器材较为顺利，到 2 月中旬已所剩不多，不拟再增派运力。兵工署的大件已移至港区以西的三斗坪，那是水涨以后要由大轮承运的，增派的小轮无济于事。第二，抓住时机运送高运价货物。兵工器材运价，还是一年以前定的。一年来，民生常用油物料价格上涨数十倍，而运价未有提高，民生何以为生？抓住时机运高价物资，实系形势所逼。所以民生复函中明确告知兵工署，把疏运宜昌兵工器材推迟到水涨以后大轮开航之时，指的就是将承运宜昌三斗坪大件。宜昌市区内的器材，民生不再派轮了。这就是民生对兵工署的博弈，兵工署也只能发函批评，对扭转局面无计可施。

（二）宜昌抢运历时 160 余天，民生七大轮抢运三斗坪大件

3 月 13 日，民生统计，宜昌尚有兵工器材 8000 吨，其中 3000 吨是 3 月间才由沙市进入宜昌的，这 3000 吨将原驳上拖到黄陵庙。2500 吨小件交轮运，1—15 吨的重件有 1500 吨，交木驳上拖，其他 15 吨以上的大件约千吨，须待水涨后由民元、民本轮到宜装运，或吊上铁驳上运。[2] 上述大件，有的已由民生移至宜昌市区以西的三斗坪。

参与抢运的民元轮航行在川江上

4 月初，民生又拟定了宜昌器材撤运计划。

兵工署对民生总公司拟定的这份计划意见较大，主要是未提由民元、

---

① 《小青滩办事处致民生宜昌分公司》1939 年 2 月 8 日、20 日，4 月 9 日、18 日，长航档，民生。

② 《兵工署存宜器材抢运问题》1939 年 3 月 13 日，长航档，民生，船 85。

民本大轮到宜运大件。

4 月 15 日，兵工署向民生总公司发出第 3278 号快邮代电称："现时，本处倾全力抢救者，厥为宜昌大件，似以仍照去年洪水期之办法，以元、本、权、风、俗、贵、俭七轮拨归本署专用，由本处按照实际情形随时指挥调动配运，可克竟抢救全功。"于是，兵工署宜办重新拟订了运输计划，送给了民生总公司。兵工署认为，宜办"所列办法均属切要，亟应即予实施。……再查现时水位已涨，至盼将铁驳拖头从速下驶，以便装运各地大件。事机迫切，即希查照办理"。① 代电中所提"宜昌大件"，具体是指宜昌三斗坪的大件。

民生公司于 4 月 19 日向兵工署发出复函，承认所拟计划不切实际："兹为切合实际需要起见，敝公司已派童经理少生偕同贵署陈处长哲生亲往宜万间三斗坪及奉巫各处实际考察，将来拟即根据考察所得情况配派船只，特先奉复。"②

就在 4 月 19 日这一天，兵工署宜办处长陈哲生与迁建会运输股长黄显淇、童少生及民生宜昌公司主要业务人员赴宜昌市区以西的三斗坪，对该处积压的大件进行实地调查。

4 月 20 日，陈哲生召集参与三斗坪调查的十余人举行会议，研究三斗坪、巫山器材的运输办法。

会议主席陈哲生在开始时宣称："兵工署所属各机关器材过宜者约 82000 吨，承各同人之努力及民生公司之合作，已悉数离宜。"据此推算，则宜昌 9 万多吨器材全部撤离时间共计 160 余天。

他继续说，现在万县、奉节、巫山、三斗坪四处共约 25000 吨器材，唯运输焦点仍在三斗坪。因该处器材是中、大件，运输困难，且地点离宜不远，运输期限必须缩短。

宜昌三斗坪大件共 5600 吨。3 吨以下的 3303 吨，3–14 吨的 1351 吨，

① 《兵工署致民生公司快邮代电》1939 年 4 月 15 日，长航档，民生，业 432。
② 《民生公司复兵工署》1939 年 4 月 19 日，长航档，民生，业 432。

14 吨以上的 946 吨。巫山器材尚存 9000 吨。

会议经过讨论决定：民元、民本行宜渝，10 天一次；民风行宜万，7 天一次，预计 6 月底运完。这里所称宜渝、宜万，均从宜昌三斗坪起运。

会议接着讨论了驳船调用问题。童少生表示民生将派 5 艘铁驳参与三斗坪大件运输。迁建会运输股长黄显淇认为民生不重视铁驳调度使用，他说，迁建会器材按与民生所订合同规定，系悉数包运。但迁建会对驳船租用等公司应承担的工作，均都例外分担。现在所剩器材不多，希公司加紧抢运。对于抛锚在沿途各铁驳尤应赶速上拖，空驳也应下拖，提供使用。

陈哲生在讨论铁驳问题开始时，即指出“铁驳对装载大件关系甚巨”。在听了黄显淇的发言后又指出：“关于铁驳之重要，本人 2 月间即请民生公司注意。正月间在渝即要求公司拟一详细计划。但公司过去未尽最大努力。本人近知，公司有铁驳在巫专载纱厂器材往返运输，而迁建会滞留各地之驳反未能上拖，实属遗憾。”由于童少生即将离宜回总公司工作，因此，陈哲生特请童经理切实注意协助解决此事。童少生当即表示，当由公司决定办法，从速拖卸放下。

三斗坪大件装驳，涉及有起重机的民乐轮从黄陵庙移泊三斗坪问题。陈哲生称，黄显淇股长是海军出身，于船务方面经验丰富，民乐轮移泊问题将来可与民生共同商酌决定。

会议最后陈哲生总结时指出：拖带铁驳计划，民生从速拟具；轮船如有变动，应双方事先商定，不得有片面行动；元、本、风、权四轮往返时间力求缩短；三斗坪器材 6 月底必须悉数运清。[①]

（三）宜昌三斗坪大件于 7 月下旬全部上运

经过兵工署的不断要求，加上江水上涨，民生公司的民元、民本等七大轮出航宜昌，交由兵工署宜办支配。在此期间，由于兵工署在宜昌市区内已无器材可运，因此陈哲先建议，大轮可不开到宜昌来，直接在三斗坪

① 《兵工署存三斗坪、巫山器材运输办法会议记录》，重庆市档，全宗 0182。（张后铨先生提供）

装大件。但民生以宜昌有公物商货可运，即向兵工署反复交涉，在宜昌须搭装各类物资上行。民生有时未经兵工署同意，即将器材先行装船。两家矛盾依然不断。

童少生离宜昌后，万县以下运输事务改由万县分公司负责处理。

7 月 17 日，万县分公司致函兵工署宜办称：“敝公司现行宜渝多轮均承运贵署器材，但各厂迁川器材，财政部、经济部的货四百吨无法西上，各方责难备至，贵署器材又刻不容缓，敝公司实难以自解。拟以贵处专运之各轮在宜搭装数十吨，将来派本公司民主轮在万渝线专运一次以偿还吨位。”

兵工署宜办当天即复民生，提出反对。信中批评民生总公司对各专轮调动计划迄不履行，“影响本署运输计划”，宜办要求，民主轮先在万渝线“装运本署器材数次，再在元、本等分次扣还”。

民生的商业运输不能完全照兵工署要求办，否则商货运不成了。所以民权轮在 7 月 23 日前从宜昌开出时，装了航政局器材 36 吨，商货 50 余吨，将兵工器材载量减少很多。兵工署宜办于 7 月 23 日发函，重申“非经本署同意后不得搭运商货”，“民权所装商货吨位应于最近期内以民主补还”。

在 3 月份前后，民生公司的小轮在各小港间运输，兵工署宜办无法控制船舶，多次追索，民生置之不理。但是现今七大轮在宜昌发航，兵工署宜办为何不能控制其装载行为，而民生总能找到缝隙，把要装的货装上去，运出去？看来，民生并不在乎兵工署喋喋不休的一次次指责，重要的是把各家物资上运，既减少来自另一方面的责难，又可增加收入，减少亏损。

7 月 27 日，民生万县公司通知兵工署宜办：“贵处在宜器材近已全数运完，巴东火砖亦将次第扫清，而宜上各轮每次须装大批部队和伤兵。”要求在“贵处无器材装运时特准敝公司于各轮每次酌装压舱货 50 吨，以维航行安全”。[1] 对于民生这一要求，兵工署不可能不同意。

---

① 《民生万县分公司致兵工署宜办》1939 年 7 月 27 日，长航档，民生，业 573。

民生 7 月 27 日信中说“在宜器材近已全数运完”，实际是指宜昌三斗坪大件。三斗坪的货到 7 月下旬才运完，主要原因是大轮大驳不能在枯水期到宜。民生派多艘小轮承担迁厂器材运输，对沿江小站兵工器材上运有所影响，但与大件久困宜昌三斗坪无关。

抢运宜昌 9 万多吨器材，历时 160 余天，终于落下帷幕。已经曝光的档案资料证明：完成宜昌抢运不是 40 天，也非两个月，是 160 余天！

三、沿江小港器材持续西运

1938 年 12 月 10 以后，民生拨给兵工署的部分船舶继续从宜昌撤运兵工器材的同时，宜昌分公司按卢作孚的安排，指挥 10 余艘小轮，在南沱、小青滩、巴东、巫山等港站向万县撤运迁厂器材。

经过 3 个月的转运后，民生公司在 3 月 10 日前对各港站的器材数量做了调查。各港站存货情况见表 15—1。

表 15—1　宜昌以上各港站存货数量表[①]

（民生公司 1939 年 3 月上旬调查）　　单位：吨

器材分类 / 囤存地点	兵工器材	迁厂器材	总计	备注
宜昌	8000		8000	小青滩 1938 年 12 月设站，共运进 3183 吨，已运出 935 吨。
巴东	775	1377.2	2152.2	
小青滩	767	1481	2248	
巫山	10802	300	11102	
奉节	2596.5	480	3076.5	
万县	8000		8000	
总计	30940.5	3638.2	34578.7	

① 民生档，船 85。

钢铁迁建委员会于3月份进行运输小结时，在3月上旬也做过统计。该会从武汉运出的器材37265.978吨。这3万多吨器材，在3月上旬囤存的港站及数量见下表。

表15—2 迁建委员会器材3月间囤存各港站数量表[①]

地点	数量（吨）	地点	数量（吨）
一场	10898.214	巫山	7414.879
三斗坪	618.16	奉节	796.498
青滩	413.574	万县	7683.242
小青滩	973	重庆	6660.292
巴东	667.116	宜昌以下木船	94.244
合计	13570.064		22622.155
备注	（1）现存器材合计36192.219 （2）战争的损失1073.759		

民生公司统计的宜昌兵工器材存货数字，主要是迁建会的，但迁建会的数字就高出宜昌许多，是否迁建会统计时间较早？情况不明。

枯水期间，民生公司对各站存货的转运，都做出了安排，迁建会的火砖均安排木船转向重庆，小青滩和巫山的货物分别转向万县和重庆。万县的货物逐步运到重庆，3月，江水上涨。兵工署经与招商局商谈，招商局决定派江新、江汉、江华轮参与转运巫山、奉节等地兵工器材。兵工署宜办陈哲生处长还联系三北公司的鸿元、鸿亨、鸿利、鸿贞轮参与宜昌器材疏运。

小青滩在1月上旬共有迁厂器材和兵工器材3067吨。1月开始江水枯落，青滩难以通过，童少生即调动民安等轮到青滩上游的小青滩装迁厂器材上驶重庆。之后又改为小青滩到万县，三天往返一次，加快了进度。

① 迁建委员会统计，据重庆市档。

据小青滩站致宜昌公司的函件统计，1 月 9 日，小青滩有经济部、交通部、裕华、华生、豫丰、永利等厂器材共 2064 吨，到 4 月 18 日，公物和迁厂器材共运出 1270 吨，还剩 794 吨。迁建会在小青滩的火砖共 1003 吨，迁建会两次各派 10 余艘木船前来装运，共运出 714 吨，尚剩 289 吨。随着江水上涨，民生估计，小青滩物资可在 5 月中旬运完。

民政轮航行在巴东、重庆间，8 天往返。为加快速度，3 月以后又改航巴万。3 月上旬，巴东存有各类物资共 2184.523 吨，其中兵工器材 775 吨，占 35%。裕华纱厂尚存 942.245 吨，占 43%。其他，中福有 144 吨，大鑫有 60 吨尚待上运。到 5 月以后，大轮过巴搭运，7 月间各类器材全部上运。

巫山存货量较大，民生配给的运力也较多。12、13 驳也参与装运；兵工署还调集招商局的江华等轮撤运，所以进度较快。七大轮参运，常在这里搭装器材去重庆，因此巫山在 7 月前即已运清积存物资，仅数只驳船尚待拖带。

川江边临时船码头

奉节的转运数量很小。宜昌有八九万吨货物运出，经过奉节转向重庆的不满 5000 吨。宜昌运到奉节的 158 吨柴油，有 107 吨在 1938 年的

11、12月两个月内，由各燃油船到奉节加油，用掉了。其余51吨，分别于1939年1月6日、9日由民政和民强拖轮运走。

到奉的军、公物资和迁厂器材，是1939年1月开始到9月1日，由宜渝线航轮搭装去渝。搭载量都较小，一般几吨到几十吨。上运量达一二百吨的，只有招商局江汉、江新两轮。1—8月的每月出口量，少则百吨，多则千余吨。7月份，民元、民权、民本、民贵、民主轮均过奉搭货，共运往重庆1186.614吨。到8月底，奉节存货所剩无几，总公司原计划安排民元25日到奉，把奉节存货全部运完。25日，奉节的职员和工人等待到深夜也未见民元轮的踪影。26日早晨，民元轮驶过白帝城，进入奉节港区，并未停车锚泊，而是鼓浪直驶重庆。奉办颇为不满，发函给总公司，认为此事“殊莫名其妙”。总公司自有道理，时间就是金钱。李若兰代表总公司答复奉节：“民元未能赶宿奉节。如仍在奉加载，则延误一日，太不划算，故未停车……现决由（民）风30日由宜上行宿奉扫运。”民生公司精于管理，于此可见。

9月1日，民风轮进港，装了兵工署上海炼钢厂等六个单位的器材及民生公司103个空油桶，共计658.174吨货开往重庆。

民风轮离奉，奉节转运任务全部结束。进出货物全部完好，唯一留下的遗恨，就是日机也未放过这个小小的港口，货栈、煤栈被炸，炸死理货员1名、工人8名、职工眷属9名，炸伤11人。民生公司对伤者死者均给予抚恤、医药费及奠仪，以示关怀。

奉节档案资料中最珍贵的，是两张进口和出口的器材统计表，它记录了奉节进出货物的全过程。遗憾的是，进口和出口的总量不符，进口总数3757.0961吨，出口竟是4853.8713吨，多出了1096.7752吨。检查原因是，出口货表中有8个单位共902.2229吨货没有进口记录。其中，资源委员会的431吨铜块是由奉节附近安坪发往重庆的，也记在奉节账上，其他中央造币厂、裕华等是否自雇木船卸在奉节的？迁建会的器材，进出也不符，出口数高出进口376吨。原因无法查清。其他，民生油料及大部分单位进出数量完全相符。

四、民生答复兵工署：抢运下游器材，殊难兼顾

迁建会将汉阳铁厂和上海钢厂向重庆迁移，准备在大渡口建造钢铁厂（第 29 兵工厂），产品专供各兵工厂制造枪炮。

1939 年初，第 29 兵工厂在建厂过程中，发现许多器材缺乏，工程难有进展。1939 年 1 月 31 日，大渡口迁建会铁炉股股长金其重、动力股股长陈东签呈迁建会说，六河沟炼炉及发电所与动力厂第一期工程亟待开始，所需紧要材料未到渝者不在少数。计有：宜昌 140 吨，青滩 5 吨，巫山 183 吨，万县 370 吨，共计 698 吨。民生公司在宜渝间各航线均有轮船行驶，只要对此项急需物资运输予以重视，亦可逐站运送到渝。

同样的情形发生在轧机股。该股奉命筹建钩钉厂，铆钉已正式出货，唯螺钉与螺母机件虽有一部分已修竣，但各种螺丝钢板和螺丝公等在汉拆卸时已全部散失，须重新赶制，而赶制所需的工具钢材料卸在万县。轧机股于 2 月 21 日签呈迁建会，要求驻万办事处拨运半吨来渝，以便配置。

这样的签呈，一份份送到迁建会领导手中。领导知道器材如此七零八落，无法推进建设，于是提出按套装运问题。

这个时期要求成套迁运，宜昌运输股长黄显淇就感到万分为难了，他在致迁建会的电报上说，因恐战局变化过骤，如按套装运，恐稽延时日过久，拟恳准予参照实际需要加以变通。①

为解决急需机件的调运问题，重庆迁建会即向宜昌查询许多机件存处。宜昌兵工署总工翁德銮对各种器材去向了如指掌，均予一一答复。

关于电吊车机件：35 吨电吊车机件有 3 件尚在湖北塔市驿木驳上，该木驳两艘已越过石首封锁线，向宜昌行驶，其余尚在武汉郊外的金口。吊车上之机械与电动机在汉阳二码头未及运出，汉口即已失守。变流器只有一全套。到渝有两套，芯子在宜昌下铁路坝已被炸坏；变流器需用之变压器，前已运上四只，2 月 18 日津通拖轮由沙市拖往宜昌的木驳上还有四

① 《黄显淇致迁建会电》，重庆市档，全宗：钢迁会，1678 卷。（迁建会 1939 年 3 月 18 日收到）

只。轧钢部之蒸汽机，到宜只是一部分，尚未全部到达，即使到宜，因系重件，短期内亦无把握运出。钢条厂之机件已有部分运至巫山和万县，有数件重件尚在石首以下之木驳上，还没有过封锁线呢！

总工程师翁德銮对各点之机件流向如此清楚，令人感叹，翁对于如何解决问题，亦一一提出意见，包括炸坏的如何修理、缺乏的如何补替等等。[①]

各股急需物资已运到川江沿岸港站，而且已列出清单的，迁建会驻宜万人员多次向民生公司请求设法赶运。宜昌民生公司的答复都是："抢运下游器材，殊难兼顾。"迁建会要求急运的器材，为何不能逐步搭运去渝，为何不派小轮兼顾加运急用器材，民生未加说明。

迁建会大渡口建厂人员，万般无奈，只好等待。

五、万县器材11月下旬全部运完

兵工署器材迁运过程中，民生每次向兵工署提交计划时，往往对客观因素估计不足，满打满算，计划经常完不成。这种情况屡屡发生，兵工署对民生的解释就产生厌烦。迁建会发现民生运输太慢而欲催运时，就预感到"民生又将有辞可借"，对民生改变现状丧失信心。

宜昌器材运完后，民生六大轮仍行宜渝线，由于民生在宜装运各类物资量大，影响万县兵工器材搭运，两家常产生矛盾。

（一）商运拖延兵工器材转运，俞大维向卢作孚查询

兵工署认为民生运输太慢，特别是万县一地尚存万余吨。万县的器材主要是建造大渡口第29兵工厂的。因此，兵工署要求民生在万渝间派专轮运输。

民生于8月2日答复兵工署"拟暂抽调民权轮专行渝万"。其他宜渝各轮，民生也直言不讳，部分吨位要用以经营由湘到宜转川的重要器材，

① 《翁德銮致迁建会函》1939年2月25日，重庆市档。

民权轮

"稍增收入，以资挹注"。[1] 但留给万县用以搭运兵工器材的吨位，比例较大。民本、民元轮不少于 300 吨，民权、民风轮不少于 200 吨，民贵、民俗轮不少于 150 吨。按民生提的计划，六大轮一次上运可搭万县器材 1300 吨。一个月走 3 次，可搭运 3900 吨，两个月达 7800 吨，加上一艘专轮运输，数量可观，所以民生在信中很自信地表示：万县器材，"在本年 9 月间即可全部运清"。[2]

问题在于：民生能不能按此搭运计划实施？实施结果，民生的商业性运输影响了兵工器材转运，搭运吨位未能实现承诺，导致大渡口建厂工程经常等待器材。大渡口不断向迁建会发"签呈"，状告民生运数过少，迁建会也不断将情况转呈兵工署催促民生。

兵工署署长俞大维深感建厂进度缓慢，影响对各兵工厂的钢铁供应，便于 8 月 15 日发函向卢作孚询问沿岸器材迟迟不能到渝的个中原委。卢作孚在与有关经理对情况作详尽分析后，于 8 月 29 日函复俞大维，列出了影响运输速度的几个方面的原因，如：修船时间过长，延误了运输时间；空袭频仍，影响装卸效率；重庆大渡口起卸设备不够，压船严重，有超过五日者，即使增加专运船亦无济于事。卢作孚认为 8 万吨至今尚未运清的主要原因是：缩短航程、沿江囤存。他写道："1938 年宜昌情势紧急时，为求保全存宜器材安全，曾缩短航程，先运至巴、巫、奉、万等地囤存，随后再图转往目的地。1939 年始转运来渝，每一转运所，皆需装卸时间，

① 《民生公司致兵工署》1939 年 8 月 2 日，长航档，民生，业 573。
② 《民生公司致兵工署》1939 年 8 月 2 日，长航档，民生，业 573。

自远不若由宜运渝之迅速，此实为中途器材尚未转清之主要原因。”

对8万吨器材运输，卢作孚认为1939年大轮收班以前当可运清，“就弟所知，公司内部督责甚力，即不经贵署再加责备，亦绝不稍有松弛”。[①]卢作孚的答复巧妙地避开了兵工署急需解决的万县器材转运缓慢的问题，更不会触及转运缓慢的深层原因——商货运输。

被誉为数学家的俞大维署长只听到运输太慢的呼声，殊不知因运兵工器材，1939年1—4月，民生就亏了100多万元。民生见缝插针搭运少量迁厂器材和商货是为了减少亏损。

（二）民生促迁建会提高大渡口卸货效率

就在俞大维与卢作孚互致信函时，迁建会直接发函给民生，要求改变只派一条船走万渝之现状。民生在8月29日的复函中称：“渝下各轮皆需搭装部队及食盐至宜补充前线，并接济民食，故不能专航万渝。”函中，

大渡口起重40吨的浮吊正在作业（重庆港九公司借船）

① 《卢作孚复俞大维函》1939年8月29日，长航档，民生，业842。（武大经济系抄件）

民生提出：迁建会大渡口起卸效率太差，目前每轮都要超过规定两三天，而且还有超过五天的。①“设加派专轮行万渝，则往来较为频繁，更非贵会现有起卸设备及能力所能应付，而各轮船期之延误愈大，徒加重敝公司损失而不足以获得赶运之实效。”若大渡口起卸效率提高后，民生表示“当酌量加派船只行驶万渝”。

但迁建会否定了民生公司的指责。迁建会说，大渡口装卸力量充足，每天足有 200 吨之起卸能力，每月可起卸 6000 吨。现在来船寥寥，数百抬工陷于无工可做之状态。② 早在 7 月间，迁建会租用的成渝铁路能吊 40 吨的吊杆浮船，已由九龙坡拖到大渡口。（重庆港九股份公司总经理李毓坚先生提供资料）这样，起卸能力是有保证的。民生所说的情况也只可能是个特殊事例。

（三）迁建会指责民生“废时误时，何堪设想”

卢作孚给俞大维复信后，疏运万县器材未见好转。9 月初，兵工署连连接到大渡口签呈。9 月 5 日的签呈说，从 8 月 20 日到 9 月 4 日的 16 天，共运到器材 970 吨，每日平均只起卸 60 吨。照民生公司“原定计划，本会器材本可于 9 月底运输完竣，但依近来船只支配情形，恐 11 月底亦难收功”。迁建会要求兵工署：“令饬该公司趁在洪水时期，从速抢运，以免贻误。”③9 月 18 日，迁建会签呈兵工署的同时，还直接致函民生公司：“查自 9 月 1 日至 16 日半月之中，由贵公司运抵大渡口器材共计为 587 吨余，吨位殊觉太少，照此情形，倘不亟谋改进，则本会在下游器材连新添锰矿 3000 吨在内，恐非一年之功不能运竣，废时误时，何堪设想，应请贵公司速为改善。”④

根据上述迁建会两次签呈提供的到船情况与运量，与民生 8 月 2 日给兵工署的信中承诺相对照，8 月 20 日至 9 月 14 日的 25 天中，6 条大轮

---

① 大渡口卸货由迁建会自行负责。

② 《迁建会致兵工署签呈》1939 年 9 月 5 日，重庆市档，全宗，钢迁会。

③ 《迁建会致兵工署签呈》1939 年 9 月 5 日，重庆市档，全宗，钢迁会。

④ 《迁建会致民生公司函》1939 年 9 月 18 日，重庆市档，全宗，钢迁会。

应可走 18 个航次，迁建会器材搭载吨位可达 3900 吨，现在搭运器材到大渡口的仅 7 个航次，共 1403 吨，少运了 2500 吨。大渡口第 29 兵工厂筹建，器材要求如此紧迫，民生在此 25 天中，竟有 11 航次未搭运建厂器材。民生承诺的搭运吨位运什么货去了？

由于迁建会的催促，民生公司又于 9 月中旬提出了“扫运计划”。计划中反映：兵工署（含迁建会）截至 9 月 11 日止，存万器材 8600 吨，存沿江器材 1300 吨，合计为 9900 吨。对万县器材，民生计划调派民贵轮专运外，民本、民元、民权、民风、民俗轮行驶宜渝过万搭载。到 11 月 10 日止，共可运 11094 吨。考虑到各种延误因素，运量以九折计，可运出 9985 吨，推迟至 11 月 15 日运输结束，当可全部运清。

民生扫运计划实施之初，到渝船只都未载迁建会器材到大渡口，迁建会通知驻万运输股长黄显淇，要求他与万县民生工作人员会商，从速设法补救。黄显淇与万县民生公司经理陈国光联系后，在 9 月 22 日上呈迁建会的函件中反映：连日宜昌下游兵工器材上运较多，在万县的迁建会以外各兵工单位的器材也确实得到尽先提运。函件还说，万县民生公司经理陈国光告知：“民风、民主本日已奉派开始拖带本会在巫山、庙河等处铁驳，一个月内当可全部拖渝；民康轮本月 25 日修竣出厂，亦可参加扫运。此外，招商局江汉、江顺等轮亦已各搭装本会火砖 200 余吨，明后日均可相继上驶。此后大渡口之起卸工作，势将应接不暇。”民生公司 9 月 26 日明确告知迁建会：“此后各轮装载贵会成数，当亦同时增加，大渡口起卸工作将来必甚繁忙也。”民生这一类信函，总要加一条光明的尾巴，语气颇为乐观，让人看了可以兴奋一阵。结果，到 11 月 15 日，万县兵工器材仍没有运清。

钢铁迁建委员会运输股长黄显淇，在他的《迁建会运输工作回忆录》中有以下记述：“本会器材，由本会负责自运，因不采取征用办法，遂由兵工署与长江航业联合办事处及民生实业公司订立运输合同，因时间仓促，未能臻于完善。致后来颇有窒碍难行之处。所幸航联处沈仲毅、郑鲁斋诸君，遇事开诚，并能尊重署、会两方之意见，听从本股调度，自始至终，浃洽无间。汉宜运输虽重重困难，终能迎刃而解。而民生公司过于苛求，以自己利益为前提，有时不受署方命令，致迁运工作停滞，本会因而虚耗不必要的时日与经济。”①

黄显淇评价民生公司“以自己利益为前提，有时不受署方命……”在宜昌抢运 40 天以后，曾有发生，但对此应联系当时背景予以解读。武汉失守前，迁建会器材启运之初，民生放弃运送迁厂器材，全力运送兵工器材，也是事实。

（四）11 月 22 日，民本轮运清万县器材

万县器材上运量减少的原因，首先是迁建会在万县督运不力。民生已提出了六大轮在万县搭运数量，黄显淇在万县就应逐船检查落实。宜公司曾表示，船到万县，如兵工署认为加载量不足，民生可以提卸部分货物。但黄显淇对过万大轮在宜已满载而直开重庆的，也听之任之，不作交涉。对有大量运输吨位的招商局轮船，兵工署也未作有力交涉，参与万渝运输。这是兵工署的失算和疏忽。

抗战时期繁忙的重庆港

其次，民生在宜渝线大量承运沙市机花和在万渝线每月承运 1500 吨商货。9 月以后，沙市机花上市。荆沙地区 90 % 的产量为民生揽得，这是多么大的一笔收益，民生当然要全力承运。民生有一半的船没有按原来承诺的数量在万县搭运，影响万县兵工器材搭装上运。这就说明，宜昌上运配载，民生是根据宜昌商货货源为转移。

① 《汉冶萍公司档案史料选辑》，下册，中国社会科学出版社 1994 年版，第 742 页。（张后铨先生提供）

万县兵工器材疏运期间，民生曾与贸委会协定每月由万上运 1500 吨到重庆，贸委会在 1939 年 9 月份仅交运了 500 吨，少了 1000 吨。10 月份到 17 日止，仅运出百余吨。民生指责贸委会“与洽定数量相差悬殊”，使民生下调的运力“无货可装”。①

既然在 9—10 月，民生在万渝线上“无货可装”，也就应该运送兵工署器材去大渡口，但是9月上半月仅运出578吨。迁建委为此指责民生“废时误时，何堪设想，应请贵公司速为改善”。由此可见，民生对大渡口兵工器材上运量不足，主要原因不是运力不足，而是更看重运价高数倍的贸委会商货运输。（万渝线，兵工器材运价每吨 18.5 元，贸委会货物运价每吨 80 元，比兵工器材运价高出 4.3 倍。）

11 月 15 日运清万县器材的计划虽未实现，但万县器材存量日益减少，8 万吨器材全部运渝已为期不远。

11 月 23 日，民生公司致函兵工署宜昌办事处：“贵处滞万各厂处器材截至 11 月 22 日止，业由敝公司民本轮扫运至渝。”“所装贵处器材之各铁驳，业经先后派轮于 11 月 21 日完全拖渝”。②

4 个月前尚有 1 万多吨器材在万县，到此全部运清。

六、8 万吨兵工器材全部到渝

1939 年 9 月 1 日，8 万吨兵工器材由宜昌运到重庆的已达 65356.19 吨。

10 月底，运到重庆的已增达 78687.10 吨，其中，民生公司完成量为 72900.68 吨，占 92％强；招商局、三北公司等完成量为 5786.42 吨，占 7.4％弱。③

到 1939 年 12 月 15 日，运到重庆的兵工器材已增至 79480.757 吨，

---

① 《民生公司致贸委会》1939 年 10 月 31 日，长航档，民生，业 709。

② 《民生公司致兵工署宜昌办事处》1939 年 11 月 23 日，长航档，民生，业 573。

③ 《民生公司承运兵工署器材八万吨运输概况》，长航档，民生，总 301 号 1 卷。（武大经济系抄件）

还差 519 吨。应该说，8 万吨的任务已基本完成了。但是进行结算时，兵工署与民生商定，民生承运计划以 82000 吨计，即合同签订外，尚有 11 兵工厂的 2000 吨器材。对未运足之 2519 吨，仍按原价继续运完。估计 12 月底当可全部运完。①

关于宜渝运价，1939 年 3 月 1 日曾作过一次调整：原宜渝上水，枯水期每吨 64.75 元，为商货运价之 21.33%，洪水期每吨 52.5 元，为商货运价之 17.5%。这次双方重新议定，宜渝上水，提高为每吨 85 元，燃油船装运的，每吨 125 元。② 从 1939 年 12 月 15 日开始执行。

这 8 万吨器材分属兵工署管辖的第 1、3、10、11、20、21、23、24、25、30、50 等家兵工厂，以及迁建会、航空兵器研究处、炮兵技术研究处、百水桥精密研究兵所、弹道研究所、开封实验工厂、陕西第一兵工厂和第 1、5、7 库等 20 个兵工单位。③

川江流急滩险，航道条件特殊，民生公司船舶载量远远小于汉宜线承运船舶，因而其历经的艰难与困苦要比中游大得多。8 万吨起运时间，武汉和宜昌都是在 1938 年 5 月，而完成时间，武汉在 10 月下旬即告结束，共 5 个月，宜昌一直到 1939 年底，整整运了 19 个月。原因有：一是宜渝运输是分段的，当然要慢；二是宜昌撤运遭遇枯水，影响效率。

在这 19 个月中，川江上动用的运输工具：轮船 48 艘。民生公司先后有 31 艘大小不一的客货轮和拖轮参与运输。其他有招商局 7 艘，三北公司 8 艘，船舶管理所 2 艘。铁驳 21 艘。鸿安公司 7 艘，民生公司 5 艘，海军 3 艘，湖北省航业局 2 艘，招商局等各单位均为 1 艘。

关于码头设备：民生公司和招商局都在宜昌增设了码头，民生公司还在三斗坪、南沱开辟码头。

---

① 82000 吨何时运完，未见有任何记载。

② 兵工署署长俞大维 1939 年 12 月 8 日致所属各单位快邮代电。

③ 《民生公司承运兵工署器材八万吨运输概况》，长航档，民生，总 301 号 1 卷。（武大经济系抄件）

长江西迁的终点港——重庆港

民生在沿江小港增添的设备：小青滩，增设宜式驳 5 艘，南京驳 4 艘；巴东，增设驳船 6 艘；巫山，增设宜式驳 10 余艘；奉节，增设驳船 8 艘（12 月调往巫山多艘）。8 万吨运输的显著特点是：重件多，20 吨以上的有 40 件，其中有 4 件竟重达 30 吨；10 吨以上的有 315 件；5 吨以上的有 1360 件；1 吨以上的有 8416 件。重件合计 10131 件（1 吨以下未计）。①

从武汉起运，主力是有起重设备的三北公司海轮；而宜昌，民生公司有起重设备的仅民元、民本等三四艘船舶。因此，宜昌码头工人和民生公司船员所承受的困难，要比武汉大得多。这些困难，经民生和宜昌港工人的艰苦努力，终于一一克服，胜利完成转运任务。

① 《兵工器材运输报告》1939 年 12 月 16 日，长航档，民生，业 842。

第 16 章　高等院校和文化机关的西迁

在军工、民营厂矿西迁的同时，沿海、沿江高等院校及文化机关也开始西迁。高等院校的大规模撤迁，是史无前例的，它不仅保存国家的文脉、民族的灵魂，延续中华文化，使培养各种专门人才和科学研究不致中辍，而且对改变西部地区教育、文化落后状况，推动社会发展都有重大意义。

一、日机疯狂轰炸高校等文化设施

战前我国高校已有 108 所，这些高校大部集中在沿海一带，其中，上海、北平、天津占三分之一以上，贵州、陕西尚属空白。

高校是反抗日本侵略运动的发源地。每次日本侵华事件，首先在高校引起强烈反响，游行队伍连绵不绝，反帝声浪响彻云霄。日本侵略者认为，知识青年是危险分子，欲长期统治中国，必须奴化青年思想，摧毁我文化教育机关，消灭我传统文化。因此，在抗战爆发后，日军把“文化毁灭”作为征服中国的重要目标，疯狂轰炸各地高校。天津南开大学于 1937 年 7 月 29 日遭日机集中轰炸三四小时，第二天，日军用大炮轰毁了残存的南开校园，最后还用煤油纵火焚烧，彻底摧毁了这一抗日中心。北平清华大学，先是被日本掠夺一空，之后又将其建筑改为日军的兵营、医院、酒吧、妓院。此外，在上海、南京、武汉、广州的各大学都屡遭轰炸。从“七七”到“八一三”事变前后的三个月，仅上海一地，被炸的即有复旦、大夏、暨南大学，上海商学院、上海法政学院、持志学院、正风学院、东南医学院、同德医学院、音乐专科学校、吴松商船专科学校、体育专科学校等。上海 92 所文化机关被炸，遭摧毁者达 75%，南京被炸 50 次。

据统计，108 所高校，有 91 所遭轰炸破坏，25 所因战争而陷于停顿，教职员减少 17%，学生减少 50%，直接财产损失达 3360 余万元。尤有甚者，各大学中，从各方所搜集的材料，如南开大学关于华北经济研究资料，清华大学关于中国近代史档案资料，北京大学关于中国的地质资料，这些弥足珍贵之物的损失，今后亦无重新收集之可能，实为中华文化之浩劫，其损失是不能以金钱数字表现的。①

图书馆是日军对我进行“文化毁灭”的另一目标。“七七”事变后，各地馆所普遍遭到轰炸。7 月 23 日，天津市图书馆被炸毁馆舍 5 间，损失图书 5 万多册，校刊 50 多种。7 月 29 日，南开大学木斋图书馆被炸成瓦砾场，损失图书 10 万册。

“八一三”日军进攻上海，上海图书馆等 173 家馆所遭到轰炸，损失图书 40 万册。复旦大学和上海商学院的图书馆大部分图书被毁。

1937 年 8 月 15 日，南京市遭到数百吨炸弹的轰炸，南京市图书馆书库的书刊全部损失。中央研究院生物所图书馆 3 万册图书和数以千计的生物标本被战火吞没。中央大学、东南大学、南京女子学院等图书馆都遭严重破坏。10 月 12 日，一所县城的中学也未幸免，江阴县南菁中学图书馆被炸，馆藏著名清代学者王先谦的大量宋版珍藏图书一万余册全被焚毁。

内地如湖南、安徽、福建、广东、甘肃、四川等各大城市图书馆都成为日机轰炸目标，无一幸免。仅此事后的一年内，中国有 2166 所图书馆遭轰炸，80%遭严重破坏，损失各类书刊 800 万册以上。②

各地博物馆也遭遇同样的命运，战前我国有博物馆 37 所，到 1944

---

① 顾毓秀：《抗战以来我国教育文化之损失》，载《时事日报》19 卷 5 期。转引自忻平：《1937·深重的灾难与历史的转折》，上海人民出版社，1999 年版。

② 宏伟雄、关健文：《日本侵华战争对中国图书事业的破坏》，载《抗日战争研究》，1994 年 3 月号。

年仅存 18 所，故宫博物院对所藏文物珍品迁移较早，迁到贵州、四川等地妥藏。但更多博物馆的藏品却惨遭日军大量掠夺。查明有据者，即有书籍、字画、碑帖、古物、仪器、标本、地图、艺术品等，共计 3600 多万件、1870 箱，被劫古迹 741 处，估值法币（战前币值）9885646 元。[①]

二、高等院校西迁

为了保存中国传统文化，延续中华文明，“七七”事变后，高校开始大规模后撤，其中少数高校，如北平清华、天津南开和南京中央大学事前已有所准备。

1935 年，华北局势紧张，清华大学就在长沙岳麓山营建了校舍，天津南开大学也在重庆沙坪坝筹建校址，南京中央大学已预制了 900 个大木箱供迁校之用。

抗战全面爆发后，国民政府教育部下令北大、清华、南开迁往长沙。8 月，三校在南京成立了国立西南临时大学筹备处。9 月 2 日，教育部令沿海、沿江各省市教育厅、局对于设在主要城市之公、私立学校，应尽力设法迁入内地县区，以期青年学业不致中辍。之后，政府成立全国战时教育协会，负责全国各地学校的迁建工作，决定把一批重要高校迁往西南、西北各地，并对内迁学生的入学、生活等一系列问题，制定了各项政策措施。于是，以上海、北平、南京为主体的高校开始了有史以来最大规模向内地迁移。

高校内迁主要是三条路：北方高校南下西安或武汉。到武汉后，有经长江入川，有经长沙转向滇黔。上海、南京、华东地区部分高校经长江入川。广东、福建高校主要进入粤西北和闽西北地区。这三个方向的线路，比较而言，经长江迁重庆的较为顺利。

（一）大批高等院校经长江入川

沪、宁地区和沿江高校迁往四川的，大多享受了长江水运之便。

---

① 忻平：《1937·深重的灾难与历史的转折》，上海人民出版社，1999 年版。

从1937年底到1944年，迁到四川的大专院校达48所，其中重庆地区31所，成都7所，其他的都在万县、乐山、三台、金堂、泸县、南溪、江安等县市。复旦、大夏大学组成联合大学，分为两部：第一部以复旦为主，迁到了庐山，租普仁医院为校舍，分文理法商四个学院，教职员99人，学生895人；第二部以大夏为主，迁往贵阳。两部都于1937年11月开始复课。后因军事失利，日军沿江西侵，庐山的学校须再次迁移，学生们都来自东南沿海，家乡已经沦陷，日后生活难以为继，思想极为波动，整日惶恐不安。经过学校的动员，并妥善安排了学生生活，在再次迁移时，有500余学生搭乘政府安排的轮船沿江西进，经武汉、宜昌，于1937年12月到达重庆。本拟向贵阳与第二部会合，而重庆欢迎复旦留川。于是迁往北碚，1938年2月开课。

抗战时期内迁至北碚的复旦大学

山东大学、山东医专和药专都先到武汉，而后候船由汉转到万县建校复课，山东齐鲁大学迁到成都。

20世纪30年代的武汉大学

上海多所学校，如民治新闻专科学校、立信会计学校、两江女子体专分别经长江到重庆复学，民治新专迁去成都。上海医学院迁在重庆歌乐山复校，后长沙湘雅医学院由贵阳迁渝，与上医合校上课。上海法学院迁到万县，同济大学设于四川南溪李庄。

上海附近丹阳的正则艺术专科学校，迁到了四川江津。镇江的江苏省立医政学院和南通医学院于 1938 年迁入湘西沅陵。两院合并后，改名为国立江苏医学院，以后又迁到重庆北碚。

位于南京的院校也纷纷经长江入川，国立中央大学和陆军大学都迁到重庆。南京兵工学校是个四年制兵工单科大学，迁到重庆后在磁器口小杨公桥开课。国立社会教育学院在璧山建院。国立音乐学院迁到重庆青木关复学。国立教学专科学校先迁武昌，后登上了重庆歌乐山。国立中央工业专科学校是五年制专科，校区首迁宜昌，之后迁万县，1938 年夏又迁重庆沙坪坝。

由武汉迁宜再迁渝的中华大学旧址

中国国民党中央政治学校（后改称中央政治大学），1937 年 9 月由南京迁庐山，后迁到重庆南温泉，设有法政、外交、新闻、地政等系。由杭州艺专及其他艺术院校合组而成的国立艺术专科学校，转辗迁至青木关，后迁到重庆沙坪坝对面的磐溪。国立社会教育学院抗战前筹建于南京，后在四川璧山正式建校，设新闻学、社会教育学、图书馆博物学三个系。金陵大学和金陵女子文理学院迁到成都。迁往成都的还有私立东吴大学、光华大学、燕京大学等。

南京失守后，安徽形势渐紧。设于安庆的省立安徽大学迁至湖北沙市，1939 年停办，编制保留在迁川的武汉大学内。

交通部吴淞商船专科学校被炸后的状况

设立于武汉的大专院校全部溯江而上，迁向四川。招商局、大达、三北公司的大轮把他们送到宜昌，民生公司再转运去重庆。武汉大学首先迁出，它于 1937 年 11 月入川，经重庆到乐山落户。私立武昌中华大学设于重庆南岸。私立武昌文化图书馆专科学校，1938 年 7 月先迁至重庆曾家岩求精中学内，后迁至江北相国寺。武汉医药技术专门学校迁重庆。武昌艺术专科学校，1938 年迁宜昌后又迁四川江津。

原设于北平的少数院校也有迁川的，如私立朝阳学院迁到重庆兴隆坊后改为国立学院，清华大学航空研究所迁到成都。

位于长沙的湖南大学于 4 月 10 日遭 27 架飞机轰炸，之后，沿洞庭湖区的湘江、沅江迁入湘西辰溪。

被誉为“航海家的摇篮”的交通部吴淞商船专科学校校舍毁于日军炮火，学校临时由吴淞迁往极司菲尔路。9 月底，终因战争被迫停办。1939 年，国民政府决定在重庆恢复商船学校，命名为“重庆国立商船专科学校”。先租招商局江顺轮为校舍，于 11 月 21 日开学。至 1942 年溉澜溪新校舍落成后迁入。1943 年 5 月因学潮，商校被勒令解散，6 月归并于国立交通大学（胜利后在上海复校，改名为国立吴淞商船专科学校）。

（二）余上沅、曹禺和南京戏剧专科学校西迁

国立南京戏剧专科学校是民国政府创设的第一所戏剧学校。1935 年创办于南京，校址在南京鼓楼双龙巷曾国荃祠堂。该校直属国民党宣传部。当时余上沅在戏剧界声誉很高，被教育部聘为校长，曹禺任教务主

余上沅

任，出任教授的都是戏剧界有名望的专家。如应云卫、马彦祥、陈白尘、陈治策、曹禺、张骏祥、杨村彬、黄佐临等，培养了一批文艺精英，被誉为“中国戏剧家的摇篮”“中国戏剧艺术的圣地”。

抗战爆发，该校先疏散到长沙，1938 年 1 月迁重庆，于 1939 年 5 月又迁到四川省江安县。当时的学生、新中国成立后在北京戏剧学院任教的何之安教授著有《剧专十四年》，记述了从长沙经长江水系迁重庆的经过。对出发的情景，他记述如下：

1938 年 1 月份上旬，国立剧校在一个朝雾迷蒙的早晨，全体教职学生分乘五艘大木船从长沙出发向重庆撤退，每艘木船 20 余人不等，浩浩荡荡从湘江码头起碇，在鞭炮声中沿江向洞庭湖出发。

船队经洞庭湖区从藕池口进入长江。溯江而上，经公安、松滋、枝江各县而抵达宜都。宜都是余上沅校长的故里，大家在宜都休整了一天。余校长约请大队人马到他故居祖宅去休息，并设家宴热情招待全体师生吃了一顿丰盛的午膳。

船队由宜都继续上行即到达宜昌，前后行程共 23 天，在宜昌候船，何之安有如下记述：

在宜昌候船，因为急要入川的机关、学校、群众团体太多，每天能分配到的轮船票，也就三五张而已。大家都心急如火，每当晚饭时间，总务部门宣布明日有几张船票，抓阄决定谁去，我总是抓不到，只好在宜昌过阴历新年了。农历除夕晚上，这是出生 21 岁第一次在外地过年，思乡情感难以抑止，尤其是故乡已经沦陷，悲戚之情尤为沉重。为了怕禁不住会大哭起来，晚上就到街上买了点花生、糖果，约了几位同学，在宜昌小学的操场上席地而坐，用说笑来勉强排遣思乡凄切之情。追忆起来，那时和我在一起过流亡除夕的人，是耿震、刘厚生、李乃忱，还有杨育英（沈杨）他们四人。年后不久的一天晚餐开饭时，总务处宣布我的名字，就是明日清晨可以登轮，兴奋得我连晚饭都多吃了一碗，饭后去领了船票，与郭兰田等次日清晨登上轮船西上。

西迁过程中，师生们经常抓住时机向群众演出。曹禺等几个老师为学生们维持秩序。曹禺时任剧专教务主任，年仅30。他手里总提着一个大锣，只要船泊码头，他就拿着锣在前面开道，招呼同学上岸。在岸上演出时，他又敲起锣，吆喝着，招呼群众来看演出。

在宜昌候船的日子里，曹禺常带领学生投入紧张的抗日宣传活动，同学们演出街头剧《放下你的鞭子》《疯子的母亲》（骆文编剧），齐唱抗战歌曲，还装扮成各种角色打场子、呼口号，场景十分热烈。曹禺、陈治策、王思曾等老师就负责维持秩序。

在江安期间，教师们创作和排演了不少抗日剧目，如章泯的《东北之家》、吴祖光的《凤凰城》、曹禺的《蜕变》、余上沅的《从军乐》等。此外，还有历史剧《岳飞》《天国春秋》《正气歌》。

（三）罗家伦和南京中央大学西迁

罗家伦（1897年12月21日—1969年12月25日），教育家、思想家、社会活动家。浙江绍兴人，1914年入复旦大学，1917年投考北京大学文科，胡适阅卷，赏识其作文而给了满分，但数学成绩竟考了个鸭蛋。主持招生委员会的校长蔡元培和教授们慧眼识人，破例录取。1919年，罗家伦参加五四运动，在5月26日的《每周评论》上，第一次提出“五四运动”这个名词，一直沿用至今。

罗家伦

1920年，罗家伦北大毕业，获留美奖学金，就读于普林斯顿大学研究院，攻读历史与哲学。1921年转到哥伦比亚大学研究院，1922年转入英国伦敦大学研究院，1923年又到了德国柏林大学研究院，1925年再度转学，到了法国巴黎大学研究院，都是主修历史和哲学。去了四个国家，读了五个学府，都未取得学位，但他在史学、文学、哲学、教育、民族地理学、人类诸学的涵养，大有助于主政高校时表现的恢宏气概和高瞻远瞩。罗家伦担任各种公职，但他的志趣在教育和学术，贡献最大也在教育。

1932 年 8 月，35 岁的罗家伦出任中央大学校长，他在 1933 年的一次演讲中断言：“1935 年到 1940 年间，中日大战无法避免。”1935 年 5 月，他在成都见了蒋介石之后到了重庆，经他一番考察，产生了迁校重庆的想法。他回到南京，即布置总务处做了 900 个大木箱，以备迁校之用。当年做箱子的时候，人们不知其用途，罗家伦说：“我也不想做陶德曼（德国驻华大使，人们戏称他‘逃得慢’）的第二‘逃得快’，但为了保全国家的文化元气，必须有所准备。”

“七七”事变爆发，7 月 15 日，罗家伦从何应钦将军处得知，平汉铁路上已有 1300 辆火车在运兵，他当天就开始作迁校布置。7 月 20 日，他从庐山回京，即嘱总务处先取出 550 个大木箱，把图书仪器装箱。同时派出法学院长马洗繁和经济系主任吴干去重庆，心理系教授王书林去两湖寻觅校址。接到各方报告后，罗决定迁校重庆，但反对者很多，认为太远。有主张迁九华山、庐山的，有主张迁武昌珞珈山的，也有主张迁沙市宜昌的。罗家伦去见蒋介石，说明迁重庆的三点理由：其一，抗

撤迁到重庆的中央大学艺术系师生合影。前排左起：宋步云、王临乙、吴作人、傅抱石、吕斯百、黄君璧、吴麟若、陈子佛、徐悲鸿、陈晓南、马洗繁、许士骐等

战是长期的，文化机关不同于军事机关，不能一搬再搬；其二，搬迁困难大，以水道直达为宜；其三，重庆山陵起伏利于防空。得到蒋的同意，于是放手去做。

图书仪器已装箱，运到了怡和、太古公司的码头，准备搭轮西上，南京的大轰炸就开始了。8 月 15 日、19 日、26 日，9 月 22 日、25 日，南京多次遭大轰炸，中央大学都是被炸目标，但是迁校工作加紧进行，新生录取工作也未中止，罗家伦还每夜与重庆通话，处理重庆兴建校舍等各项问题。

10 月初，中央大学物资陆续西迁，具体负责迁移的事务主任李声轩与几个教授，奉命去重庆办理校舍建筑事宜。10 月 10 日，招商局的客轮把全校师生运去武汉，在汉口的办事处为他们安排了西上宜昌的客轮。10 月 25 日，罗家伦由武汉飞渝时，一部分师生已抵达重庆。

可容 1000 多人的校舍，学校找了 18 个施工队，集合了 1700 多个工人，日夜赶工，竟于 42 天内完成。11 月初重庆本部开始上课。此前，迁到成都的医学院已开学。

“这次举世闻名的大迁徙中，中央大学以组织最早，计划最周密，结果最圆满而成为西迁的典范。罗家伦是西迁的最大功臣。”①

罗家伦在 1941 年写有《炸弹下长大的中央大学》一文记载：

有计划有组织的几千个人，几千大箱东西，浩浩荡荡地西上，于不知不觉中，竟做了国府为主持长期抗战而奠定陪都的前驱。这次搬来的东西，有极笨重的，有很精微的，还有拆卸的飞机三架（航空工程教学之用），泡制的死尸 24 具（医学院解剖之用），两翼四足之流，亦复不少，若是不说到牧场牲畜的迁移，似乎觉得这个西迁的故事不完备。中大牧场中有许多很好的牲畜品种，应当保留。我们最初和民生公司商量，改造了轮船的一层，好的品种每样选一对，成了基督教旧约中的罗哀宝筏（Noah’s Arc），随着别的东西西上，这真是实现唐人鸡犬图书共一船的诗句了。可

① 冯远理：《罗家伦和中央大学西迁》。

是还有余下在南京的呢？我以为管不得了……[1]

余下在南京的牲畜命运如何，袁李来先生记下了这一后续故事：罗家伦离开南京前特地到丁家桥农学院实习牧场看望职工，发放安置费，并表示：敌人逼近南京，这些剩下的牲畜，你们可迁则迁，不可迁则放弃了，学校决不会怪你们。12 月初，敌军逼近南京，牧场职工望着多年来自己精心喂养的各种牧畜，实在不忍心落入敌手。经过磋商，决定由农场技师王酋亭带领，将这批来自美、欧、澳洲的珍稀品种牲畜，以及农学院教学必不可少的实验动物先运出南京，然后设法运去重庆。

他们用领到的安置费雇了民船，将牲畜运过江。敌军已临城下，西行交通极难，汽车雇不到，只能赶着牛羊长途跋涉。职工们把鸡、鸭、兔等小动物装进笼子，驮在荷兰牛、美国猪的背上，犹如沙漠中的骆驼队，踏上千里征程，从南京浦口出发，经合肥、六安进入河南。一路上吆喝牛羊，昼行夜宿，一天前行十余里。幸好秋收以后，饲料不难解决，但是入冬以后，大雪纷飞，天寒地冻，难以行进。王酋亭征得校方同意，便在河南商城休整过冬。

1938 年春暖花开时，队伍再度出发，原想南下武汉，但因武汉形势吃紧，只好经桐柏山区，沿鄂西丘陵向宜昌进发。崎岖的山路，走一两天歇三五天，走走停停，行进十分艰难，直到 11 月份才到宜昌，登上校方为他们联系好的船只驶向重庆。这支特殊的流亡队伍，千里迢迢，跨越苏、皖、豫、鄂、川五省，历时一年到达重庆。[2]

这个故事还有个生动的结尾。这批牲畜登上重庆码头，在重庆大街上缓缓而行时，正巧罗家伦"由校进城，在路上遇见他们到了，仿佛如战后骨肉重逢一样，真是有悲喜交集的情绪"。[3]

这批良种牲畜到重庆沙坪坝后，不仅对教学实验发挥了巨大作用，还

---

① 罗家伦：《炸弹下长大的中央大学》，1941 年 6 月 16 日写于重庆警报声中。

② 袁李来：《牛羊西迁保良种》，《光明日报》，2005 年 9 月 15 日。

③ 罗家伦：《炸弹下长大的中央大学》，1941 年 6 月 16 日写于重庆警报声中。

为师生提供了营养丰富的新鲜牛奶，令人难忘。

南京中央大学西迁的全过程比之浙江大学顺利得多了。浙大竺可桢校长志向高远，他执意要把学校迁入中小城市和乡村，设想很好，迁运的组织也很有序，但由于对战局发展估计不足，受形势逼迫，不得不四次搬迁，劳累不堪。而南京中央大学罗家伦判断正确，善于组织，有些师生和物资得民生公司之助，一票到底，直达重庆。罗家伦得长江航运之便，是他获得西迁典范美誉的因素之一。不足的是，1938 年春天，武汉形势并不紧张，一队良种牲畜完全可以由武汉乘船经宜昌入川的，但由于对战争进程把握不准，使这队牲畜增添了不应承受的山地跋涉之苦。

学校从 1937 年底迁到重庆以后，四年中得到不断发展，到 1941 年，原来的教育学院改为师范学院，增加了七个系一个科。工学院增加航空工程、水利工程两个系；电机工程和土木工程系从单班增加到三班，还加设了技工训练班；设在成都的医学院添了四个年级，一个牙科门诊部，1941 年又办了一个大规模的医院；农学院增加一个班和畜牧兽医专修科；研究院增加了政治经济、物理、化学、机械工程等七个研究部，1941 年下半年还增加六个研究部。至此，南京中央大学直接教学的有七个学院，一个研究院，一个专科学校，一个中等学校，共有 56 个系科。

学生人数，在南京时最后一学年是 1072 人，1941 年达到 3153 人，增加了 2 倍多。所开课程，战前是 524 种，1941 年达到 829 种，都是按教育部所颁课程标准开设的。教授、讲师授课人员相应都有增加。

战时师生的生活都相当困难，大家只能以大义相劝勉，以威信相维系。敌人飞机仍然不放过迁到后方的大学，仅 1940 年就被炸三次，校长办公室炸得就剩一堵墙，大家就在“室徒一壁”的房子里办公，幸亏无人死亡。教学始终正常进行，罗家伦慷慨激昂地表示：“敌人可以炸毁的是我们的物资，炸不毁的是我们的意志，炸得毁的是我们的建设结果，炸不毁的是我们建设的经验。”[①]

① 罗家伦：《炸弹下长大的中央大学》，1941 年 6 月 16 日写于重庆警报声中。

规模空前、意义深远的高校内迁，在抗战史上留下了可歌可泣的一页，保住了高等教育的基本力量和科技精华，也促进和推动了大后方教育事业的发展，尤其是西南地区，高校云集，人才荟萃。以内迁高校为主的高等教育培养了大批人才。后方高校的毕业生就达 77600 人。

三、文化机关的西迁

各地高等院校西迁的同时，一些文化机关也相继迁移。

“七七”事变爆发后，中国图书工作者开始了中国文化史上规模浩大的图书馆向西部转移。1937 年上海战事发生以后，全国 80％以上公共图书馆、90％以上大专院校图书馆都参加了这一活动。1938 年初，国立中央图书馆西撤到达重庆。到 1944 年止，东南沿海经长江迁到四川的有 102 所。其他，迁到云南的有 48 所，迁到贵州的有 27 所。

图书馆搬迁对于最大限度保护中华民族文化珍品有重要意义，但是，沉重的图书和落后的运输工具，加上敌人的频繁袭击，使西迁工作遭到种种困难，大批图书在途中受损。

国立山东大学图书馆在青岛沦陷前，随学校迁四川万县，途中火车遭敌机轰炸，损失图书 100 多箱。其中不少是西文原版书，中文书占三分之一，珍善本书在一万册以上。复旦大学西迁重庆，图书馆装出图书 365 箱，途中遭敌机轰炸，到达重庆北碚时发现有 34 箱书遗失。1938 年 11 月，武汉大学图书馆第一批西迁图书到达宜昌，141 箱图书被炸沉江底。12 月，在宜昌抢运开始以后，武大图书继续装木船进川，有木船在巴东境内触礁沉没，淹没图书 88 箱，损失 9 万余册。1939 年 2 月 4 日，4 架敌机轰炸万县，运送武大第二批图书的木船被炸沉，损失书刊共 50 多箱。武大在

抗战时期湖北省图书馆旧址

四川乐山建馆之后，由于一时无法开箱上架，又有1.3万册霉烂。[①]

湖北省图书馆奉命迁鄂西南山区恩施，该馆藏书15万册，搬迁98000册，内有珍藏典籍《宣统湖北通志》《大清会典》等，先装箱170大箱。迁移过程中，馆长谈锡恩事必躬亲，他靠着18个职工，完成了装箱、起运、觅址建房，直到开放、陈展。谈锡恩曾提出誓言："守藏之责，重于守土""人生百年，书传万代，生命诚可贵，图书价更高"，与全馆人员互相勉励。1938年11月，图书运到秭归新滩，在新滩杜家祠辟阅览室，每天接待读者百人。另一部分图书存放在秭归、兴山交界处的游家河岩洞内，两年后运往恩施。馆藏无损。恩施是湖北省战时省会所在地。在恩施开馆那天，盛况空前，省府各厅处前来致贺。省主席、六战区司令官陈诚也前来拜访了谈锡恩馆长。[②]

我国科技中心主要在北平、上海、南京等大城市。从1937年下半年开始，据不完全统计，截至1938年，迁到重庆的各类科研机关近百家，著名的有国立中央研究院、中央地质研究所、中央农业研究所、中央工业实验所、中央卫生试验院、经济部矿冶研究所、兵工署弹道研究所、中国工程师协会、中国地质学会、中国化学工会、中国科学社、中国生物学会以及动物、植物、数学、自然科学等学会组织。迁到重庆的还有中国学艺社等国家、地方与民间等各类科研机关。各类专业科技人员也源源不断流向大后方，1937年起奔向后方的达2万多人，据国民政府中央建教合作委员会对大后方339个单位的调查，参与开发建设的知识界人士达7746人。

大批后撤的研究机关、研究人员，在后方积极工作，努力创造，科技进步极为明显。从民国初到1929年，中国科技专利发明共73件，从1929年至1936年为160件，而1937年至1944年，高达423件。战争期间的科学研究，是应战争需要为战争服务的。中央工业实验所从1937

① 宏伟雄、关健文：《日本侵华战争对中国图书事业的破坏》，载《抗日战争研究》，1994年3月号。

② 朱复胜主编：《宜昌大撤退图文志》，贵州人民出版社，2005年版。

年开始到 1941 年，已开展和取得不同成果的 179 项科研项目中，175 项是直接为军需、民用服务的。光学专家龚祖同，于 1937 年放弃即将进行的论文答辩与即将到手的学位，从德国回国，于两年后制成中国第一台军用望远镜和机枪瞄准镜，还帮助他人制成第一台倒影测远机。女工程师韦云鹤，相继留学美国、德国，获博士学位。抗战爆发，她毅然回国，在重庆办厂，从肥皂液中提炼甘油以制造炸药，又以麻纤制成丝棉样物料，以补棉布之不足。国民政府主席林森参观后，赞不绝口，命名为“雪里春”。

毫无疑问，抗战时大后方科技发展，对于支持抗战起着十分重要的作用。[①]

四、文艺、抗敌救亡组织汇聚武汉

国民政府宣布迁都重庆后，因抗战的需要，党政军各重要机构和军政要人都集中在武汉，武汉在当时已成为抗敌中心。

文化机关团体的西迁，如高校、科研机关等都以陪都重庆为迁移目的地。而相当一部分文化机关先留驻武汉，如文艺界人士、抗敌救亡组织，以及长期生活在书房里的学者、文学家，他们离开平、津、沪、宁，撤到武汉后，就在武汉安营扎寨，未立即奔赴重庆，其目的就是配合形势，广泛开展抗敌宣传。这就使沉寂了十余年的武汉出现了巨变，军委政治部第三厅厅长郭沫若兴奋地说：“空气确实在变，沉睡了十年的武汉，仿佛渐渐恢复它在北伐时代的气息了。”

早在 1937 年 9 月间，上海会战尚在激烈进行，天津《大公报》即在武汉出版发行汉口版。接着，上海新学识杂志社的徐步、战时教育社的戴白韬、光明副刊社的杨朔、七月文艺社的胡风、战火文艺社的聂绀弩抵汉。这是大西迁中首批来汉的文化界人士。不久，沈钧儒、杜重远、张申府、王逢时、彭康、李公朴等知名人士到汉。在齐鲁大学任教的老舍辞别妻儿于 11 月 18 日到汉。邹韬奋、金仲华、张仲实、钱俊瑞、杨东莼、沈

---

① 忻平：《1937·深重的灾难与历史的转折》，上海人民出版社，1999 年版。

兹九一行，从上海经香港、梧州到达武汉。

随着国民政府沿江西迁，许多文艺团体来到了武汉。上海戏剧界救亡协会，将上海戏剧界人士组成 13 个抗敌救亡演剧队。除第 10 队、第 12 队留在上海外，其余分赴前线和后方。有马彦祥、宋之的、崔嵬的第一队，张琛、冼星海、金山的第二队，赵丹、郑君里、顾而已、舒绣文的第三、四队都沿长江上行，到达武汉。撤到武汉的还有中华民族解放先锋队，蚁社、杜国庠领导的第八战区战地服务团，胡芝畦领导的第九战区劳动妇女战地服务团、上海文化界救亡协会，熊佛西领导的中华平民教育促进会。其他如山东省立剧院、南京铸魂学会、南京中国文艺社等社团、文化团体都撤向武汉。各地移向武汉的团体达 100 余个，各方面文化人达千人以上，全国 18 个戏剧团体有 17 个集中在武汉。

为了加强联络、协力抗日，沈钧儒于 1937 年 12 月 4 日发起并决定成立了“全国抗敌联合会”，被推为主席。

文化界人士聚首武汉，为武汉的抗敌宣传带来了十分红火的局面。一批抗战刊物应运而生。胡绳创办《新学识》《救中国》，胡风、萧军、萧红在汉口复刊《七月》，丽尼、聂绀弩办起了《哨岗》，白桃、刘季平在汉口复刊《战时教育》。

各地戏剧组织到达武汉后，与武汉地区的戏剧界建立了良好关系，共同组织了一次联合出演。从 12 月 25 日到 29 日，有演职员 400 人参加公演了田汉创作的《最后的胜利》、洪深创作的《岳飞的母亲》等四个剧本。

公演之后，经阳翰笙等人的推动，组成了“中华全国戏剧界抗敌协会”，选出田汉、阳翰笙、夏衍、洪深、张道藩、王平陵等 96 人为理事。“戏协”成立后，在武汉的成员先创办了《抗战戏剧》（田汉、马彦祥主编）、《新演戏》（章珉、萧一虹主编）以及会刊《戏剧新闻》，创作并发表了阳翰笙的《李秀成之死》、陈白尘的《火焰》、章珉的《边声》等一批戏本。在军委会政治部第三厅长郭沫若的领导下，“戏协”成员组织的演剧队、宣传队在城乡和前线广泛开展活报剧、街头剧等演出活动。像崔嵬改编的《放下你的鞭子》等剧目受到观众热烈欢迎。在武汉的 2000 余演职员，59 次义务公演得到 5 万元余公款全部捐给国家，作为劳军，救济难童、难民之用。

直至武汉失守前的 9 月 17 日，公演仍在进行，表达了“为民族存正气，与抗战共始终”的浩荡正气，感人肺腑。田汉后来总结在武汉的活动时说：“中国自有戏剧以来，没有对国家民族起过这样显著的伟大的作用。抗战以前，戏剧起了推动抗战的作用，抗战开始以后，戏剧尽了支持抗战鼓舞抗战的作用。”

和戏剧界一样，电影界也行动起来，以欧阳予倩、蔡楚生、金山、白杨为理事的电影工作人员协会和电影编剧导演协会相继在上海成立，他们拍摄抗战电影的工作无法进行，即投身戏剧活动。一些人去了延安，多数溯江奔向武汉。参加救亡演剧队的第 1、2、3、4、8、11 队也在武汉汇合，经阳翰笙的创议，“中华全国电影界抗敌协会”于 1 月 29 日在武汉成立。夏衍、司徒慧敏、陈波儿、史东山、袁牧之、孙瑜、赵丹等担任理事。理事中还有国民党文化官员张道藩和香港电影厂老板和罗明佑等。影协成立，决定由唐纳、伊明负责编辑会刊《抗战电影》。影协成立后，由政治部第三厅领导的中央电影制片厂在广大影协成员参加下，从 1938 年 1 月到武汉沦陷，拍出了《保卫我们的土地》《热血忠魂》《八万壮士》三部故事片，《新华时报》都予以积极热情的评价。

为了扩大抗战宣传，电影厂及时拍摄了《抗战特辑》《电影新闻》《抗战歌辑》《四二九武汉空战》《中国空军远征东京》《抗战号外》，受到观众热烈欢迎和媒体积极评价。

抗日救亡歌声一直响彻武汉三镇，激励着每个人的爱国热情。人民音乐家冼星海始终站在这场歌咏运动的最前列。经过他不断奔走联系，终于在 1938 年 1 月成立了全国歌咏协会，冼星海、张曙、罗家伦为理事。会员们不辞劳苦到码头、车站、工厂、学校去教歌、演唱，冼星海自己就创作了《到敌人后方去》等几十首抗战歌曲。这些歌曲，唱遍了大江南北，抒发了人民的救亡心声，激励了人们保家卫国的决心。

在全国文化人汇集武汉，武汉成为全国新的文化中心之时，军委会政治部副部长周恩来敦促郭沫若把抗战文化工作的领导权切实掌握起来，并动员老舍负责联络组织广大文艺工作者参加的全国性的抗敌统一战线组织。经过六次酝酿筹备，3 月 27 日召开了“中华全国文艺界抗敌协会”成立大会。出席大会的来宾和代表 500 多人，是中国文艺界一次空前盛会。

大会推举蔡元培、周恩来、罗曼·罗兰、史沫特莱等 12 人组成名誉主席团。主席团成员有邵力子、冯玉祥、郭沫若、老舍、胡风等 10 余人。周恩来在会上热情洋溢地说：“今天到会场后最大的感动是看见了全国的文艺作家们，在全民族面前空前地团结起来。这种伟大的团结，不仅仅在最近，在中国历史上，在全世界也是少有的。……象征我们伟大的中华民族，一定可以凝固地团结起来，打倒日本帝国主义！”他建议大家到前线去，到内地去，更多地反映前线将士的英勇奋战和敌人的残暴，后方民众动员的热烈。大会选举老舍、郭沫若、茅盾、丁玲、邵力子、冯玉祥、田汉、郁达夫、成仿吾、胡风、巴金、张道藩、楼适夷、胡秋原、沈从文、曹禺、郑振铎、朱自清、朱光潜、夏衍、张恨水等 45 人为理事，周恩来、于右任为名誉理事。文协选老舍、华林为总务部正副主任，王平陵、楼适夷为组织部正副主任，姚蓬子、老向为出版部正副主任，郁达夫、胡风为研究部正副主任，日常会务由老舍主持。

文协成立后，立即着手在长沙、广州、成都、昆明、桂林、香港、宜昌、襄樊、延安、贵阳、上海等地组织分会。文协于 5 月 4 日创办了会报《抗战文艺》，各地分会出版了《战地》《七月》《文艺阵地》等刊物，《抗战文艺》一直到武汉沦陷前共发行了 20 期。10 月 20 日，留汉“文协”成员才随着第三厅工作人员登上西行的轮船前往重庆。

时隔多年以后，当年第三厅秘书长阳翰笙感慨地说：“我敢说，这个时期武汉的盛况，在后来，一直到今天恐怕也没有达到过这样热烈的程度和宏大的规模。”①

---

① 斯夫、王磊、王雨霖：《1937—1938 南京政府大撤退》，团结出版社，1998 年版。

五、西行途中

随着武汉形势日益紧张，汇聚在武汉的文化机关和文艺宣传队伍以及各方知名人士，陆续经宜昌撤向重庆。虽然有长江航运之便，但在转船和途中都经受了许多磨难。他们留下的诗文和回忆录，记下了西行途中难以忘怀的情景。

（一）郭沫若撤离武汉前后

武汉失守前夕，郭沫若组织第三厅人员和文艺工作者西迁。

他为《扫荡报》转移到后方写了篇社论《武汉永远是我们的》，就送别了后撤人员。《新华日报》和八路军办事处的部分人员在闷雷般的炮声中登上后撤的轮船“新升隆”号。同乘这条船的还有在武汉从事地下工作的钱瑛。曾经长期担任人民文学出版社总编的韦君宜在《忆钱瑛》的文中，记述了钱瑛被炸获救的情景。那天，钱瑛带着李声簧和韦君宜的恋人孙世实一起上了新升隆。船开出不久，即遭到日机轰炸而沉没，牺牲了不少旅客。钱瑛抱住一块木板跳江浮游，被一条渔船救起。在渔船上，她见到一张倒扣的方桌里坐着一个人，原来就是李声簧。于是也把他转移到了渔船上。孙世实牺牲了。之后，郭沫若在他所著《洪波曲》一书中，提道：运输船只接连被炸，《新华日报》和八路军办事处一部分人员上了新升隆，“在当天便遇难，而使好些朋友成了烈士。这样，不用说使得武汉三镇，特别是一些中下层被留下的公务人员更加人心惶惶了”。

郭沫若还写道：撤退时，周恩来和他都有汽车，临走时他的汽车供贺衷寒将军（黄埔一期学员）的随从使用，自己坐太古公司的一艘小火轮撤离武汉。到了沙市，他就被接到长沙去了。后来，周恩来告诉他，他的小汽车救了白崇禧一命。白崇禧在汉宜公路上逃命时，他的小车和他的指挥车都抛锚，没有办法，只好把贺衷寒的随员挤出，占用了郭沫若那辆车。

（二）吴莆生和孩子剧团

吴莆生是宜昌人，后任中国社会科学院研究生院教务长。他在宜昌读了中学，1933 年到上海教书时，加入了共产党。“八一三”战争爆发，中共地下党指示他把难民收容所里一群孩子组织起来，成立孩子剧团，由他担任团长。当时吴才19岁，就成了“娃娃头”。上海沦陷，党组织要吴把这批孩子带到武汉。这是大难题。20多名10岁左右的孩子，没有车、船，就靠双腿，背着棉被，宿破庙，睡戏台，忍饥受冻，长途跋涉，向武汉前进。沿途，大家相依为命，相扶而行，还给群众作抗日宣传，演出吴莆生自编的儿童剧。孩子们的抗日歌声和真诚表演，感动了沿途各界人士。报纸都有报道。1938年1月到达武汉时，八路军办事处和周恩来、董必武、叶剑英、邓颖超、郭沫若热情欢迎这个孩子剧团，还为他们举行了欢迎会。《新华日报》还发了长篇通讯，国外报刊也作了大量报道和评论，声振中外。武汉形势日紧，孩子剧团撤到了重庆。

吴莆生（前排中）和孩子剧团成员在一起

（三）西行途中，胡风带上父亲

一批批知名人士到达宜昌，在战乱中的宜昌相见，备感亲切。而在宜昌附近有亲友有老家的，更是要抓住机会探访的。

胡风是湖北蕲春人，他在武汉近一年，其间曾回老家看望父亲和家人。撤离武汉时，他和老家的人一起撤向重庆。胡风写了一本《抗战回忆录》，书中记述了他离开武汉的心情和撤向宜昌的经过。

1938年9月28日，匆匆地离开了武汉，但我总感到很快就会回来的。告别在这生活近一年的武汉，匆匆地由住处奔向蛇山，跳上轮渡到汉口，去印刷厂，去出版社，去找许多作家朋友，为了抗战文协的工作，为了《七月》的出版，焦急地在马路上奔波着，常常是满头大汗地跑着。这些火热的生活，并没有结束，我们还要回来的，还要继续为大武汉，为全国人民工作。现在我却安静地坐在小江轮上，驶向人们认为是安全的宜昌。

七十多岁，由家乡逃出来的是老父亲，和我一起坐在底舱里。我十多年没回家，这次算是回家乡了，他老人家正高兴着我在武汉离他近了，谁知现在连他也要逃离家乡了。这是我以一中国人的良心来劝他逃难的，我不愿我的一家遭杀遭欺凌做亡国奴，他们也就听从了我的意见弃家出走了。继母、大侄和几个侄辈已先去了梅志那里，现在我是护送父亲走。……在船上无事便看书，又看了一百多页的《征服者》。

在小轮上坐了五天，三日上午八时左右到宜昌，叫小船上岸，岸上嘈杂不堪，找了一个小客栈的污旧的房间住下，安置好了父亲，就到街上去转了一圈。宜昌和中国各地中小城市都是一个灵魂。夜晚，在路遇见了在抗敌文协开会时认识的《武汉日报》编辑段公爽，一路到报馆去坐了一会儿，又到另一个旅馆去会见了《新民报》的记者陈理原，谈了一通闲天。晨二时，即起来上小轮，挤得简直没有插足之地。五点半开船，不到八时就到了宜都。

（四）叶圣陶旅途赋诗

抗战时期，叶圣陶在武汉大学任教，并主编《国文杂志》《中学生》等刊物。武汉大学迁重庆，他也齐家入川。1937 年 12 月 26 日，他与家属登上了民族轮，行程 4 天，到达宜昌。

叶圣陶夫妇在抗战时期

走下码头，他看到江边堆满进川的各种器材和大批难民。然而上下群情激奋救亡图存的声浪似海涛。他十分兴奋。

在宜昌一时买不到船票，他住在民生公司江轮改作的旅馆内。经过数天，才在民生宜昌分公司经理李肇基帮助下，购得民主轮的船票，登轮继续西行。在宜昌的生活感受，他有感而发，写下《宜昌杂诗》三首：

宜昌日日啖川橘，聊作椒盘献步新。
战讯忽传水抗富，悲欣交并愿他真。

对岸山如金字塔，泊江轮作旅人家。
故宫古物兵工械，并逐迁流顿水涯。

下游到客日盈千，逆旅麇居待入川。
种种方音如鼎沸，俱言上水苦无船。

上水船坐五天，1938 年 1 月初到达重庆。途中得《江行杂诗》三首，第三首是："故乡且赋梦魂间，不扫妖魂誓不还。偶与同舟作豪语，全家来看蜀中山。"

（五）徐悲鸿的三峡诗画

南京中央大学迁川，在中大任教的徐悲鸿于 1937 年 9 月 17 日从汉口乘民权轮去宜昌。在宜昌停留数日后乘船进川。

生活是艺术的源泉，徐悲鸿在川行途中，仔细观察、体验三峡的山光水色、美丽雄伟的自然景观。山景在蒙蒙细雨中莽莽苍苍，犬牙交错的巫山十二峰若隐若现，山坳中，土著巴人在劳作，他们过着简朴艰苦的生活。川江的风物人情给他留下了深刻印象。到重庆后，他研墨挥毫，创作了国画《巴人贫妇》《巴人汲水》。画面上，他题有一诗：

忍看巴人惯担挑，汲登百丈路迢迢。
盘中粒粒皆辛苦，辛苦还添血汗熬。

吴作人也是中大的讲师，与徐悲鸿都在中大艺术系。1938 年夏，吴作人趁暑期，组织了战地写生团，在徐悲鸿的支持下，下三峡，经宜昌，去战争前线写生。对三峡景观，他也留有画作。

（六）陈独秀在民权轮上打地铺

陈独秀，安庆人，曾任教于北大，五四运动主将，中国共产党创始人之一。

1938 年 6 月，武汉保卫战开始时，陈独秀已到达武汉，他原本计划将安庆逃难出来的祖母、儿子陈松年、儿媳、孙女送到宜昌后，逗留几天再转船入川的。哪知，陈独秀的大姐也逃难到了武汉，姐弟两人 30 年不见，在武汉相会，悲喜交加。陈独秀于 6 月 14 日写信给陈松年，叫他先去找在国民政府中任职的史兵门，解决入川问题。他信上告诉陈松年："或能于明后天乘行营开往重庆的差船，在宜昌换船时，我必登岸找你们。"陈松年拿了陈独秀的信去找到了史兵门，史当即安排他们乘一艘运军火的船上行。于是，陈松年他们就先去重庆了。

陈独秀和他大姐家到达宜昌后，7 月 2 日，他与潘兰珍、包惠僧、夏松云夫妇同乘民权轮去重庆，当天复旦大学的尉素秋女士也在轮上。尉在《传记文学》上谈到，那天她听同乘一船的老同学郑学稼告诉她，陈独秀也在这条船上，没有买到铺位，在大菜舱（餐厅）外面打地铺（可席地而卧）。尉素秋只知陈独秀的大名，她想一识"庐山真面目"，于是两人相约去找到了他。

大家都是文化人，兵荒马乱期间能旅途相见，分外亲切。大家席地而坐，海阔天空地闲聊，打发这旅途寂寞。

（七）王芸生和《大公报》的西迁

《大公报》在 1938 年 10 月从武汉西撤，17 日的休刊号上已发了总编王芸生写的《本报迁渝出版》一文。报社的器材已提前装船运宜，全馆人员同乘招商局的大客轮江华去宜昌。

装载纸张、机器的船到宜昌，遭到轰炸，搁浅在宜昌，造成巨大损失。王芸生等人也因船票难求而滞宜。几经周折，买到 10 月 27 日的两张飞机票。王芸生与编辑孔昭恺先起程，到渝筹备一切。其他人员随后乘船起程。旅途中，王芸生夫人冯玉文在船舱内摸黑用煤油炉子给孩子煮稀粥时，因人多拥挤，冯的前胸不慎被热粥烫伤，她一边强忍疼痛一边哄孩子，一直熬到重庆。

11月中旬，《大公报》器材和人员陆续抵达重庆。12月1日，重庆版《大公报》创刊号出版。从武汉休刊，中间几遭挫折，到重庆复刊，时仅43天，其速度之快，为同业人士赞叹。

（八）张善子途中完成国画《怒吼吧，中国》

张善子，四川内江人，张大千的二哥，善画虎。

1937年8月，张善子离开上海，启程回川。一路上，见到大好江山遭日寇践踏，痛心疾首。在武汉的住处安定后，他购得一丈二尺长的白布，挂于画室，饱蘸画笔，开始创作虎画《怒吼吧，中国》。画作尚未完成，日机狂炸武汉，生活不得安宁。张善子卷起画布，带了全家老小，溯江而上来到宜昌，寄居在宜昌开布店的三弟张丽诚家，继续作画。

画作接近完成之时，宜昌响起空袭警报，观他作画的人四处躲藏，唯独他岿然不动，处之泰然，继续挥笔。

张善子耗数月之心血，完成了佳作。画作构图雄伟，画法严谨，画了28只老虎奔腾跳跃，扑向一轮气息奄奄的落日，象征中国28个行省的全体人民对抗和驱赶以太阳为国旗的日寇。他在画的上方题写："怒吼吧，中国。"右下角题写："雄大王风，一致怒吼，威撼河山，势吞小丑"。

1938年张善子在宜昌完成的国画名作

（九）老舍记述川江客轮拥挤状况

1938 年 3 月，中华全国文艺界抗敌协会在武汉成立时，老舍是“文协”的总务主任，主持日常事务。7 月间，武汉形势趋紧，文艺宣传队伍逐日往重庆迁移，老舍总想非万不得已不离开汉口。他时常在友人家开会研究工作，但十回有八回遇上空袭。他们煮上一壶茶，灭了灯，一直谈到空袭解除。

7 月 30 日，老舍带了文协的印鉴与零碎东西，辞别武汉，搭轮前往宜昌。在自传中，老舍对这条行驶汉宜的轮船设备，以幽默的语调作如下记载：

> 船是一家中国公司的，可插着意大利的旗子。这是条设备齐全，而一切设备都不负责任的船。舱门有门轴，而门关不上；电扇不会转；衣钩掉了半截；什么东西都有，而全无用处。开水是在大木桶里。我亲眼看见一位江北娘姨把洗脚水用完，又倒在开水桶里!

船到宜昌后，老舍逗留一周。他听到宜昌的抗敌剧团在艰苦条件下，坚持在城乡宣传，深为感动，8 月 5 日那天，他亲笔为该团题词：“我们只知为抗敌建国尽心尽力，教那没良心的去计较私利吧！”

自传中，老舍记述了在宜昌购票之难，及轮船上的拥挤状况：

> 我们求一位黄老翁为我们买票。他是位极诚实坦白的人，在民生公司做事多年。他极愿帮我们的忙，可是连他也不住地抓脑袋。人多船少，他没法子为我们临时赶造出一条船来。等了一个星期，他算是给我们买到了铺位，在甲板上。我们不挑剔地方，只要我们不浮着水走就好。仿佛全宜昌的人都上了船似的，不要说甲板上，连烟囱上面还有几十个难童呢。开饭昼夜的开饭。茶役端着饭穿梭地走，把脚上的泥垢，全印在我们的被上枕上。我必须到厕所去，但是在夜间三点钟，厕所外边还排着一排侯（候）补员呢。三峡多么值得看哪，可是看不见，人太多了，若是都拥到船头上去观看，船必会插在江里，永远不再抬头。

老舍在 8 月 14 日到达重庆。

（十）臧克家沿江览胜

诗人臧克家可能是文化名人中最后一个到达重庆的。

武汉会战期间，臧克家一直在河南叶县从事抗战文艺宣传工作。在宜昌失守以后的 1942 年 5 月，他才和夫人郑曼，还有孟南等三位青年，开始向重庆远征，他们就凭两条腿，一天走六七十里，到了秭归才搭船进川。沿江而上，臧克家不忘浏览名胜古迹。他在回忆录中写道：

走尽了千里路，进了香溪，舍陆登上了小小木船。香溪，王昭君在里边浣纱，使它千古流芳。我国口吟“群山万壑赴荆门，生长明妃尚有村”的杜诗，去找“王昭君的故里”，可是“独留青冢向黄昏”，故乡故里只有一块碑可寻了。路出秭归，忘不了去探望伟大的诗人，我们的三闾大夫。一个破落山村的道旁，矗立着一块大的碑，上写“楚大夫故里”几个大字，立于何代，出自何人手笔，已经茫然无可考。这座纪念碑，寂寞地耸立在那里，像屈原本人，傲岸地，巍巍地，在巫山之下，在大江之滨，独立千古，时间不能泯。

我们到巴东后，乘轮船溯大江而上，巫山十二峰凌云对峙，把天空挤成一线，江身被束缚，不得自由，它咆哮，挣扎，愤怒，奔腾，船身忽而上山，忽而入谷，真如范长江同志两个诗句所形容的：“上山下谷船如醉，东倒西歪人如癫”。为了生存，船与大浪搏斗，人的性命也全托给了他了。“两岸猿声啼不住，轻舟已过万重山。”多么惬意，多少轻快，多么富于诗意，呵，而我们呢，却托命一轮，浪重如山。为时一月余，徒步千里。

1942 年 8 月 14 日，臧克家抵达了山城重庆。

六、文化精英会师重庆

在郭沫若到达重庆前，已安排“文协”老舍等前来重庆。郭到达重庆时，所有在武汉成立的中国文艺界抗敌协会（文协）、中华全国戏剧界抗敌协会、中华全国电影界抗敌协会、中华全国音乐界抗敌协会，以及在武汉参与抗日宣传的文艺队伍均已到达重庆。文化界迁移过程中，部分人士并未在武汉留下，而先期直达重庆。

先前到重庆的和由武汉西撤的大批文化精英，在重庆实现了大会师。军委会第三厅厅长郭沫若领导着这支实力雄厚的文艺队伍，开展工作。重庆出现了文化事业繁荣的新局面。当时，葛一虹、马军、马家融、夏衍、胡风、楼适夷等翻译的国外反法西斯文学，郭沫若、老舍、艾青、胡风、田汉、何其芳、田间等创作的抗战诗歌，茅盾、巴金、夏衍、沙汀、艾芜等撰写的抗战小说，周而复、周立波、何其芳等发表的报告文学，都成为抗战文学的主流。随着武汉影剧团到达重庆，与先期到重庆的上海影人剧团成员陈白尘、谢添等会合，重庆就汇聚了八个影剧社团，集中了中国大部分影戏精英和明星。1938 年和 1940 年，重庆先后举办了两个戏剧节，演出话剧 200 出，从而把抗战戏剧推向高潮，大型话剧《屈原》《孔雀胆》《家》《升官图》的演出，影响巨大。

重庆的陪都地位，使它自然就成为中外报刊、通讯社和出版机构的集中地。中央通讯社、中央广播电台、国际广播电台、《中央日报》《新华日报》《大公报》《时事新报》《国民公报》《扫荡报》《商务日报》以及商务印书馆、中华书店、正中书局、生活书店都先后迁到重庆。

战时后方，纸张供应困难，一般都用浅黄色的土纸。但出版社仍尽最大努力出版各种著作，纸质虽土，但印刷精良。中华书店出版了少量中国

中国电影制片厂的部分人士在重庆与第三厅的郭沫若（前排右四）合影

古典文史书籍。正中书局出版教科书和党政书籍，生活书店和三联书店出版了大量进步文学、哲学及社会科学书籍。

在大后方的各类文化单位，配合战时形势，策划组织本身的工作，对坚持抗战起了重要作用。郭沫若曾说：“抗战的大后方，是中国的文艺复兴时期。”

第 17 章　西迁结出丰硕成果

沿江的西迁，从 1937 年 8 月 10 日前后上海航业撤进长江和 8 月 22 日上海顺昌机器厂雇用五艘木船经苏州河西迁开始，到 1940 年 7 月底民本轮从宜昌三斗坪载运青铅到重庆为止，共计 23 个月，即 700 多个日日夜夜。这 700 多个昼夜中，长江干线、湘江、沅江、洞庭湖区、赣江、嘉陵江等支流上，以招商局、三北、民生为首的各家轮船公司的员工，沿江七省万余艘民船，川江沿线滩工、港口、工厂各个环节的运输员工和装卸工，近 10 万人，为各类工厂和人员的迁入大后方付出了艰苦卓绝的辛劳。

这次西迁，把沿海、中原数百家军工、民用工厂迁到工业极为落后的川湘，在大后方形成了 11 个工业中心，为支撑长期抗战奠定了物质基础。高等院校等文化机关的西迁，为保存中国文脉，传承中华文化优良传统起了重大作用。这样规模的工业化大迁徙，是世界战争史上空前绝后的。我国工业集中在上海，为了长期抗战，后方需要工业，就只有搬迁工厂这条路可供选择。中国人民，无论是民族资本家还是长江海员，奋起承担大西迁的重任，这是今天的我们难以想象的。这一二十吨装有机器的大木箱，在工厂车间里装运出来，而后一站一站运到四川，运进工厂新址，这要经过多少肩扛手提的艰难困苦！但是，在有誓死不做亡国奴的壮烈情怀的人民面前，一个个困难都被克服了。

这些工厂迁到重庆等西南地区，对前方抗战和发展大后方经济，满足人民生活需求作出了重大贡献，这里略加记述。

一、兵工企业全部迁入川湘，新制兵器源源送往前线

兵工企业的撤迁，动用了长江全部轮运力量。这些兵工企业迁到后方，根据兵工署专业化的原则，各厂机械设备有了大幅度调整、合并，并更改了厂名，在这些设备运到后即筹备建厂，恢复生产。

民生公司首先承运的金陵兵工厂的子弹机等设备与济南兵工厂相关设备到渝后，一起与四川第一兵工厂合并，于 1938 年春成立第二十兵工厂。成立初期月产子弹 200 万发，至 1943 年，材料供应正常，月产枪弹 800 万发、雷管 200 万件。

汉阳兵工厂所属赫山火药厂，于 1938 年 5 月奉令迁厂，先到湖南，后又迁到重庆唐家沱对岸之鸡冠石，改名为第二兵工厂。药厂无法于短期内复工，即生产动力用酒精，年产 1 万加仑。1940 年开始生产黑药，年产 3.6 公斤，到 1942 年年产 12 万公斤。在汽油来源困难时，该厂即利用桐油生产代汽油、代柴油，1941 年生产代汽油 2400 加仑，第二年增至 7000 加仑；两年内，代柴油产量共达 4 万加仑，代煤油产量为 4500 加仑，酒精 1.5 巨加仑。

第十兵工厂系由原炮技处与汉阳炮厂演变而来。在迁到重庆后，到 1945 年共生产六〇迫击炮 2770 门；从 1941 年到 1944 年共生产各种炮弹、榴弹、枪弹 1000 多万发。

第二十一兵工厂生产的捷克式轻机枪，是抗战时中国军队的主要装备之一

金陵兵工厂第二批撤迁的造炮造枪设备，于 1938 年 2 月到渝后，改名为第二十一兵工厂，于 3 月间即部分恢复生产。同年 7 月，接收汉阳兵工厂步枪厂，次年

1945 年第二十一兵工厂制造的轮式 120 毫米迫击炮

1 月又接收第二十兵工厂之轻机枪厂，4 月接管重庆武器修理所，并在德国购进新的制造炮弹机器，设备充实，产量激增。

从 1938 年至 1944 年，共生产马克沁重机枪 17 万挺，捷克式轻机枪 9833 挺，八二迫击炮 6900 门，汉阳式七九步枪 106864 支，中正式步枪 88 万支。生产的枪炮弹计有：八二迫击炮弹 235.5 万发，其他黄磷手榴弹、八二黄磷弹等共 44 万发。

巩县兵工厂化学分厂 8000 吨机料，于 1938 年 2 月运到泸州后，4 月改名第二十三兵工厂。面具工厂于 10 月首先复工，其他分厂于 1939 年先后复工。所生产的硫酸、盐酸、液气、烧碱、氯化苯、催泪气，都达到战前水平，每天还能装填各种毒气弹及飞机炸弹 500 枚。此外还大量生产了防毒衣、防毒口罩等军用物资。

第二十五兵工厂系由株洲迁来，1938 年迁渝后，1939 年复工。该厂投产的 10 套枪弹机，每套日产 2 万发，效率极高。

南京的航空兵器技术研究所于 1937 年 11 月奉令西迁，次年 4 月抵万县设工厂。钢铁迁建委员会将上海炼钢厂与汉阳铁厂及谌家矶百吨炼铁炉迁渝后，即于大渡口设厂，利用南川、桐梓一带的煤和綦江的铁矿组织生产，以供战时兵器生产所需钢铁。该厂建成后改名为第二十九兵工厂。月产生铁 1900 吨，钢 650 吨，铸铁 120 吨，其他还生产圆钢、角钢、扁钢、钢板、炮弹钢等各兵工厂急需之材料。

济南兵工厂迁渝后恢复生产，每月生产二七式掷弹筒 500 具，手榴弹 20 万枚，掷弹筒 3 万枚，此外还生产了大量木柄手榴弹。

原制造中口径炮与炮弹为主的广东第二兵器制造厂（即琶江厂），于 1937 年冬开始起运，1938 年底在渝复工，改为第五十兵工厂。从 1939

年到1945年生产三八式野战炮炮弹32400发，15厘米迫击炮弹74600发；从1942年到1945年，生产三七战防炮94门，六厘米迫击炮3400门。[①]

这些兵器工厂生产的大批武器弹药，大部分运至前线抵抗日军的侵略。

原兵工署第二十九兵工厂，即现在的重钢集团

战时的重庆，辖区只有300平方公里，却拥有17家兵工厂，聚集了9万多员工，承担着全国械弹三分之二的产量，改制的枪械受到前方士兵的热烈欢迎，足量的武器支撑，为长期抗战提供了坚强保障。庞大的兵工企业也促进了地区经济发展，使重庆逐渐形成了兵工、机械、钢铁、化工为主体的现代大工业框架，发展成为全国工业重镇，兵工业对此起了支柱作用。

兵工企业西迁过程中虽然损失惨重，但军工产业的核心还是完整转移到了后方，并不断发展壮大。在当时政治、军事形势日趋恶劣，外援断绝的情况下，取得这样的成绩，实非易事。

在这一批兵工企业中，复工最快，损失最小，生产成绩最为卓著的当属第二十一厂（原金陵厂）。单身厂长李承干，到达重庆即与500名单身职工一起睡在仓库里垫有稻草的水泥地上，平时在办公室则以花生、馒头

① 据王国强《中国兵工制造业发展史》等书刊史料整理。

果腹。国恨家仇，离家之痛，思亲之苦，环境之劣，厂长和员工全都体味无遗，他们共同的理想就是早日造出精良武器送往前线。500 台机器 2 月底安装完毕，3 月 1 日正式复工，一个月后 40 挺马克沁重机枪送往前线。一个大厂从撤迁到复工仅三个月，兵工署署长俞大维不相信，亲来巡视，见员工正在靶场用新造机枪打靶，疑团始释。李承干团结领导大家改制、新制各式武器，诸如改进二四重机枪、试制 120 毫米迫击炮，研制破甲枪榴弹，等等，一一取得成功，送到前线深受将士欢迎。蒋介石闻之大喜过望，传令接见。出乎意外，李承干坚决不去，差点惹出祸来。之后，当局要他加入国民党，上级规定兵工厂职工都要加入国民党，否则就免职，李承干不加入，宁肯不当厂长也不加入。事情又闹大了，幸有俞大维署长变通规定，“技术人员笃信三民主义，不必一定入党”，才破解僵局。

李承干关爱员工，与大家同甘共苦，一心为兵工生产，深受员工爱戴，谁都把他当亲人。他生性耿直，不尚虚文，被同僚称为“怪人”。第二十一厂成绩在军中广为传播，使广大兵工人员深受鼓舞。

直至今天，这些企业仍在重庆创造着辉煌。由金陵厂改名的第二十一厂就是今天的重庆长安集团，第二十五厂就是今天的嘉陵集团，第二十九厂就是重钢集团。

二、奠定了大后方经济基础，基本满足人民生活需求

民营工厂西迁，保存了国家经济命脉，改变了东西部不平衡的工业布局，在大后方发展生产对支援前线和满足社会和人民的生活需求发挥了不可估量的作用。

（一）为持久抗战打下了经济基础

迁入川湘的工厂数量虽只 375 家，但大多是近代工业的精华，实力较为雄厚，而且门类齐全。与工厂同时迁入的有大批技术精英和高级管理人才，还有一大批技术精湛的技工。他们对恢复生产和发展大后方经济起了重大作用，从上海迁入的工厂数量多、规模大、技术水平高，其中有全国最大的民营炼钢厂——上海大鑫钢铁厂，全国最大的机械造纸的龙章造

西迁的大型机器已装配完工，工人们加紧生产前线所需物资

纸厂，设备与资本列全国第一的康元制罐厂，执上海橡胶业牛耳的大中橡胶厂。另还有河南的机械化煤矿中福公司，武汉实力最强的机械加工业周恒顺机器厂。各大城市的大型纺织厂都迁入重庆，如郑州豫丰、武汉裕华、上海亚美等等，其他如天源化工厂、永利化学公司、久大盐业公司、华生电器厂、中国国货铅笔厂、冠生园食品厂等都是同业中的佼佼者。他们的迁入和恢复生产对满足前后方的需求起了不可估量的作用，如机械化采煤的郑州中福公司与土法生产的民生天府煤矿合作办矿后，月产量从旧天府的4000吨提高到5万吨，到1945年，年产量突飞猛进，提高到45万吨，承担了重庆市用煤的一半以上。大鑫钢铁厂原来年产不足2000吨钢材，到重庆扩建后年产3500吨，成为后方最大的民营钢铁厂。

（二）带动了西南地区工业的发展

迁入后方的工厂自身的扩展，带动了当地工业的进一步发展，重庆市因此成为后方工业基地。仅从机器工业看，重庆战前只有10余家，随着东部工厂的迁入，生产的机器设备日益增多，推动了重庆机器业的发展，到1939年6月，机器厂增加到69家，1940年6月又增至112家。到1942年底，重庆机器厂家高达436家。在纺织业方面，西南地区原先只有湘、滇、陕有几家纺织厂，共计纱锭6.7万枚，织机568台，四川还没有一家机械纺织厂，民生公司的三峡厂是土法织布的。豫丰、裕华、申新、沙市等各大纱厂带进了纱锭26万枚，织布机近千台，他们的恢复生产使西南的机纺能力增加了三倍。由于东部大厂迁入重庆为最多，重庆的纺织业规模一跃而居西南的第一位。这些工厂在增添设备扩大生产的过程中，带动西南新纺织厂的设立。到1942年，西南纺织业已达788家工厂，满足了前后方对纺品和织品的需求。

抗战时期的机械化纺织厂

上海支秉渊的新中工程公司在 1938 年迁到湘西祁阳，他以拓荒者的姿态惨淡经营，发展成为一个采煤、炼铁、轧钢、民用电器、制造机床、蒸汽机、发电机乃至工具夹、炭精的联合企业。随后上海胡厥文的新民分厂也迁了来，使这一地区成了新工业区。新中、新民、华成电器厂在湘桂地区形成三大支柱，发展为三个工业集团。新中以制造内燃机出名，被誉为“全中国动力发祥地”。

（三）初步调整了东西部工业布局不合理的局面

迁入后方的工矿企业，通过恢复、扩展，带动了新企业的建立和原地旧企业的改造发展，使西南地区工业化程度迅速提高，从而形成了以重庆为中心的八个大后方工业中心区（也有称 11 个）。以湖南沅陵、辰溪为中心的工业区（包括安江、榆树湾），建立了发电、兵工、电器、纺织等工业；川东的万县、长寿、涪陵一带，办起水电、榨油、造纸等工业；四川沱东及岷江流域的泸县、内江、五通桥、自流井地区，建立了发电、酒精、制酸、制碱、造纸、炼油等工业。最为重要、最为集中的是重庆工业区，它沿长江东起唐家沱西至大渡口，沿嘉陵江有磁器口和童家桥，川黔公路沿线有綦江等处，构成了我国抗战时期的工业命脉。这里集中了兵工、炼钢、炼铜、炼油、机械、电器、制酸、水电、化工、纺织、造船、造纸、烟草、玻璃陶瓷等各业的精华，形成了大后方最大的综合性工业区。沿长江东起万县、长寿，西至江津，沿嘉陵江北自广元、合川与重庆中心地区，组成了我国抗战时期的金三角。在这个金三角内，有长江、嘉陵江水利之便，有较多的电源供给，有雄厚的技术力量，有较丰富的材料储备，有居于全国的政治中心与金融中心等便利条件，所以迁入重庆的工厂最多。总数约占全部内迁工厂的三分之一。[①]

大西南多个工业中心的形成，初步调整了东部和西部工业布局不合理的局面。

大西迁的成功实现，是我国空间换时间战略的成功，是武汉会战期间，前方将士浴血奋战阻滞敌人进攻的脚步，使各地集中到武汉和武汉本地工业有时间安全转移，大部分经宜昌转运穿过川江进入重庆。这是中国持久抗战战略方针的胜利，这是我国全民抗战的胜利。

人民将永远不会忘记发生在长江上这一段惊天动地、震撼人心的历史，让我们把这段辉煌的历史牢记在心里，它必将激励我们满怀激情投身到中华民族伟大复兴的洪流中去。

---

① 参见斯夫、王磊、王雨霖：《1937—1938南京政府大撤退》，团结出版社，1998年版。

后 记

研究这段历史，我首先抓的是，卢作孚为何推迟宜昌抢运？按常理，武汉失守前夕，为保证武汉迁到宜昌的物资安全进川，民生公司应尽快增派运力，缩短航线，组织抢运。但是卢作孚在 1938 年 9 月底田家镇失守后已经准备开辟短途航线，却一直未见下达实施命令。直到于武汉失守前夕，10 月 23 日到达宜昌进行了一番准备后，11 月 1 日，短途航线才正式开始营运。这是为什么？

经检索史料发现，10 月间民生油料集中到宜昌的达 3000 余吨，民生油料是商货，当排列在军、公物资之后进川。按此常规办法，民生油料尚不知要积压到何时。为设法将它优先安排进川，卢作孚将兵工器材运输分配专轮办法改为分配吨位后，重新掌握了轮船的配载权，其油料和合作厂矿器材都可由公司首先发运。

为什么要推迟抢运？我根据当时实际情况推断：卢作孚是交通部留守武汉的部长，不能马上去宜昌；如果由宜昌经理童少生处理，卢担心在分配专轮改为分配吨位问题上如遭军方阻碍，童少生恐难应付，必须由他亲自处理。这就导致卢决定推迟宜昌抢运。这一决定在军事上冒险性大，但卢有他自己对军事形势的判断，因而大胆作此决定。

“红顶商人”胡雪岩谈道：“敢于冒险，同时懂得如何冒险，是成功商人的必备素质。个中玄机，实在深矣大矣！”卢作孚与此相符。

解密成功，心情颇为振奋，也感受到研究历史的无穷乐趣。接着我又弄清了政府任命卢作孚为交通部常务次长的同一时间，为何又突然成立军委会水道运输管理处仍由卢担任主任这一疑问。我根据当时民生的处境推断出，卢作孚把握住了受命承担政府机构西迁总责这一时机，以军队干扰运输，交通部难以应付为由，大胆提出在军委会下专设水运处，以处置军队干扰，完成政府机构西迁。卢作孚这一动议，顺理成章，一举成功，从而掌握了长江航运大权，对民生极为有利。（详见第 6 章第 1、2 节）

这两次解密，凸显卢作孚洞察形势、把握时机、大胆决策、化解困境的经商大智慧，使我对卢作孚的认知产生了新的飞跃。以这种新的认知，回头再审视其他的史料，发现卢作孚的这种智慧和机巧沉潜在他每一事件的处理过程中。这使我想起，1983 年我在上海访问杨成质，他谈到兴奋处说："卢作孚处理问题之巧妙，真使人钦佩。"我立即追问，并请他谈几个事例。他却闭口不言。杨保密的大概就是民生公司的商业机密。像推迟抢运的深层机密，可能民生高层也未必知晓。

卢作孚研究何去何从？是掩盖史实，还是面对史实深入开掘？以上事实已可明白，如果我们面对历史谜团，不谨慎地去追溯深层原因，复原历史，那么卢作孚的精彩、卢作孚这方面的智慧将永远被埋没。而这些正是我们需要探寻、揭示的宝贵财富，使后人可以从中有所启迪。卢作孚的历史研究者对此责无旁贷。

对新史料的发现与深入开掘，得出新的结论，必将否定旧说。这是科学发展观在历史研究领域的具体体现，符合历史发展的逻辑。抱残守缺，固执旧见，将使卢作孚研究进入死胡同。

宜昌抢运，无论是网络文本还是名家著述，都把过程和结果搅得混乱不堪。这是由于档案的真实史料未及公开，有些回忆录有不实的成分，加上引用者疏于考证而形成。之前我的著述中已如实记载了民生 40 天运量和两个月兵工器材还有 2 万吨的剩余量。但大家仍然坚持说是两个月完成了 9 万吨。而当卢作孚的秘书周仁贵的回忆录说 40 天完成抢运任务时，大家就一拥而上，都说 40 天完成 9 万吨，也没思考一下民生的川江小轮有多大的吨位。即使在卢作孚 1950 年说那 40 天实际运了 26000 吨的史料曝光后，仍有人在高唱 40 天运完 9 万吨的赞歌，让人啼笑皆非。甚至有个别史家已知上述情况，依然老调再弹，我反复思考，仍不知其出于何考虑。

这次在原有基础上查清了宜昌运完 9 万吨的时间不是两个月，更不是 40 天，而是 160 余天。卢作孚不经意间开了一个历史玩笑。卢作孚的原作，本是为推动融资、发展民生事业而写，夸大之处也只是个别数据，战后去美、加买船，造新船，还带上英译本发送。他怎么也想不到，却会因此而闹出这么一场笑话，而且持续时间如此之长。

在查找运完 9 万吨这一结果的同时，我还查找民生公司究竟如何运完这 9 万吨的具体过程。结果，是一个数据，必须查清。而历史发展过程是细致的、生动的、感人的，而且能看到民生经营思想的各个方面。时代的艰难、关系的复杂、史事的曲折都反映在过程之中，许多学术结论也都潜藏在过程之中。查宜昌抢运的过程，就必须查轮船公司最基本的活动——船舶运行动态。我按抢运时间（1938 年 11 月至 1939 年），不论是武汉大学或长航的民生档案，我都重新查阅，以寻找船舶动向。我下了死功夫，不厌其烦地摘录了宜渝间各条航线的船舶航行动态（时间、航线、货种），而后进行综合研究分析。凭奉节进出口记录，断定宜奉线前 20 天未运 1 吨兵工器材。这只是宜奉的情况。对发掘出的宜万、宜渝线船舶运输动向进行逐条统计，综合得出结论：该两航线几乎全部运的是兵工器材。因此可以认定，卢作孚对兵工器材和民生油料、合作厂矿器材做了全面而妥善的安排，公私兼顾，没有因短途航线优先发运油料而拖延兵工器材运输。40 天中除了与民生合作的厂矿外，没有轮船吨位运送其他民营厂器材。

40 天后，情况大变。兵工器材重要部分已经撤离，宜昌形势稍缓，有 7 条船已拨交兵工署支配使用。这配载权一收一放，显示了卢作孚的商业智慧。从此以后，民生可以自由支配其他大部分船舶运送迁厂器材，不受兵工署牵制。

档案资料并非每一件都是真实的。民生、兵工署、裕华等单位档案中的内部通讯没发现过虚假，对外函件有假。但很难判定，必须有旁证。我发现民生有假话也是偶然。例如，民生未按计划将民意、民福轮拨交兵工署，受到兵工署指责后民生答复：民意要进厂修理，民福无法过青滩。结果在民生小青滩站的档案发现，民福却在小青滩至万县间运送裕华、华生厂器材，没有从小青滩运送兵工署的火砖去万县；而从裕华档案中又发现，民意在回重庆修理前后都在运裕华器材。民生的回答有虚有实。兵工署得到民生的回复，不可能发现此中有虚情，我查了小青滩站和裕华的案卷才明白真相。但是，我调阅这两份档案，目的不是查民生答复是否有假。

查小青滩是为弄清民生船舶动态。查裕华档案的动因，是民生有一件档案资料，通知裕华按每吨 300 元支付运费，但来龙去脉不清。结果在裕华档案中发现有两厚本信函完整地保存了裕华宜办致重庆的全部函件原稿，其中，每吨 300 元运价的议定，是卢作孚首先提出的。裕华的函件还详细记录了民生各轮运送裕华器材的全部动态，连交涉过程中童少生表情的前后变化都有具体描述。阅裕华档案后我感到，民生档案虽有“有文必档”的原则，但其存件的完整性远不及裕华。民生巴东、巫山站的函件缺漏太多，只能运用其一个时段的动向进行分析，缺乏完整性，也就失去了权威性。裕华档反映了宜昌撤迁该厂器材全貌，民生收取 300 元高额运费前后对裕华运力的不同安排都有具体反映。这对了解民生的经营决策有重要意义。运送兵工器材之初，特别是运送 8 万吨时，民生主动向经济部提出停运迁厂器材，全力运送兵工器材。但是，抢运 40 天后，进入 1939 年，各类物资价格飞涨，兵工器材运价还是 1937 年 10 月定下的。时值宜昌抢运渐进尾声，民生安排兵工器材运力后，调动运力运送迁厂器材当属情理之中。民生对船舶灵活调度，反映了其积极开辟财源，以应对战时物价飞涨、货源不足、航线缩短、收入锐减的困境。在这里我们可以看到，民生公司战时经营的复杂和艰难，也可以大略体味到私营企业在夹缝中生存的情状。至于如何看待民生公司为了增加收益与兵工署之间的博弈，这是一个需要讨论的问题，学者对此存严重分歧。《民生公司史》对民生战时积累资金的各种手段有详细揭示。冉德华的《创业雄略》一书对此从正反两方面作了客观的评价。公司一点一滴积累资金，民生员工勒紧裤腰带，减少公司支出。涓涓细流，汇入大海。战争结束，民生结余达百万美元，没有一分钱流入个人腰包。卢作孚以此巨款到美国购买了一批海轮，开辟了近海和南洋航线，发展了民生事业。这批海轮新中国成立由香港驶返内地，成为北洋航线运输主力。正如卢作孚所说：公司最终是为国家的。

卢作孚与民生公司史的研究任重而道远。《民生公司史》于 1990 年出版，那只是开了个头。书中对民生撤运兵工器材只写了一千余字，头绪也没有弄清，像水运处这一类重大事件更未提及。问题的要害在于对档案研究的功夫太浅。卢作孚志如高山，心如大海。2012 年 11 月，我在民生档案中发现一份资料，是卢作孚亲笔列出一大排在世界范围内调查各种建设项目与产品的最高指标。有海陆空各兵种武器，如最大航空母舰多少吨，最大驱逐舰、最大护卫舰多少吨，这张单子给人震撼。卢作孚想的是什么？他想的是我国将来要造世界最大的航母，最大的舰船，煤炭、石油、钢铁产量都要达到世界前列，成为现代化世界强国。他想的这些和他要使民生旗帜飘扬在大西洋、太平洋以及他的誓言——“白种人能做到的，黄种人也能做到”“一步跨到世界前列去”完全一致。中国正在崛起于世界东方，卢作孚对此，在 80 多年前就细细地思考了。

时任长江航务局党委书记黄强（右）与作者在长航办公大楼前留影

卢作孚的核心思想是要建成一个现代化的强国，在这一认识基础上，就可以理解他的一些行为，理解他的一些决策。

书中还纠正了对民生公司的多处错误宣传。如周仁贵回忆：为封锁田家镇航道，军方下令把川江民生公司的船拉去沉江。可信吗？中下游有大批江海大轮在武汉，需要把川江的船拉到中游去沉？这种荒唐事，只要稍加思索就可发现疑点而予以否定。但是，居然有不少著作加以引用，还绘声绘色描写卢作孚如何理直气壮进行反对。实际过程是，卢作孚在一次军事会议上一言九鼎，改变了军方要沉江海大轮的初衷。之后，由王洸主持建造 4 艘水泥船顶替，没有沉没一条轮船。（详见第 7 章）

有的史著说，当局下令并吞民生公司，卢作孚到处奔波，托人说情。试问，蒋介石委任卢为交通部次长，怎么会并吞他的公司？事实是，卢任军委会水运处主任后，军方向民生租船困难，顾祝同告了水运处，提出要租民生的船运军品，最后蒋介石同意卢作孚的包运方案，根本没有下令并吞一事。（详见第6章）

许多文本都说，大西迁期间，民生被炸了多少船，死了多少船员。事实是，民生船被炸始于大西迁结束以后的1940年8月间。大西迁期间，民生没有一条运输船舶被炸，没有死伤一名船员。

建立在伪史料的基础上和对卢作孚大量生动事件还处于模糊不清或空白的情况下，或依靠几条标签，“40天”“圣贤”“完人”等等，就无法形象地真实地树立起一个在波澜壮阔的历史风浪中英勇搏击的卢作孚。

民生高层职员郑璧成之长子郑光复教授对此颇有感触，他著有《壮阔深远于大江之外》一文，提出“长江有自己的自豪，更壮丽、更深刻、更丰富的自豪！”

第16章中记下了大批院校经长江西迁的概况，记下了许多作家、艺术家的轶闻趣事，还介绍了南京中央大学牧场技师王酋亭，他从南京赶着一群牛羊鸡鸭，长途跋涉由南京走到宜昌才上了船，这是西迁队伍中一道独特的风景。

书稿的撰写经历了漫长时光，得到了许多领导、专家、朋友和我的妻子林幼华的支持、帮助和鼓励。时任长航党委书记黄强对我的写作备加关注，长

作者与妻子林幼华修改打印稿件

航集团党委副书记、工会主席肖汉良和香港招商局副总裁胡正以及香港水翼船公司王长宁先生，民生高层职员邓华益之子、香港耀王投资公司总经理邓安澜等都给予帮助支持。在史料研究和写作过程中，我常请教中南财经政法大学赵德响教授和武汉大学戴鲁教授。戴鲁教授是研究卢作孚的资深专家，我麻烦他特多。他不仅在电话中给我讲述观点，还不止一次审读书稿的一些重要专题，提出意见。而与思南先生多次交流使我受益匪浅，他把“还原历史”视为卢作孚研究的更高层次。编审张后铨，我们平时商讨最多，他还给我提供了珍贵史料。副编审罗传栋写来读后的文稿，给我指出了重要问题。

《民生公司史》主编、四川大学凌耀伦教授，在我写作过程中鼓励我：“对卢作孚研究，按各自原则和文德进行，不理会那些偏见，‘我行我素’，历史自有结论。”在我工作开始之初，重庆大学人文社会科学高等研究院副院长张瑾教授就关心我：“你这是大题材，你可以申请科研经费的。”我一直记得她对我的关注。赵晓玲经常和我交流查档进展和经验。所有这些口头的、文字的交往，都使我得益良多。采取各种方式支持、帮助、鼓励我的还有龙汉武、李毓坚、谢才雄、朱复胜、童若春、李邦畿、邱树荣、樊勇等同志。

长航档案中心的领导和业务科吴科长和鲍立萍、杨晖两女士为我做了不少具体工作；此外，广州的林宝莲，武汉的杜晓华、彭文、朱阳帮助我的书稿进行电脑输入，减少了我不少具体困难。值此书稿出版之际，谨向上述同志致以深深的谢意。

长江大西迁，是长江历史上意义重大的大事件。它波澜壮阔，撼人心魄。我有机会整理、撰写这一段史事，实属幸事。作为一名一生在长航工作的干部来说，我也是责无旁贷，因此用了大量时间在这部书稿上。

书稿中错误、缺点在所难免，希望读者、专家给予指正。

黄振亚

2019 年 3 月 19 日